U0897963

"十三五"江苏省高等学校重点教材

机场环境工程

吴瑾　赵杏　贺雷　主编
张宏　主审

科学出版社
北京

内 容 简 介

本书系统介绍了机场对生态环境的影响及修复、机场噪声污染及防治、机场大气污染及治理、机场污水污油污染及防治、机场固体废弃物污染及防治、绿色机场建设、机场环境风险与应急等内容。

本书可作为高等院校交通运输工程、土木工程等专业的本科生教材，也可作为机场工程规划、设计与管理部门技术人员的参考用书。

图书在版编目(CIP)数据

机场环境工程 / 吴瑾, 赵杏, 贺雷主编. —北京：科学出版社，2020.9
“十三五”江苏省高等学校重点教材(编号：2019-2-076)
ISBN 978-7-03-066747-2

Ⅰ. ①机… Ⅱ. ①吴… ②赵… ③贺… Ⅲ. ①机场-环境工程-高等学校-教材 Ⅳ. ①X322

中国版本图书馆 CIP 数据核字(2020)第 218600 号

责任编辑：余 江 / 责任校对：王 瑞
责任印制：张 伟 / 封面设计：迷底书装

科学出版社 出版
北京东黄城根北街 16 号
邮政编码：100717
http://www.sciencep.com
北京建宏印刷有限公司 印刷
科学出版社发行 各地新华书店经销
*
2020 年 9 月第 一 版 开本：787×1092 1/16
2020 年 9 月第一次印刷 印张：17 1/2
字数：426 000

定价：72.00 元

(如有印装质量问题，我社负责调换)

前　言

随着我国国民经济的快速发展，民航运输需求迅速增长。近年来，我国民航业蓬勃发展，未来还将建设许多大型机场。在机场建设和运营中，机场工程对周围的环境造成了许多不利影响。因此，机场工程环境问题已越来越多地受到人们的重视。

本书系统总结和吸收了国内外机场环境工程方面的最新研究成果和实践经验。考虑到机场环境工程的系统性、综合性、交叉性和动态性，本书注重机场环境工程的基本概念、基本理论及基本方法的阐述，并概括介绍国内外研究的最新动态。

全书共 8 章，系统介绍了机场对生态环境的影响及修复、机场噪声污染及防治、机场大气污染及治理、机场污水污油污染及防治、机场固体废弃物污染及防治、绿色机场建设、机场环境风险与应急等内容。本书体现新工科思想，注重工程、环境和管理等多学科交叉与融合。本书内容体现机场建设发展的新趋势，强调机场建设与环境保护的协调，突出机场建设与运营管理的环境综合评价方法。

本书由吴瑾、赵杏、贺雷主编。另外，研究生胡佳、邹正浩、苏天等参与了本书的资料收集与整理工作。在本书编写过程中参阅了大量国内外资料，未能一一列出，在此向这些著作和文献资料的作者表示衷心的感谢！

本书列入“南京航空航天大学规划(重点)教材资助项目”。

吴　瑾

2020 年 5 月于南京航空航天大学

前言

目　录

第 1 章　概　　论

1.1　机场建设与发展

1.1.1　世界机场发展史

世界机场的发展可分为以下三个阶段。

第一阶段：萌芽阶段。莱特兄弟发明的人类历史上第一架飞机“飞行者一号”起降的美国北卡罗来纳州基蒂•霍克附近的沙滩是最早起降飞机的地方，但不能称为机场。世界上第一个机场的归属目前尚有争议。但公认的世界上最老的且持续经营的机场是建造于1909 年位于美国马里兰州的大学园区机场(College Park Airport)，它是一个小型机场。美国亚利桑那州的比斯比-道格拉斯国际机场(Bisbee-Douglas International Airport)是世界上历史最悠久的国际机场，曾被称为“美国的第一座国际机场”。

早期的机场往往只是一片划定的草地，其中设有几个简易的帐篷和安排几个管理人员，分别用以存放飞机及安排管理飞机的起飞和降落。由于当时的飞机在安全性和技术方面尚不稳定，因此并未被大众接受和使用。在 1920 年之前，机场一般还只是为航空爱好者或军事目的服务。该阶段建立的机场一般没有人工的道面，只是把地面平整、压实。为了提高土质道面的承载能力，并减少扬尘的影响，机场一般都种植草皮。当时的飞机在侧风下起降能力低，机场多建成方形或圆形，以保证飞机在任何风向时都能起飞。

第二阶段：逐步成型阶段。1920 年以后，最初的民用航线开始建立。随着航空运输的发展，机场建设开始进入蓬勃发展阶段。特别是在 1920～1930 年，欧美国家之间的国际航线和各个殖民国家与殖民地之间、美国到南美洲、亚洲之间的洲际航线大量开通，机场在全世界各地大量出现。随着航空技术的进步和飞机对机场要求的不断提高，机场建设中出现了各种新兴的需求，如航空管制和通信要求、跑道强度要求、一定数量旅客进出机场的要求等。为满足这些要求，机场中出现了塔台、有铺面的跑道和候机楼，现代机场的雏形基本形成。1922 年，德国柯尼斯堡出现第一个供民航使用的永久机场和航站楼。当时机场道面用石料铺筑，用结合料处置的道面能起降较重的飞机。20 世纪 20 年代后期，某些机场开始出现照明设施。20 世纪 30 年代，机场照明和飞机起降方向、角度逐步标准化。20 世纪 40 年代，由于喷气式飞机投入使用，水泥混凝土和沥青混凝土铺筑的机场道面开始大量采用，同时开始使用坡度线进场系统。

第二次世界大战期间对机场数目的需求大增，除了利用有孔钢板铺设的大量临时战地机场，也修建了超过 300 个的水泥混凝土跑道机场。第二次世界大战以后，更加成熟的航空飞行技术的出现和全世界经济复苏的推动使得国际交往和飞机客货运输量快速增长，大型中心机场开始出现。为了方便机场设施的扩展，机场设计中会将航站楼聚集在一起，而跑道聚集在另一处。1944 年 52 个国家在美国芝加哥签订了《国际民用航空公约》(通称《芝加哥公约》)。按照《国际民用航空公约》，为促进全世界民用航空安全、有序地发展，国际民航组织(International Civil Aviation Organization，ICAO)成立。20 世纪 50 年代，国际民航组织为全世界的机场制定了统一标准和推荐要求，机场建设开始有章可循。

第三阶段：现代化标准化阶段。20 世纪 50 年代末，大型喷气式飞机投入使用，使飞机真正成为大众交通运输工具，机场的建设技术随之蓬勃发展，如滑模机浇筑技术可使连续性好的强化混凝土跑道延伸至 3000m 长，廊桥系统使乘客不必走出室外登机。同时，由于喷射引擎的严重噪声问题，不少机场需要搬离市中心。机场也开始设立比较完善的基础设施，如跑道、滑行道、机坪、塔台、仪器仪表、航站楼、停车场、交通枢纽等，以满足运输和安全需求。

1.1.2 我国机场发展史

中国的第一个机场是建立于 1910 年的北京南苑练兵场。随后，大量军用机场和民用机场建立在主要城市，如北京、天津、南京、上海、广州、汉口、宜昌、重庆、成都、银川、西安、昆明等。1937～1945 年的抗日战争时期，民航运输重心转向西南和西北，先后通航的城市有重庆、昆明、桂林、长沙、泸州、酒泉、哈密等地，年平均客运量约 3 万人次。在此期间，民用航空也承运援华军用物资 74180 吨，对我国的抗日战争做出了积极贡献。抗日战争胜利后，中国航空公司和中央航空公司立即投入到了紧张的“复员运输”中，并先后将其基地分别从重庆和昆明迁回上海，业务也迅速地扩展了起来。1948 年民航运输继续快速增长，合计完成总周转量 7500 万吨·公里，在远东民航运输业中处于领先地位。1949 年，随着长江以北的广大地区以及东南沿海的部分地区先后解放，中国航空公司和中央航空公司的通航城市日益减少，业务也逐渐萎缩。

中华人民共和国成立后，航空运输几乎又是从零开始的。1950 年，中国民用航空局拥有的飞机只有 17 架，其中 12 架是原中国航空公司和原中央航空公司起义后从中国香港带回的。之后逐步从苏联和英国购买飞机，到 1965 年末中国民航年旅客运输量和运输总周转量尚不及 1948 年的旅客运输量和运输总周转量。

20 世纪 60 年代，为了开辟国际航线，并适应大型喷气式飞机的起降技术要求，中国又快速改扩建了上海虹桥机场、广州白云机场，使其成为国际机场，随后，中国又新建、扩建了太原武宿机场、杭州笕桥机场、兰州中川机场、乌鲁木齐地窝堡机场、合肥骆岗机场、天津张贵庄机场、哈尔滨阎家岗机场等。由于这一时期航空运输只能为较少的人员提供服务，对机场的需求也只是处于逐步成型阶段。此时，中国内地用于航班飞行的机场达到 70 多个，形成了大、中、小机场相结合的机场网络，基本上能适应当时中国的航空运输要求。

改革开放后，中国机场建设开始真正进入跳跃式发展。1978 年，民航脱离军队建制，中国民用航空局实行企业化管理，从隶属于空军改为国务院直属机构。改革政策的实施使民航机场的作用日益显现，各地竞相新建和改建机场，于是厦门高崎机场、汕头外砂机场、大连周水子机场、上海虹桥机场、广州白云机场、湛江霞山机场、福州义序机场、青岛流亭机场、连云港白塔埠机场、烟台莱山机场、秦皇岛北戴河机场、北海福城机场、南通兴东机场、温州永强机场、宁波栎社机场、海口大英山机场、三亚凤凰机场、桂林奇峰岭机场、敦煌莫高机场、黄山屯溪机场、张家界荷花机场等得到新建、改建或扩建。

1984 年后，中国内地省会以及各大中城市也掀起了民航机场的建设热潮。新建或扩建的大型机场有洛阳北郊机场、成都双流机场、齐齐哈尔三家子机场、重庆江北机场、包头东河机场(时名包头二里半机场)、西宁曹家堡机场、南京大校场机场、长沙黄花机场、长春大房身机场、沈阳桃仙机场等。新建或改建的小型机场有黑河瑷珲机场、丹东浪头机场、赣州黄金机场、常州奔牛机场等。

1987 年，中国民航业再次进行改革，分设航空公司与机场。将原民航北京管理局、原民航上海管理局、原民航广州管理局、原民航成都管理局、原民航西安管理局和原民航沈阳管理局的航空运输和通用航空相关业务、资产和人员分离出来，组建了 6 个国家骨干航空公司，自主经营、自负盈亏、平等竞争，成立了中国国际航空公司、中国东方航空公司、中国南方航空公司、中国西南航空公司、中国西北航空公司、中国北方航空公司。六个地区管理局既是管理地区民航事务的政府部门，又是企业，领导管理各民航省(自治区、直辖市)局和机场。此外，1989 年 7 月，中国通用航空公司成立，其以经营通用航空业务为主并兼营航空运输业务。

自 20 世纪 90 年代起，民航开始集中力量，抓重点机场建设，逐步扩宽融资渠道，加大投资力度。大批现代化机场，如深圳黄田机场(现更名为深圳宝安机场)、石家庄正定机场、福州长乐机场、济南遥墙机场、珠海三灶机场(现更名为珠海金湾机场)、武汉天河机场、南昌昌北机场、上海浦东机场、南京禄口机场、郑州新郑机场、海口美兰机场、三亚凤凰机场、桂林两江机场、杭州萧山机场、贵阳龙洞堡机场、银川河东机场、广州新白云机场等，相继投入使用。同时一大批中小型机场也完成了新建、改建和扩建。

北京首都机场的建设和发展是中国机场发展历程的最好见证。1954 年，为改变民航和空军共用北京西郊机场的状况，中央同意在北京东北部兴建民用机场。它先后被冠以北京中央航空港、北京天竺机场、北京中央机场的名称。在 1957 年被命名为中国民用航空局首都机场，并于 1958 年 3 月 1 日正式投入使用(图 1-1)。当时，首都机场配备有 2500m 长、80m 宽的水泥混凝土跑道和相应的滑行道、停机坪、航站楼，其他业务、工作、生活用房屋，全套助航和通信设备，飞机维修、供油、场内外各项公用设施和交通设施，以及飞机修理基地。在当时的远东地区，首都机场的规模和现代化程度位居前列。20 世纪 60 年代中期，首都机场跑道由 2500m 扩建延长至 3200m，能够接收当时国际通用的大型客机。为了提高首都机场的总体水平，满足日益繁忙的国内及国际运输业务，20 世纪 70 年代，首都机场进行了第二次大规模的扩建，包括修建新航站楼，修建一条长 3200m、宽 60m 的平行跑道(西跑道)及加强原有跑道(东跑道，延长至 3800m)，建立先进的航行指挥和通信导航系统，修建大型飞机维修基地，新建和扩建供电/供水/供暖/供油及其他生产生活所需配套设备等。扩建从 1974 年 8 月动工，边建设边投入使用，至 1984 年全部项目完成(图 1-2)。然而，民航发展的速度大大超过了机场管理者和建设者的预料，刚刚完工不久的首都机场再次遇到了需要扩建才能满足民航发展速度和规模的情况。经过多方长时间调研，1995 年 10 月，首都机场进行了第三次大规模扩建，新建 24 万 m^2 的航站楼、17 万 m^2 的停车楼、47 万 m^2 的停机坪和相关配套工程 14 项，总投资额高达 76 亿元，是中国民航发展建设史上规模最大、投资最多的工程之一。经过近 4 年的建设，于 1999 年 10 月投入使用(图 1-3)。为了满足北京 2008 年奥运会航空运输的需要，为了实现首都机场作为大型综合枢纽机场的功能，为了塑造中国国门的新形象，首都机场自 2004 年 3 月开始第四次大规模扩建，内容包括新建 T3 航站楼第三条跑道(长 3800m，宽 60m)及相关配套设施，总投资达 194 亿元。

扩建后的首都机场见图 1-4。

图 1-1　首都机场第一个航站楼(1958 年)

图 1-2　首都机场 T1 航站楼(1984 年)

图 1-3　首都机场 T2 航站楼(1999 年)

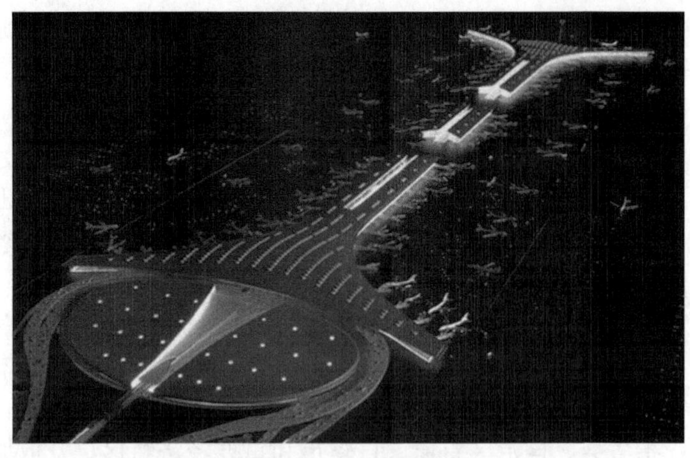

图1-4 首都机场T3航站楼(2008年)

2002年以后，中国民航业再次进行重组。经过“十五”、“十一五”、“十二五”和“十三五”的规划与建设，构建了华北、东北、华东、中南、西南、西北六大机场群，新增了一大批运输机场。截至2019年底，我国共有颁证运输机场238个，全国颁证通用机场数量达到239个。

未来，民航建设力度将进一步加大，主要是建设枢纽机场、完善干线机场、发展支线机场，树立创新、协调、绿色、开放、共享的新发展理念，建设“绿色、人文、平安、智慧”四型机场。

1.1.3 机场的分类

根据机场在航空运输系统网络中的作用、机场的业务范围、机场所在地的状况以及大部分乘机旅客的目的等，我国对机场进行了类型划分。

1. 根据机场在航空运输系统网络中的作用划分

(1)枢纽机场：是全国航空运输网络和国际航线的空中枢纽。枢纽机场具有业务量巨大，国际、国内航线航班密集，旅客中转率高等特点，旅客在此可以很方便地中转到其他机场。根据业务量的大小，可分为大、中、小型枢纽机场。目前，国内一般认为首都机场、上海浦东机场和广州新白云机场为枢纽机场。

(2)干线机场：指以国内航线为主，兼有少量国际航线，航线连接枢纽机场和重要城市，空运量较为集中，年旅客吞吐量达到一定水平的机场。

(3)支线机场：指比较发达的中小城市和一般旅游城市，或经济欠发达且地面交通不便、空运量较少的城市地方机场。这些机场的航线多为本省区航线或邻近省区支线。

2. 根据机场的业务范围划分

(1)国际机场：指国际航线出入境并设有海关、边防检查、卫生检疫、动植物检疫和商品检验等的机场，如北京首都国际机场、芝加哥奥黑尔国际机场等。国际机场又分为国际定期航班机场、国际定期航班备降机场和国际不定期航班机场。安排国际通航的定期航班飞行的机场称为国际定期航班机场；为国际定期航班提供备降的机场称为国际定期航班备降机场；安排国际不定期航班飞行的机场称为国际不定期航班机场。

(2) 国内航线机场：指供国内航线使用的机场。

(3) 地区航线机场：指供境内地区之间及与中国香港、中国澳门地区之间定期或不定期航班飞行使用，并没有类似国际机场的联检机构的机场，如呼伦贝尔东山机场、长春大房身机场、齐齐哈尔三家子机场、佳木斯东郊机场、合肥骆岗机场、济南遥墙机场。

3. 根据机场所在地的状况划分

(1) Ⅰ类机场：是全国航空运输网络和国际航线的枢纽，除承担直达客货运输外，还具有中转功能，如首都机场、上海虹桥机场、广州白云机场等。

(2) Ⅱ类机场：指省会、自治区首府、直辖市和重要经济特区、开放城市和旅游城市或经济发达、人口密集城市的机场，是区域或省区内航空运输的枢纽，称为国内干线机场。

(3) Ⅲ类机场：指国内经济比较发达的中小城市或一般的对外开放城市和旅游城市的机场，能与有关省区中心城市建立航线，也称为次干线机场。

(4) Ⅳ类机场：指支线机场及直升机场。

4. 根据大部分旅客乘机的目的划分

(1) 始发/终程机场：机场的始发和终程旅客占旅客总数的比例较高。目前国内机场大多属于这类机场。

(2) 经停(过境)机场：机场位于航线上的经停点，没有或很少有始发航班飞机，只有比例不大的始发/终程旅客，有相当数量的过境旅客。

(3) 中转(转机)机场：指有相当大比例的旅客乘飞机到达后，立即转乘其他航线的航班飞机飞往目的地的机场。

1.1.4　机场的组成

民航机场系统主要可划分为空域和地域。空域为航站空域，供进出机场的飞机起飞和降落。地域由飞行区、旅客航站区、货运区、机场维修设施、供油设施、空中交通管制设施、安全保卫设施及救援和消防设施、生活区、行政办公区、生产辅助设施、后勤保障设施、地面交通设施等部分组成。

1) 飞行区

飞行区是飞机活动的地域，由地面设施及净空区两部分组成。其中，地面设施是机场的主体，如图 1-5 机场飞行区示意图所示。

国际民航组织(ICAO)的飞行区等级指标划分见表 1-1。其中，指标Ⅰ按基准场地长度划分为 4 级，以数字表示；指标Ⅱ按飞机的翼展大小和主起落架外轮缘之间的距离划分为 6 级，以英文字母表示。采用数字和字母作为机场的基准代码，把有关机场特性的各项规定互相联系起来，使机场飞行区的各项设施的技术标准能与在该机场上运行的飞机性能相适应。指标Ⅰ主要决定跑道的长度，指标Ⅱ则在很大程度上决定了机场的几何设计标准。

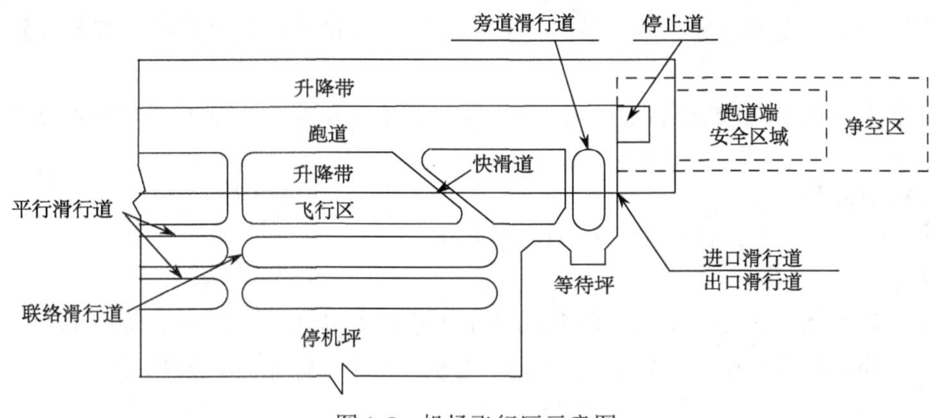

图 1-5　机场飞行区示意图

我国机场规划与设计均采用国际民航组织的分类方法和标准。美国 FAA 采用与国际民航组织类似的方法，将飞行区等级指标按照飞机的进近速度和飞机的翼展来进行划分，分级标准如表 1-2 所示。

表 1-1　ICAO 机场飞行区等级指标

数字	指标 I	指标 II		
	基准场地长度 RFL/m	字母	翼展 WS/m	主起落架外轮缘之间的距离 OMG/m
1	RFL＜800	A	WS＜15	OMG＜4.5
2	800≤RFL＜1200	B	15≤WS＜24	4.5≤OMG＜6
3	1200≤RFL＜1800	C	24≤WS＜36	6≤OMG＜9
4	1800≤RFL	D	36≤WS＜52	9≤OMG＜14
		E	52≤WS＜65	9≤OMG＜14
		F	65≤WS＜80	14≤OMG＜16

表 1-2　FAA 机场飞行区等级指标

指标 I		指标 II	
飞机进近等级	飞机进近速度 AS/kn	飞机设计组别	翼展 WS/m
A	AS＜91	I	WS＜15
B	91≤AS＜121	II	15≤WS＜24
C	121≤AS＜141	III	24≤WS＜36
D	141≤AS＜166	IV	36≤WS＜52
E	166≤AS	V	52≤WS＜65
		VI	65≤WS＜80

注：1kn=1.852km/h。

2) 旅客航站区

旅客航站区主要由以下 3 部分构成。

(1) 航站楼。

航站楼是用于旅客从地面到空中或从空中到地面转换的设施，是机场的主要组成部分。

它包括连接地面的交通设施、办理各种手续的设施、连接飞行的设施以及服务设施等。

(2)站坪。

站坪是指设在航站楼前的机坪，供客机停放、上下旅客、完成起飞前的准备和到达后各项作业使用。

(3)停车场所。

停车场所通常设在航站楼前，用于停放车辆。

3)货运区

货运区供办理货物托运手续、将货物装上飞机以及从飞机上卸货、临时储存、交货等使用。它主要包括货运站、货机坪以及货运区进出道路、停车场、货物停放坪、集中控制坪等。

4)机场维修设施

多数机场对飞机在过站、过夜或飞行前进行例行检查、保养和排除简单故障。机场维修设施规模较小，只设一些车间和车库。

少数机场承担飞机结构、发动机、设备及附件等的修理和翻修工作。机场维修设施规模较大，设有飞机库、修机坪、各种车间、车库和航材库等。

5)供油设施

供油设施用来储油和加油。大型机场设有储油库和使用油库。储油库储存大量油料，并有装卸油设施和各种配套设施，是机场的主要油库。小型机场只设一个油库，通常用加油车加油，大型机场则通常由机坪管线系统供油。

6)空中交通管制设施

空中交通管制设施包括航管设施、通信设施以及气象设施。

7)安全保卫设施及救援和消防设施

安全保卫设施及救援和消防设施用于保障机场的安全运营。

8)生活区

生活区主要有宿舍、食堂、门诊所、商店、邮局、银行等，用以提供居住和生活所需。

9)行政办公区

行政办公区包含机场当局、航空公司以及公安、武警、海关等的办公楼。应设在进场路附近并便于通往旅客航站区和飞行区的地方。

10)生产辅助设施

生产辅助设施主要有宾馆、航空食品公司以及特种车库等。

11)后勤保障设施

后勤保障设施有场务队、车队、综合仓库以及各种公用设施。

12)地面交通设施

地面交通设施有进出机场交通和场内交通两个系统。进出机场交通多数采用公路，有的机场采用铁路或地铁。场内交通也就是机场内部的交通，也多数采用公路，少量采用轨道交通。

1.2 机场环境污染

机场的修建会改变该地区的地形、地物和生态，机场运营带来大量飞机、地面车辆和人的活动，不仅给该地区的社会经济带来各种影响，而且对周围的环境造成许多不利作用，主要体现在生态环境污染、噪声影响、大气污染、污水污油污染以及固体废弃物污染等方面。许多航空专家都认为，环境影响将成为阻碍未来航空运输业发展的一个重要因素。

1.2.1 生态环境污染

以往进行机场规划与设计时并未充分考虑机场建设和运营对周围生态环境的影响，因此随着时间的推移，机场建设和运营所带来的一系列突出的环境问题也凸现出来，甚至发展成为束缚航空业发展的重要因素和突出的生态问题。机场周围的生态环境是指机场周围一定范围内的自然保护区、水源保护地、森林、草原、荒漠、河流、湖泊、湿地、农村、野生生物及其栖息地等，其范围主要依据飞机沿起落航线飞行时噪声对生物的影响区域而定。在这个范围内，机场的建设和运营都会对机场周围原有的生态环境产生不同的影响。

1) 对地貌的影响

由于机场土方施工引起的局部地貌改变，在地质构造脆弱地带可能引起石灰岩地区的岩溶塌陷和高寒地区的雪崩，还影响河流的稳定性，引发泥石流灾害。

此外，机场基本上是一种永久性的、占地面积大的公共基础设施。其建设会使其所占土地失去原有的生产力。

2) 对植被的影响

机场建设的大量土方施工常使土壤植被系统遭到严重的毁坏。此外，机场的沥青或混凝土道面代替了原植被，造成排水模式的变化，导致产生更多洪水、径流和土壤侵蚀情形。

3) 对动物的影响

机场运营期飞机起降时的强噪声会使动物尤其是鸟类受到惊吓，影响其正常生活习性。同时，为避免鸟类碰撞飞机造成相关安全事故，机场往往会采取相关措施，震慑或射杀机场附近的鸟类。

4) 其他影响

机场还可能对其附近的历史文物、自然保护区、风景名胜及其他周围环境等产生不利影响。

1.2.2 噪声影响

从单发动机飞机到双发动机飞机再到螺旋桨飞机，飞机噪声日益增大，尤其是现代喷气式飞机的投入运营，喷气式飞机噪声对居民的干扰急剧增加，这成为一个严重的环境问题。我国机场数量日益增加，喷气式飞机广泛使用，机场噪声对周边环境的影响问题日益突出。

噪声的影响主要体现在如下几个方面：

(1) 影响人们的正常生活；

(2) 造成听力损伤；

(3) 影响周围企事业单位的正常工作；

(4) 诱发慢性病；
(5) 削弱儿童认知能力；
(6) 对机场周围房屋差价的影响；
(7) 对房屋结构的影响；
(8) 对动物的影响；
(9) 影响胎儿发育；
(10) 对设备和建筑的影响；
(11) 阻碍机场自身发展。

1.2.3　大气污染

飞机发动机排放污染是机场大气环境的主要污染源。飞机发动机需要消耗燃油，发动机排气势必对全球气候变化和当地大气污染造成潜在影响。近年来，大气质量与人体健康之间的联系渐渐被人们所认识，因此，机场大气污染越来越受到关注。

都市的大型机场显然是大气污染源之一，飞机起降、滑行和汽车等地面交通工具运行都会排放出大量的废气。飞机发动机排放的污染物主要包括一氧化碳(CO)、氮氧化物(NO_x)、挥发性有机化合物(VOC)、碳氢化合物(HC)、硫氧化物(SO_x)和其他一些化学物质以及炭尘等。其中 CO、NO_x、VOC 等都会生成臭氧，导致呼吸病和肺病。而炭尘所含的 $PM_{2.5}$ 对人体呼吸系统和心血管影响很大。另外，飞机排出的低浓度 SO_x 则会加剧当地酸雨的形成。据估算，纽约的肯尼迪机场和拉瓜迪亚机场每年排放的 NO_x(这是导致大雾的主要原因)和挥发性有机化合物(VOC)分别为 1900t 和 1500t。

1.2.4　污水污油污染

机场工程的建设与运营也可能造成机场所在地区水质的降低以及水资源污染。机场施工建设、洗飞机和地面车辆、服务工作、加油、机场及飞机维护和航站服务产生的各种废水(包括可溶解的和非可溶解的各种有机物质或无机物质)均可能经大气降水和生活污水排放，流入附近的江河、湖泊、水库和水道，导致其水质恶化。在干旱缺水地区建设机场，机场建设和机场运营也会造成蓄水量的过度开采，将导致机场所在地区人类生活质量的下降和水生生物的生存危机。

机场液体排放物有雨水、生活污水，机务维修、飞机加油过程中产生的含油污的废水，以及冬季用于除冰雪和防冻的除冰液、防冻剂和除冰盐等污染水环境的物质。

1) 除冰液和防冻剂

冬季下雪时，除冰并防止飞机机身结冰是一项有关安全的重要工作。因为当机身上有冰时，飞机就不能安全飞行。在有雪情的机场，机场当局和航空公司都准备了大量的飞机除冰设备，用于在飞机起飞或达到一定高度前除去飞机积冰或者防止飞机结冰。为了达到这一目的，必须向飞机机身喷洒除冰液和防冻剂 ADF(防止飞机结冰的化学药剂)。

目前，最为有效的除冰方法是对飞机喷洒加热的乙二醇溶液(含少量添加剂)。这类化学物质会污染地表水而引起环境问题，但迄今未找到价廉而且对环境污染小的乙二醇溶液除冰液的替代物。因此，控制污染的主要方法是减少除冰液的使用数量，以及对除冰液收集、处理和再利用。

除冰时，主要在飞机机身上喷洒(不可避免地会流到地面)一定数量的除冰液。通常，除冰液管和除冰车的液罐相连。除冰液的喷流可将飞机上的冰和雪冲走，并且可以破除冰块和保证飞机在一定时间内不结冰。减少乙二醇溶液用量的方法是根据当地环境先用机械方法减少飞机上的积雪，这样就可减少除冰液的浓度。

2) 除冰盐

在冬季的雪天除要给飞机除去表面的积雪和冰外，为了防止道面积雪、结冰，或者为了快速去除已经在道面上产生的积雪和冰，往往会在场道上撒布除冰盐或除冰液。在场道上采用的除冰盐的主要成分大多为氯化钠。但除冰盐会对水泥混凝土道面的耐久性造成影响，特别是会腐蚀钢筋混凝土道面内的钢筋，从而影响道面的性能。因而，近年来也有的机场使用成本较贵的除冰液，其成分与飞机除冰液类似，主要为醇类溶液。不管是除冰液还是除冰盐，在使用时都会与融化的冰雪一起流入机场的排水系统中，并进入机场周边的生态水系之中，从而造成可能的污染。

3) 燃油泄漏

一般在机场附近都存在一定数量的航油和其他油品。在一般情况下，油料储运系统不会污染当地环境，因为人们都比较小心地对待这种昂贵的资源。但是，机场当局仍需小心维护油料储运系统，以防止其泄漏导致污染地下水，保护储油区以防泄漏事故或者人为蓄意破坏。通常储油罐旁边要建防火堤，以防储油罐油品溢漏后漫流和引起火灾蔓延。

4) 雨水排泄

雨水清洗了跑道、滑行道、机坪、机场道路，冲走了沉积在铺筑面上的污物。如果机场跑道排水系统设置不当，大量雨水滞留就可能引起洪涝。

5) 机场建设废水

在机场建设过程中，场地开挖、平整回填等土石方工程不可避免地产生高浊度施工废水；施工机械在维护冲洗时，将产生硫类和石油类的废水。除此之外还有施工现场带来的生活污水和地面径流产生的高浊度雨水。

6) 运行中的含油污水

在跑道、滑行道，尤其是机坪上，由于滴漏、排放或加油操作不当，经常发生道面被燃油、润滑油污染的情况。机场的含油污水量大，且涉及的范围也广，例如，油品储运、飞机溢油事故、车辆清洗、机械制造等过程均会产生含油污水。

1.2.5　固体废弃物污染

由于民航业的迅猛发展，机场产生的固体废弃物将增加机场乃至城市的负担。目前我国垃圾处理场的数量和规模尚不能适应城市垃圾增长的要求，机场产生的固体废弃物增加更加剧了这一问题。目前，固体废弃物对环境的污染是多方面、多环境因素的，具体影响有如下几个方面：

(1) 侵占土地，破坏地貌和植被；

(2) 污染土壤；

(3) 污染水体；

(4) 污染空气；

(5) 影响环境卫生。

1.3　机场环境保护

由于各种环境污染都会对人们的健康和生活质量造成不利影响，相关部门已在全球范围内对航空运输业进行越来越严格的限制。对机场来说，这些限制已对机场的正常运营、运营成本以及机场为满足航空运输需求不断增长而进行的容量扩展造成了很大影响。

1.3.1　生态环境保护与污染防治

机场周围的生态环境保护有着十分重要的意义，非常有必要采取有效的防治措施及对策，维持机场周围小群落范围内的生态环境平衡，避免因机场的建设和使用造成其周围的生态环境恶化。

1）机场选址时的生态保护要求

机场位置应避开各级自然保护区、水源保护地、森林和湿地等。不得已时，机场公路可从其边缘通过，尽量减少破坏。

在草原地区修建机场时，尽量把机场选在牧草生长差的地方。要注意保护植被。机场用地范围内应予以绿化。

机场位置应避开国家规定保护的野生动物栖息地，包括珍稀鸟类的迁徙路线。如果无法避开，应将其栖息地迁至合适地点。其中，在选择候鸟新栖息地时，要保证其迁徙不会和飞机飞行训练相互干扰。

机场位置也应尽量避开国家规定保护的野生植物。如果无法避开，应移栽。

2）严格控制林木砍伐

机场附近有林地时，在满足机场净空和不影响架空变输电线路的条件下，应严格控制林木的砍伐数量，严禁砍伐机场用地范围之外不影响机场使用的林木。砍伐林木应进行林地补偿。目前我国对工程占用林地采取经济补偿方式，而德国规定，机场建设占用林地时，必须在机场周围合适的地方补偿同等数量的林地，以维护地区生态环境。我国机场工程建设应逐渐改变占用林地的补偿方式，由经济补偿转变为林地面积补偿，这对机场周围的生态环境及景观方式均有益。

3）机场用地范围内的绿化要求

机场建成后，应对场区进行绿化，改善生态环境质量。按照不同区域的功能，做到点（建筑单体附近的小块绿地）、线（交通道路两侧的林荫道、绿化带）、面（集中的大块绿地）相结合，精心配置，以达到良好的绿化效果。

机场用地范围内，应按净空和绿化设计要求进行栽植。有条件时，填方边坡的植被覆盖度应达到一定要求。

4）机场所在地的植被保护要求

机场施工应加强管理，提倡文明施工，尽量减少机场占地以外的植被损坏。对于西北部干旱地区、黄土高原、荒漠草原等生态环境脆弱地区，建设期保护植被更有其积极意义。施工招标时，应将施工单位的环境保护列为主要条件之一进行考察。机场选在草原地区时，应注意保护植被，取弃土场地应选择在牧草生长差的地方。

表土剥离和保存是生态恢复的关键，土石方施工前先剥离和保存上层表土，用于后期生态恢复。植被恢复时，应本着“因地制宜、适地适树适草”的原则，根据气候特点，结合净空和防治鸟害等要求，选择矮小、耐旱植物。施工时，制定降尘措施，控制噪声，做好临时排水，减小对环境的影响。

施工结束后，部分区域直接覆土恢复为耕地；其他区域在施工前对表层土剥离和保存，施工后在骨架护坡内进行植被恢复。

5) 机场进入湿地时的要求

机场进入法定保护的湿地时，制定的工程方案应避免造成生态环境的重大改变。施工废料应弃于湿地之外。

6) 机场附近野生动物的保护要求

在有国家级保护野生动物出没的路段，应设置预告等标志，并为动物横向通过设置兽道。在我国，对于濒于灭绝的野生动物和野生植物已有了明确的保护法律和法规，首先在选择机场场址时就应该避开濒危物种的栖息地和生长地；如果因为国防战略需要必须在此类地区建设机场，则应对其妥善处理，采取新建栖息地或生长地等方法，使这些濒于灭绝的物种不受或少受损害并能够长久地生存和繁衍下去。在机场建设的可行性研究报告中，应该对拟建机场所在地区生存的鸟的种类、数量、栖息地、生活习性以及是否属于被保护种类进行全面的调查和分析，并提出处理意见和措施。

高度重视驱鸟、护鸟工作。以保护飞机起降安全、保护珍稀鸟类为原则，组建驱鸟队，配备先进的驱鸟设备，如超声波驱鸟器等。特别是飞机起降过程中，如果出现大体型鸟类，应提前及时驱逐，但不得捕杀，建议多采用流动驱鸟设备，如驱鸟车等。

绿化时，选用对鸟类无吸引力、生长缓慢、不产籽或结实量很少的草种。减小高大乔木的比例，避免选择浆果类树种(如女贞等)；定期修剪草地、喷洒农药，减少昆虫的数量；及时清理排水沟，减少对鸟类的吸引。

建议机场在运营期与当地野生动物主管部门和自然保护区密切合作，对其周边地区的野生动物资源，尤其是鸟类开展定期监测、调查与评估。

7) 积极配合生态环境部门工作

在运营过程中，继续积极配合生态环境部门工作，定期检查各项环保指标，及时反馈，并制定突发问题应急方案。

1.3.2　噪声污染防治

随着科技的进步和公众环境保护意识的日益增强，环境污染已成为世界各国关注的焦点，环境保护也成为现代社会问题的热点。与其他科学技术的进步一样，百年航空的发展，在给人们带来方便、快捷的同时，也给环境造成了巨大的影响。首先就体现在航空器的噪声方面。

1) 国外噪声污染防治现状

20 世纪 20 年代末期，位于英国的克罗伊登机场迫于机场噪声影响的压力，第一次提出以标准离场航线指导航空器运行的措施。然后，基于安全的飞行程序设计了减噪飞行程序并成为研究的热点。直到 20 世纪末，受机场噪声影响的人口越来越多，减噪飞行程序才重新被认为是降低机场噪声影响的紧要措施而受到重视。迄今为止，国外已经有多年研究减噪飞行程序的历史，具有卓越的研究成果。

国际航空界从法案上对飞机噪声进行了限制，1966 年开始通过采用“审定”方法对飞机制造厂的产品进行噪声控制，1969 年，国际民航组织成立了飞机噪声委员会(Committee on Aircraft Noise，CAN)；20 世纪 70 年代后，噪声审定的要求越来越严格，应用范围也越来越广。

目前，国际民航组织的航空环境保护委员会(CAEP)美国汽车工程师协会(Society of Automotive Engineers，SAE)的 A-21 委员会、国际标准化组织(ISO)以及美国联邦航空管理局等相继颁布了飞机或机场噪声等值线绘制方案，并且在不断地完善。

2)国内噪声污染防治现状

我国新机场的建设和新型大型飞机的投入运营不断地增加环境的负担，特别是一些大型枢纽机场，其噪声问题对周边居民的困扰日益严重。

近年来，越来越多因机场噪声引起的环境纠纷成为民航运输业不可回避的棘手问题，更有甚者，发生了某些机场附近的居民因难以忍受机场噪声带来的困扰而阻止飞机起降的事件。这严重妨碍了飞机的安全运行且不利于民航业的持续稳定发展。由于噪声消耗有效能量，因此降低机场噪声既是民航业节约能量、减少排放且缩减航空公司运行成本的有效措施，也是民航各部门应该积极执行的任务。降低噪声既节能减排又可以改善机场周边居民的生活环境，因此其将成为未来中国民用航空局重点扶持的一项研究工作。

我国的民用航空事业起步较晚，相应的适航规章体系的建立也落后于航空发达国家。对于飞机噪声方面的研究虽然还不成熟，起步晚，但是已经引起了高度重视。我国制定了相应的国家标准来衡量机场周围城市区域是否受到噪声污染，如《机场周围飞机噪声环境标准》(GB 9660—1988)等。2017 年环境保护部发布《机场周围区域飞机噪声环境质量标准》(二次征求意见稿)等。目前我国大部分机场都存在严重的噪声污染问题，但是还没有找到合理的解决方案。如何有效地控制机场噪声，已经成为迫切需要解决的实际问题。《中华人民共和国环境噪声污染防治法》第四十条规定“民航部门应当采取有效措施，减轻环境噪声污染”；中国国务院颁布的《民用机场管理条例》第六十条指出“采取技术手段和管理措施控制民用航空器噪声对运输机场周边地区的影响”。我国环境保护部门已明文规定：对于新建机场，在申报机场建设项目时，必须对机场周围地区做出噪声预测与环境影响评价；对原有的机场也应定期报告噪声的等值线图，以便对机场周围的土地利用做出规划。

1.3.3 大气污染防治

国际上，欧盟委员会和美国联邦航空管理局推动了多项航空减排方案和减排计划。国际民航组织(ICAO)的航空环境保护委员会(CAEP)拟定的指导原则重点是排放权交易中特定的航空问题，并为交易制度的各种因素提供了倾向性选择方案。

目前就飞机尾气中 CO_2 的排放提出了减排对策，主要措施如下。

(1)国际清洁交通委员会(International Council on Clean Transportation，ICCT)对飞机 CO_2 排放制定了严格的标准，这也是当前显著降低航空 CO_2 排放的有效方法。

(2)在技术改进方面，采用新技术，改善飞机重量、提高引擎效率，利用新型飞机实现减排的目的。

(3)优化飞行路线，改善航距；提高运行管理效率，包括降低辅助电力消耗、研发更高效的飞行程序、降低机身重量等。

(4) 确定和实施基于导航性能的连续下降方式，取代逐步下降方式，每次飞机着陆可以减排 630kg CO_2。

(5) 采用生物燃料，目前航空生物燃料的主要原料包括麻风树、藻类、亚麻荠、农林废物、能源作物等，以油料作物为主。

(6) 实施青山绿地工程，发展植物净化。

1.3.4 污水污油污染防治

机场作为大型交通设施，每天都会产生大量的生活污水，在机场降落的飞机也会卸下大量的生活污水。机场日常运营、维护中产生或散落在地上的有害物质经雨水冲刷，也会形成污水。如果这些污水未经任何处理，就直接或间接地排放到机场或机场附近的水体中，必然会造成水体的不良变化，破坏水中固有的生态系统，威胁水中生物生存。因此，必须重视机场污水污油污染防治。

1) 机场污水处理常用的处理工艺

目前的机场污水处理方法以生物处理工艺为主，各机场根据自己的情况，采用适合各自水质与水量特性的一些处理工艺。

首都机场污水处理厂位于首都机场南侧，温榆河以北 2.5km 处，占地 3.6hm^2。该污水处理厂始建于 1956 年，当时的处理工艺是由一座沉砂池和四座初沉池组成的一级处理工艺。此后，随着机场扩建，1974 年完成了二级处理设施改造，日处理污水量达到 1.5 万吨的规模。进入 20 世纪 90 年代，机场的吞吐量猛增，机场的污水排放量也随之快速增长。此外，旧污水处理厂经过几十年的运行，处理工艺已相对落后，构筑物机械、设备都出现了不同程度的损坏现象。首都机场考虑到以上现象，遂将机场污水处理厂纳入新航站楼及其配套设施工程之中，投资 8000 万元，于 1999 年 11 月建成首都机场新污水处理厂。新污水处理厂处理工艺采用 A/O 法，污水平均日处理量达 2.5 万吨，最大日处理量达 3 万吨。首都机场洗机废水则采用以 LEGS 组合式净水器为主要设备的物化法进行处理。

深圳宝安机场污水经排水管道收集到污水处理厂，经过无害化处理后排放或再利用，污水处理设备采用地埋式污水处理设施，设备主要处理工艺采用目前较为先进的反馈式缺氧、好氧污水处理法。

武汉天河机场排放的污水主要是生活污水，由于生活污水磷含量过高会引起水体富营养化，该工程采用利于脱氮除磷的厌氧—接触氧化—斜管沉淀池的生物处理工艺。该工艺具有节省投资、管理简便、处理效率高、占地面积少等特点，污水处理水质达到《污水综合排放标准》(GB 8978—1996) 规定的一级排放水质要求。

济南遥墙机场航站区采用雨水、污水分流措施，雨水不做处理直接排放。污水汇集后由干管输送至污水处理厂，经处理后外排至通向小清河的排水沟。污水处理厂的设计规模为 1500m^3/d，工艺流程为污水—格栅—集水井—调节池—气浮池—过滤池—外排。

咸阳机场污水处理工程采用一体化氧化沟技术和船式二次沉淀池，污泥通过池底通道直接回流。

2) 机场污水回用常用的处理工艺

机场污水回用处理工艺通常是对机场污水处理厂的出水进行深度处理，或采集污染较轻的生活污水进行初步处理和深度处理。

有研究报道，咸阳机场污水处理站出水，采用絮凝—气浮—过滤为主的工艺进行处理。机场氧化沟二级出水经过絮凝(将硫酸铝作为絮凝剂)、溶气气浮的深度处理可以达到《城市污水再生利用 城市杂用水水质》的要求，不需要投加助凝剂。

青岛流亭机场采用以 MBR(membrane bio-reactor，膜生物反应器)为主体的工艺处理排放污水。该工艺较传统的 MBR 工艺增设了缺氧段，具有良好的脱氮效果。该处理工程的主体工艺主要包括原水—集水井—格栅池—调节池—缺氧池—MBR 池—清水池—回用。青岛流亭机场污水处理站投产以来运行稳定，维护费用低，出水水质优良，可作生活杂用水。

济南遥墙机场原有污水处理厂的设计规模为 1500m^3/d，后来为进一步实现污水减量化、资源化，在该污水处理厂的基础上，新建了生活杂用水处理工程，经过一年时间的运行，该处理工程处理效率稳定，供水达到了生活杂用水的水质标准。

1.3.5 固体废弃物控制与处理

机场建设有航空垃圾焚烧站，焚烧后的残渣和收集到的飞灰通过密闭垃圾车运送到指定市政处理场进行无害化填埋处理。烟气排放符合国家《生活垃圾焚烧污染控制标准》(GB 18485—2014)的要求。固体废弃物处理流程见图 1-6。

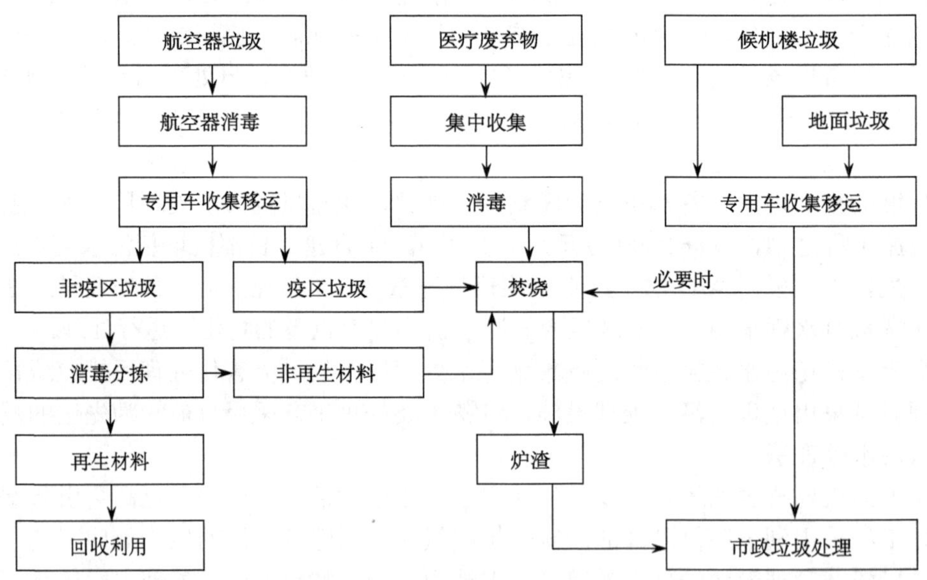

图 1-6　固体废弃物处理流程图

为实现航空垃圾收运和处理规范化运作这一目标，可以从以下几个方面入手：

(1) 推进和完善机场资源管理立法的进程；

(2) 制定和完善航空垃圾收运与处理标准；

(3) 营造和谐市场环境，实现各方共赢。

思 考 题

1-1　机场由哪几部分组成？

1-2　机场分为哪几类？

1-3　机场环境污染主要有哪几种？

1-4　针对机场环境保护主要有哪些方法？

第 2 章　机场对生态环境的影响及修复

2.1　机场对生态环境的影响

随着人类产业革命的升级和城市化的加速，人类生活消耗的自然资源在不断增加，对生态环境的影响和破坏日益严重，为了实现国家可持续全面发展，国家非常重视生态环境保护，在党的十九大报告中专门对“人与自然和谐共生”进行了系统阐述，提出建设生态文明是中华民族永续发展的千年大计。同时也制定了一系列法律法规和标准，如《中华人民共和国环境保护法》、《中华人民共和国环境影响评价法》、《机场周围区域飞机噪声环境质量标准》（二次征求意见稿）、《环境影响评价技术导则 民用机场建设工程》（HJ/T 87—2002）等。随着我国经济的稳步发展，近年来机场建设项目日益增多，然而机场建设项目会改变其周围的生态环境，对原环境造成一定程度的破坏。例如，机场会使原有土壤植被系统遭到严重破坏，因此，机场建设对生态环境的破坏及其恢复问题是一项重要的研究课题，具有非常重要的意义。

2.1.1　建设期对生态环境的影响

机场建设会直接破坏植被，主要是建设过程中所用土地范围，如料场、取土场、弃土堆、施工营地和便道等临时占地，破坏了原有的土壤及植被，区域内地表裸露增加，使其对风、水作用的敏感性增强，生态环境恶化，稳定性下降。另外，各种施工活动，包括土石方工程、基础工程、场道工程、道路平整活动、施工机械活动、材料堆放、临时营地等都会破坏地表植被。高寒地区和山区机场建设还会涉及土石方的开挖，进而破坏地表土层，只留下坚硬的岩石，使得植被难以恢复。

同时，大型机械设备在施工过程中穿行便道，土壤遭到碾压，使得结构硬实，透水/透气性下降。另外，车辆在行驶过程中扬起大量粉尘，也对沿线的植物生长产生不利影响，阻塞植物叶片的气孔，降低光合作用的效率等。

此外，不文明施工也是导致生态系统破坏的重要因素。在一些生态脆弱地区，往往地广人稀，建筑设施少，施工人员一般在工地外设立临时设施，有些施工单位工人素质差，对周围的植被乱砍滥伐，随意践踏，造成很大的危害。

1. 对农业生产的影响

由于机场占地面积大，当机场修建需占用耕地和林地时，农业生态系统将受到严重影响。

(1) 改变土壤性质，使较肥沃、适合作物生长的土壤转变为不适合作物生长、透水性差的土壤，降低自然修复能力。

(2) 破坏耕地，使区域作物产量减少。

(3) 施工过程中运输车辆、施工机械以及人员会对邻近耕地造成干扰，施工场地产生的水土流失可能会破坏农田，影响正常的农业生产。

2. 对动物的影响

机场项目的实施会对区域的生态环境造成一些不可逆的破坏和影响，会对野生动物的栖息地生态环境形成不同程度的干扰、破坏和影响。工程施工过程中，由于大量的机械作业和工人的活动，一些动物受到惊扰而不得不迁移。施工期间，施工材料、弃渣等会改变机场周边区域的水环境，使两栖类动物、爬行类动物等的生活环境受到影响。此外，施工人员进入工地，将使区域内动物资源受到一定的影响。同时，机场建设会使兽类、鸟类等动物的栖息环境受到破坏，动物食物来源减少。

3. 对水土保持的影响

机场建设中对植被和土壤的扰动会导致水土流失。造成水土流失的原因主要有以下几点。

(1) 机场建设过程中，土石方工程会造成地表植被的破坏，使表土与植被的平衡关系失调，土壤表层裸露，抗蚀能力减弱，原地表的坡度、坡长也被改变，破坏了原有的平衡，降雨时发生水土流失，且在开挖削坡时使土质松动，表层岩土的结构变得松软，土体抗蚀能力降低，加大了水土流失量。

(2) 机场建设中会大量取土或弃土、弃渣，这些松散的岩土孔隙大，结构疏松，若不采取有效的措施，极易造成水土流失。

(3) 施工区内的临时便道由于植被已被破坏，加之土壤的板结，极易诱发水土流失；施工区内的土石渣料缺乏必要的水土保持措施，遇风或雨也极易流失。

(4) 位于高寒山区的机场建设，挖损边坡(如山体开挖产生的新坡面、取土场的边坡等)陡峭，部分近于垂直状态，边坡坡度大，在雨点打击和冲刷以及风蚀作用下会产生水土流失，暴雨时极易产生剧烈的水力侵蚀，且在降雨作用下很容易诱发小型崩塌、滑塌、滑坡等，造成严重的土壤侵蚀。

4. 对水资源的影响

施工期间产生的废水主要包括施工废水和生活污水。建筑施工期间，由于场地清洗、管道敷设、混凝土搅拌、建筑安装等工程的实施，将会产生一定量的施工废水，施工废水含有大量的淤泥，其排放会对周围水体产生不良影响。此外，机械燃油泄漏、养护用水、生活污水排放及土石方施工等也会对周围水体产生不良影响。

2.1.2　运营期对生态环境的影响

机场在运营期对野生动物的影响主要为机场噪声对鸟类的影响与飞机飞行对鸟类迁徙的影响。

1. 机场噪声对鸟类的影响

噪声会对鸟类的生活产生一定的影响。机场在运营期，周围的鸟类受到飞机强噪声的惊吓而飞离机场区域，影响鸟类的正常活动。但这种影响是暂时的，随着运营时间的延长，鸟类会对噪声产生适应性，从而恢复其正常的生活习性。有关研究资料表明：

(1) 鸟类对经常发生的声音刺激会有习惯化行为。研究人员曾在一些机场观察到有云雀在距离机场跑道不足 5m 的绿地上筑巢，幼鸟都能成功孵化并出飞；距离跑道 100m 左右的水塘中游泳的绿头鸭、水边取食的黑翅长脚鹬等鸟类对飞机起降几乎毫不在乎。但很多正在飞翔的鸟类对飞机以及其他噪声会做出躲避行为，这也是目前大多数机场采用声音驱鸟的原因。

(2) 持续等量的噪声会对鸟类产生较大的影响。荷兰学者经过近 10 年对 43 种鸟类的观察得出交通噪声可能影响鸟类繁殖率，当等效连续 A 声级 $L_{\mathrm{Aeq}}24\mathrm{h}$ 超过 50dB 时，栖息地处的鸟类密度下降，下降率为 20%～98%。但是，这种持续等量的噪声在机场很少会出现。机场停机坪上的飞机以及机场的声音驱鸟设备也不会有这样的噪声效果。目前机场的声音驱鸟设备也很少会影响到机场 1km 以外的鸟。

2. 飞机飞行对鸟类迁徙的影响

当机场航线方向与当地鸟类迁徙方向有一定交叉时，在春秋季节鸟类迁徙高峰期，会有一些鸟类在机场上空往返迁徙，飞机起降将会给低空飞行区内的迁徙鸟类带来致命伤害，也将会给飞机带来鸟撞风险。

受大气中的含氧量限制，大多数鸟类的飞行高度在 400～1400m，鸟类的迁徙飞行高度一般低于 1000m，小型鸟类不超过 400m。鸟类夜间迁徙的高度常低于白天，而在碰到云雾、强逆风、小雨、弱月光等气象条件时，降至低空。研究表明，候鸟在迁徙和觅食时的飞行高度一般低于 100m，飞机在空中正常飞行的高度达数千米，一般猛禽类虽然也能飞到如此高度，但它们在高空中出现的概率很小，而大多数鸟类是达不到飞机正常飞行高度的。因此，飞机在高空中正常飞行时一般不会出现机鸟相撞风险，而威胁主要集中于飞机起飞和降落时。

2.1.3　海上机场对生态环境的影响

海上机场以其前所未有的建设规模、特殊的水下施工工艺以及飞机起降的运营特点，对海洋环境具有极大的破坏性，主要体现在以下几方面。

(1) 海域污染范围更广。通常而言，机场所需面积一般达 $10\mathrm{km}^2$ 甚至更大；施工时，海底的扰动范围可达 $30\mathrm{km}^2$；在波浪、潮流的裹挟下，悬浮物污染的影响范围可达数百平方千米。

(2) 海域污染持续时间更长。由于水上作业的艰巨性，海上机场的填海作业需用时 5～10 年。加上后续改建和扩建，海上施工可能会延续几十年。如此长的时间跨度将导致被破坏的海洋生态环境更加难以恢复。

(3) 海域污染强度更大。实践表明，海上机场建设填海所用土石方可达数亿立方米，填埋水深可达数十米，为克服地基沉降，还需要对海底软土层进行打沙桩或挖除、爆破、强夯等特殊处理，因而将会极大地扰动水体和海底土层，造成更大强度的水质污染。

(4) 海域上空噪声不断。由于海洋生物本能上对突如其来的强烈噪声会极力规避，因而会造成周边海域的海洋生物迅速逃离，致使附近的海洋生物结构发生根本改变。所有这些都无疑对海洋生物种群的生存造成重大影响，特别是当周边海域栖息有珍稀动物时，其后果将更为严重。

2.2　机场生态环境建设

生态环境范围很广，机场建设中的主要问题是土壤植被、水土保持、野生动植物及土地资源等。机场生态环境保护的关键是设计阶段，且生态环境保护与景观规划设计有着极大的互补性。机场项目对生态环境造成不良影响主要在施工阶段。机场建设应根据影响预测、分析机场工程对农业生产(包括农业种植、牧业、饲养、水产养殖等)、植被、土壤侵蚀、陆生生物、水生生物的影响程度，分析溢油事故的影响。机场规划应该避开自然保护区、水源保护地、森林、湿地和鸟类栖息区，要保护植被，搞好水土保持，以防止水土流失导致的江河湖泊淤积、洪水泥石流增加等生态环境恶化现象。根据生态环境影响的类型及程度，对机场场址、规划设计方案的可行性进行分析，提出修改建议和防治措施，结合受保护对象的特性提出保护方案，将不利影响减少到最低限度。有条件时，宜进行环境补偿。

2.2.1　生态环境影响的防护、恢复、补偿及替代方案

1. 生态环境影响的防护、恢复与补偿原则

机场建设规划中应按照避让、减缓、补偿和重建的次序提出生态防护与恢复的措施。涉及不可替代、极具价值、被破坏后很难恢复的敏感生态保护目标(如珍稀濒危物种)时，必须提出可靠的避让措施或替代方案。对采取措施后可恢复或修复的生态环境，应制定恢复、修复和补偿措施。各项生态保护措施应按项目实施阶段分别提出，并制定实施时限、估算经费，提出效果评价方法。

2. 替代方案

替代方案主要指项目中的选线、选址替代方案，项目建设组成和内容替代方案，施工和运营方案的替代方案，以及生态保护措施的替代方案。应对替代方案进行生态可行性论证，优先选择生态环境影响最小的替代方案，最终选定的替代方案应该是生态环境保护可行的方案。

3. 生态环境保护措施

生态环境保护措施应包括保护对象和目标，内容、规模及方法，实施空间和时间顺序，以及保障措施和预期效果分析。对具有重大、敏感生态环境影响的建设项目，以及区域、流域开发项目，应提出长期的生态监测计划、科技支撑方案，明确监测因子、方法、频次等，明确建设期和运营期的管理原则与技术要求。提出建设期的工程环境监理、环境保护阶段验收和总体验收、环境影响后评价等环境保护管理技术方案。

2.2.2 基本保护措施

1. 水资源

(1) 应调查和搜集机场周围范围内的地表水资源分布、容量以及水体的主要功能。

(2) 机场飞行区排水及径流不得直接排入饮用水体和养殖水体。

(3) 不得占用居民集中地区的饮用水体。当飞行区边缘距饮用水体、养殖水体较近并对其产生影响时，应采取绿化带或者其他隔离防护措施。

(4) 机场附近有湖泊、水库等水体时，应采取措施防止机场对地表水径流的阻隔。

(5) 在饮用水体的地下水源保护区设置的排、渗水构造物可能造成地下水污染时，应采取有效措施隔离地表污水。

(6) 应保护自然水流形态，做到不淤、不堵、不留工程隐患。工程废弃土石方堆置应合理设计，避免阻塞河道水流或造成水土流失。

(7) 应做好机场场区综合排水设计。应充分利用地形和天然水系条件将场界范围内的地表径流引入自然沟中。各种排水沟渠的水不应直接排放到水源、农田、园林等地。

2. 水土保持

(1) 充分调查机场周围的工程地质、地形地貌、气候条件、植被种类及覆盖度、水土流失现状等，采用生物防护和工程防护措施，做好水土保持。

(2) 在地质病害地段，当采取生物防护措施进行水土保持时，应考虑当地区域水土保持规划。

(3) 机场选址时尽量利用旧机场或废弃场址。要考虑机场未来发展的需要，避免当地经济发展过快造成机场使用后在短时间内搬迁。

(4) 在进行机场地势设计时，尽量使飞行区内的土石方达到填挖平衡。山区、丘陵区机场应尽可能与原有地形、地貌相配合，合理确定机场标高及道基高度，并尽量减少开挖面、开挖量。

(5) 弃土场应尽量用以造田，若无条件，则应推平，覆盖草皮，并做好排水防护设计，以避免成为新的水土流失源。为有效地防治建设期的水土流失，保护土地资源，应禁止机场周围分散取土、弃土，选择合适地点集中取土或弃土，并制定水土保持措施，使建设期的水土流失降至最小。

(6) 对于暴雨强度较大、岩体风化严重、节理发育的石质挖方边坡或松散碎(砾)石土填挖方边坡地段，宜采用植物与工程综合防护措施。

(7) 应注重机场绿化设计。飞行区内土质地带应种植便于维护的草皮，其他土质地带可栽植适合生长的花草、灌木、乔木和草皮等植物；机场其他地区可栽植花草和不招引鸟类的树木，其高度要符合机场净空要求；对暴露的山头、路堤边坡等进行绿化，防止水土流失。

3. 野生动物

(1) 两栖动物迁徙能力较弱，对环境的依赖性较强。施工过程中，应制定保护该区域两栖动物的生活环境的措施。施工完成后，加强周围环境绿化。

(2)施工过程中的噪声对一些山林鸟类，如啄木鸟、乌鸦、山雀、野鸡等会产生干扰。由于噪声可能影响鸟类的繁殖率，在施工过程中应采取一定的降噪、减振措施。

(3)各种施工人员以及施工机械的干扰使施工区及其周边环境发生改变，应将迁徙和活动能力较强的动物，如松鼠、野兔等迁移至附近受干扰小的区域。

2.2.3 机场生态恢复

机场作为一个特殊的生态系统，开放的半自然状态形成了机场特殊的植被环境。植物为昆虫、土壤动物、鼠类等生物提供了必需的营养和能量，也为鸟类提供了生存的基础，植物在机场中的作用不可替代。当一个机场在建设时，原有植被会遭到破坏，会加剧水土流失，使跑道或其他设施下陷或沉降，对航空安全构成威胁。

在机场施工中会对生态环境造成破坏，对植被的生长带来不可恢复的破坏，所以就需要恢复机场的生态环境。植被是组成生态环境的最基本要素，在水土保持和环境美化中具有不可替代的生态功能。在干旱区的生态环境保护与建设中，植被的生态作用则尤其如此。在机场建设中所形成的边坡靠自然界自身的力量恢复生态平衡需要较长时间，陡峭的岩石边坡往往留下永久的伤痕，不能自然恢复。为了有效地控制灾害的发生，最好的方式就是尽快恢复建设中的受挫植被。在恢复的过程中，植物防护和工程防护是两种比较常用的恢复方法，实际工程中应根据具体的环境情况选择不同的恢复方法。同时，机场景观绿化是机场植被保护的基本措施之一。

1. 基本措施

1)表土资源保护

机场项目建设区域内的耕地、园地、林地等表土资源是生态系统中林草植被、粮食作物等赖以生存的基础。主体工程施工前应进行表土剥离，并单独堆存保护。施工后期应进行表土回覆，用于复耕和绿化，并恢复生态系统依存的土地物质条件。

2)重建地表水系

当机场工程建设改变了原有河流水系、地表径流状况时，需布设排水沟(管、涵)等。排水系统形式兼顾主体工程各功能区的运行要求。

3)恢复耕地

当机场工程建设占压破坏大量耕地时，由于用地使用性质的改变，大部分耕地资源无法恢复。因此，在机场建设过程中应尽量减少临时占地。当建设过程中必须临时占地时，建设过程结束后，需对临时占用的耕地采取覆土、整治等措施，恢复原有耕地的表土厚度、肥力和其他耕种要求等，最大限度地保护周边的耕地资源。

4)恢复植被，重建植被生态系统

除去硬化或特殊要求区域，机场内其他地表都应采取绿化措施恢复植被。同时，在陆侧区域的航站区、工作区、货运区范围内，在不影响飞行安全的前提下，应进行植被恢复，以达到园林绿化美化的标准。

2. 植被恢复基本原则

1) 适地适树、适地适草

应根据机场所在区域的气候类型、土壤类型、植被特点选择合适的植被恢复方法，使地表植被能够迅速恢复，且易于粗放管理。

2) 景观提升，平面绿化、立体绿化结合

在飞行区土面区种草绿化，航站区、工作区及货运区以房屋建筑周边、道路两侧区域为绿化重点，点、线、面相结合，组成较完整的植物防护体系。乔、灌、草结合，形成平面、立体式园林景观绿化格局。

3) 保证主体安全，兼具水土保持功能

植物措施布设应保证飞行安全的前提。避用带浆果的、易栖息的招引鸟类的植物，减少机场区域的鸟类食物源和栖息地，做好生物防鸟措施，保证鸟类的飞行安全。优先选择具有固氮能力的水土保持型豆科植物。

4) 增加植物多样性，确保群落稳定

植物多样性是生态系统的重要评价指标，因此项目区栽(种)植的树草种应丰富多样，且植物群落稳定。根据机场运行要求，飞行区的土面区以种草为主，航站区、工作区、货运区等以乔、灌、草结合，营造适当的林草植被群落，恢复林草生态系统。

5) 做好临时防护措施，加强施工管理

生产建设项目水土流失主要发生在建设期。采取的临时措施包括临时堆土场的拦挡、苫盖及施工场地的临时排水沟、沉沙池等措施，在临时堆土表面撒播草籽预防水土流失。通常临时防护措施是施工管理中最薄弱的环节，应加强建设期临时防护措施管理、规范施工，最大限度地保护生态，减少不利影响。

3. 植被恢复

在机场建设中被损坏的植物除可以依靠自然更新进行恢复以外，还可利用人工恢复的方法进行恢复，如使用人工种植、机械种植等方法恢复植被。目前常用的植被恢复方法主要有以下几种。

1) 客土喷薄技术

用高次团粒剂使客土形成密实结构，植物纤维在其中起到类似植物根茎的网络作用，造就耐降雨侵蚀、牢固且透气、与自然表土相近的生长基础。

2) 香根草生物边坡防护技术

香根草生物边坡防护技术是指种植香根草等基础植物，再根据应用现场的地理环境(如气候、降水量、地质结构、土壤成分及边坡的坡度比等)配置相应植物和营养供应，加上特殊的施工养护方式而形成的综合恢复植被、保持边坡水土的技术。香根草适应性强，能耐−10℃的严寒和 50℃的高温，在严重干旱或水淹条件下不死，在各类土壤乃至母岩碎屑中及 pH=4～11 范围内均可生长。

3) 三维植被网护坡技术

近年来出现的三维植被网护坡技术应用土工合成材料有效地解决了岩质边坡、高陡边坡的防护问题。三维植被网护坡技术是利用活性织物并结合土工合成材料等，在坡面上构建一个具有自身生长能力的防护系统，通过植物的生长对边坡进行加固的一门新技术。由于土工网材料为黑色聚乙烯，具有吸热保温的作用，可促进种子发芽，有利于植物生长。

4）植被混凝土护坡绿化技术

植被混凝土护坡绿化技术是采用专门的混凝土配方和植物，对边坡进行防护和绿化的新技术。

以九寨黄龙机场建设为例，工程建设采取了边坡防护随坡度变化的形式。当坡度缓于 1∶1 时采用植草护坡；对于坡度为 1∶1～1∶0.5 以及坡度为 1∶1～1∶1.3 的土壤条件差的边坡，采用挂网方法进行护坡处理。同时，在进场道路防护中采用挡土墙护坡等工程防护配合植物措施达到防护要求。结合工程防护，边坡上应喷播根系发达、成活率高、生长迅速、适宜当地土质及气候的草种。该工程对 14 处弃土场采用植被恢复措施，在保留原有残存植被的前提下，根据恢复区域属于寒温带的气候特点，按照多层次，多结构，乔、灌、草立体混浇原则进行恢复。

4. 机场景观绿化

机场景观绿化是机场植被保护的基本措施之一。机场的景观绿化包括立交桥景观绿化、进场道路两端景观绿化、停车场的景观绿化、飞行区的绿化。

立交桥景观绿化是以立交式建筑物、构筑物立面为载体的一种建筑绿化形式，主要包括桥柱绿化、中央隔离带绿化和护栏绿化。

进场道路两端景观绿化是机场景观绿化组成的一部分，可以使用松树等植物组成一个良好的生态景观背景。

在进行停车场的景观绿化时，为了实现交通停车的功能，使用花坛组成四方的围合空间。例如，可以栽植成排的龙爪槐和修剪整齐的大叶黄杨，不仅和停车场的布局一致，而且有利于人车的分流。在花坛中种植各种花草，并形成波浪形的图形，显得色彩缤纷、气氛热烈。

飞行区的绿化是指对除机场跑道、停车机坪、巡场道等硬化地以外的区域进行绿化。根据飞行区的功能和特点，为了不干扰飞行员的视线，防止飞鸟进入飞行区发生鸟撞飞机事件，为飞机的起降提供安全便利，主要使用草坪进行绿化。飞行区草种的选择应考虑如下几个方面。

(1)满足自然条件。应选择耐干旱、抗低温的草种用于飞行区的绿化。

(2)满足飞机跑道端净空高度和侧净空高度及平整度方面的要求。飞机在起飞和降落时，要求满足飞行员视线通透的要求。因此，飞行区草坪的高度应保持在 20cm 以下。草坪的自然生长高度不超过 20cm，从而降低机场的运行成本。

(3)满足防鸟、驱鸟方面的要求。为了降低和控制小型鸟类及大型猛禽进入飞行区，对飞机起降发生碰撞而造成损害，影响飞行安全，飞行区应选择在自然条件下不开花或只开花不结籽的草种，避免小型鸟类采食草籽进入飞行区。

2.3 机场对生态环境影响的评价

2.3.1 生态环境影响评价概述

1. 生态环境影响评价的基本概念

环境为影响人类生存和发展的各种天然的和经过人工改造的自然因素的总和。生态环境则是由生物群落和非生物的自然因素组成的。

生态环境影响评价就是通过分析和预测人类的开发建设活动对生态环境的影响以及对经济发展的作用，确定所研究区域的环境容量和生态负荷，并根据评价结果提出一些改善生态环境的建议和措施。生态环境影响评价主要包括对生态环境影响的预测和评价、对生态环境现状的调查分析以及对生态保护技术措施的论证。

目前，我国在环境方面的评价更多的是环境影响评价，而对生态环境影响的评价较少。这两者有一定的相似之处，都是对建设开发项目所产生的自然因素的评价，但是这两者在某些方面是不同的，环境影响评价侧重于污染影响评价，而生态环境影响评价则更注重自然资源和生态环境保护。生态环境影响评价与环境影响评价具体的差别见表 2-1。

表 2-1 生态环境影响评价与环境影响评价的区别

比较项目	环境影响评价	生态环境影响评价
主要目的	主要解决环境污染问题，控制环境清洁，解决噪声问题，为工程设计、建设单位服务	着重于自然资源和生态环境的保护，解决舒适性和可持续性发展问题，对工程设计、建设单位以及区域的长远发展提供参考
主要对象	工业开发区、污染型工业	所有开发建设活动
评价因子	水环境、声环境、大气环境、土壤环境和生态环境等。评价因子筛选与工程排污性质和环境要求有关	生物及其生态环境。评价因子筛选应根据建设活动的影响性质、影响程度和环境特点进行
评价方法	以工程分析和防治措施为主，检测和预测结果多为定量化值	以生态分析和保护措施为主，定性分析与定量分析相结合
工程深度	明确判定污染程度、范围。防治措施要求达到环境标准和排放标准	确定生态环境影响范围、程度、性质以及可能产生的后果。保护措施要求达到可持续发展要求和实现生态保护功能
措施	多为工程治理措施，在达到环境标准的基础上追求经济合理化	通过对资源的合理利用，寻求具有保护、恢复和补偿作用的建设方案，实行全过程管理

2. 生态环境影响评价的基本原则

生态环境影响评价就是调查和分析建设项目活动特点和生态环境影响以及两者之间的相互作用的过程，并根据国家的政策法规对受影响的区域提出减小生态环境影响的有效措施和途径。生态环境影响评价过程中，应遵循以下几个基本原则。

1) 保护自然资源和区域可持续发展

自然资源的可持续利用在很大程度上决定了人类社会的可持续发展。所以，在生态环境影响评价中，要注重保护自然资源，保护维持区域可持续发展的物质基础。在进行生态环境影响评价时，要重点注意耕地资源、水资源和地区优势资源等自然资源的保护。

耕地资源除具有生产农产品的功能外，还具有森林和草原的一些生态环境功能。一直以来，耕地都是支撑人类生存发展的主体资源。然而近几十年来，城市的不断扩展、工业水利等的发展以及道路的修建对耕地的侵占和破坏导致我国的耕地资源大量减少，随着工业化的发展，这一趋势还在不断加剧，而损失的耕地大多是平原低丘、城镇郊区的肥沃土地，其影响长远而深重。

水资源具有多种经济和生态功能，它本身也是一种独特的生态系统。水是组成地球生态系统的要素之一。我国在水资源开发利用和保护中面临的问题主要有如下几个。

(1)水资源总量较少，社会经济发展和生态保护的竞争性用水之间的矛盾凸显。水资源的短缺和竞争性用水，对陆生生态系统和水生生态系统都带来极大的影响。

(2)水资源时空分布不均衡。我国大部分地区受季风的强烈影响，降水量不均衡。在地区分配上，东南方降水量多，而西北部降水量少。在时间分配上，降水量主要集中在春夏季节，导致每年水患和旱灾频繁发生。

(3)用水技术落后、浪费大、水污染严重，加剧了水资源的紧缺形势。从长远来看，水资源和土地一样，都是关系国家民族持续生存和发展的重大问题。开源节流、防治污染，保护水生态环境，是我们每个人的义务和责任。

地区优势资源是在地域性和历史性利用与养护中形成的具有自身特色优势的自然资源，保护地区优势资源应注意保持资源的可持续利用，对可再生资源的开发利用量不能超过其生长量。此外，自然资源是一个动态的概念，它与一定的社会条件和技术水平相关。在生态环境影响评价中，应从长远的观点、科学的理念和可持续发展的眼光出发对待自然资源。

2)遵循生态学和生态环境保护基本原理

利用生态学基本原理对生态环境影响进行评价，通过使用合理可行的评价方法，本着服从生态系统相关规律的原则，以尽量真实、客观地凸显生态环境的现实状况为目的，针对生态环境的突出特征提出科学可行的建议和相应策略。基于生态学与相应的生态环境保护基本原理，在对生态环境影响进行评价时应该关注以下五个问题。

(1)生态系统的组成具有层次性。因此，进行生态环境影响评价时，必须根据现实状况将评价分为若干层次并列出对应的评价内容。其中，有些内容需在整体生态系统层次做出全面评价，而其他内容仅需对某些影响因子进行评价。

(2)生态系统的整体性。从宏观角度看，研究体系的结构、过程和功能是一个密不可分的整体，是其赖以生存、发展和修复的基础。对于生态环境影响评价，明确评价区的类型和边界必须放在首位，然后进行相关区域功能及结构特点的研究，再从生态系统结构—过程—功能的整体性角度进行剖析，分析其功能的影响因素并对造成的相应损失进行评价，最后从结构整体性出发提出相应的保护措施。

(3)生态环境影响具有区域性。生态环境影响的区域性主要体现在：生态环境影响评价的目的不仅要服务于建设单位，还需考虑施工设计，同时要凸显区域性生态环境问题，能适应所评价区域的未来发展；此外，除规划开发的活动建设区以外，评价范围还涵盖了与生态环境有密切关系的地区及其将产生的间接影响；采取的环境保护策略也不仅仅受限于规划开发的建设活动所在的影响区域，还需从区域功能属性以及需求出发，科学合理地在最能达到成效的地区施行对策。

(4) 优先保护物种多样性。物种多样性作为生态系统赖以发展的根基，其保护必须遵循“预防为主”的基本方针，不仅要减少人类的强行介入对物种多样性的破坏，还要树立保护第一的思想。此外，保护物种多样性是一项全民事业，需要全员参与。

(5) 在发展中改善生态环境。我国目前存在很多生态环境问题，而开发建设活动仍会继续，虽然我国对生态环境越来越重视，但是一切规划开发的建设活动都会对生态环境造成或多或少的影响，而这种影响在时间上具有累积或叠加的特点。因此应针对每一项预规划建设项目都进行生态环境影响预评价，才能使目前的生态环境问题得以改善。

3) 符合开发建设活动特点和环境条件

建设项目的生态环境影响评价根据环境的地域差异性有针对性地进行。不同建设项目对生态环境影响的性质、范围、方式和程度各不相同。因此，生态环境影响评价应针对不同建设项目的特点进行。另外，即使相近的建设项目在不同地区或者不同环境类型区域，对生态环境的影响也会不同，也应采取不同的评价方法。例如，同是公路路基修建，在平原地区取土占用耕地占的权重会比较大，而在山区则更关注弃土造成的水土流失问题。

4) 贯彻国家环境保护政策，实行法制管理

在生态环境影响评价中应贯彻落实国家环境保护政策，遵循生态保护战略，依法管理生态环境。要以预防为主，同时加强管理。生态系统对建设项目所产生的具有冲击性和突然性的影响往往不能做出适应性变化，因此在项目的规划设计阶段就应加强减少生态环境影响和破坏等方面的管理。另外，一些生态环境方面的影响以目前的科学技术是无法恢复的，一旦发生就无法弥补，如物种多样性的减少。有些生态环境影响具有累积效应，若不及时处理，影响将越来越显著，如重金属污染、沙漠化等都具有累积效应。因此，对待环境问题必须防患于未然，否则这些生态环境影响就可能由量变发展为质变。人类的开发建设活动必然会利用一些自然资源，对生态环境造成一定的影响，随着时间的积累，这种影响会越来越明显。因此在开发建设的同时，应采取适当的措施补偿生态环境的损耗、恢复生态环境的稳定性，特别是土地损失补偿和植物损失补偿。

5) 综合考虑环境与社会经济的协调发展

环境和社会经济的协调发展是生态环境影响评价的最终目的。社会经济的发展是环境保护措施得以实施的重要保障。环境与社会经济的协调性主要包括以下两个方面。

(1) 生态环境与社会经济的协调性。从整体利益和长远利益来看，环境保护和社会经济的发展是统一的、协调的。但是从局部利益来看，这两者往往是矛盾的，甚至会产生冲突。生态环境影响评价的目的就是协调整体利益和局部利益、长远利益和短期利益之间的矛盾和冲突，使它们在一定程度上协调发展。

(2) 协调区域规划与项目建设的关系。生态环境影响具有区域性，这就决定了生态环境影响评价应以保护区域整体环境为原则，从区域的角度出发对建设项目所在区域的生态环境进行综合评价。单个建设项目可能只会破坏生态系统的部分功能，但是同一区域内若有多个建设项目，它们对区域内生态环境造成的影响要大得多，而目前的生态环境影响评价多是以单个建设项目开展的，不能体现区域内多个建设项目对生态环境的综合影响。因此，

若要达到生态环境影响评价的预期效果，就要处理好区域规划环境和建设项目的生态环境影响之间的关系。

3. 评价工作分级

依据影响区域的生态敏感性和评价项目的工程占地范围(包括永久占地和临时占地)，将生态环境影响评价等级划分为一级、二级和三级，如表 2-2 所示。

表 2-2　生态环境影响评价工作等级划分表

影响区域的生态敏感性	工程占地(含水域)范围		
	面积≥20km^2 或长度≥100km	面积 2～20km^2 或长度 50～100km	面积≤2km^2 或长度≤50km
特殊生态敏感区	一级	一级	一级
重要生态敏感区	一级	二级	三级
一般区域	二级	三级	三级

4. 评价工作范围

生态环境影响评价应能够充分体现生态完整性，涵盖评价项目全部活动的直接影响区域和间接影响区域。评价工作范围应依据评价项目对生态因子的影响方式、影响程度及生态因子之间的相互影响和相互依存关系确定。评价工作范围的确定可综合考虑评价项目与项目区的气候、水文、生物等生物化学循环过程的相互作用关系，以评价项目影响区域所涉及的完整气候、水文、生态、地理界限为参照边界。

5. 生态环境影响判定依据

生态环境影响评级应以《环境影响评价技术导则 生态影响》(HJ 19—2011)为主要依据，并结合以下方面进行综合评定。

(1)国家、行业和地方已颁布的资源环境保护等方面的相关法规、政策、标准所确定的目标、措施与要求。

(2)科学研究判定的生态效应或评价项目的生态监测和模拟结果。

(3)已有的性质、规模以及区域生态敏感性相似项目的实际生态环境影响对比。

2.3.2　工程分析

工程分析的主要内容应包括以下几方面：

(1)可能产生重大生态环境影响的工程行为；

(2)与特殊生态敏感区和重要生态敏感区有关的工程行为；

(3)可能产生间接、累积生态环境影响的工程行为；

(4)可能造成重大资源占用和配置的工程行为。

2.3.3 生态环境现状调查与评价

1. 生态环境现状调查要求

生态环境现状的内容和指标应反映评价工作范围内的生态背景特征和现存的主要生态问题。在有敏感生态保护目标或其他特别保护要求对象时，应做专门调查。

生态环境现状调查的范围应不小于评价工作的范围。一级评价应给出采样地样方实测、遥感等方法测定的生物量、物种多样性等数据，给出主要生物物种名录、受保护的野生动植物物种等。二级评价的生物量和物种多样性调查可依据已有资料推断，或实测一定数量的、具有代表性的样方予以验证。三级评价可充分借鉴已有资料进行。

2. 生态环境现状调查内容

1) 生态环境背景调查

根据生态环境影响的空间和时间尺度特点，调查影响区域内生态系统类型、结构、功能和过程，以及相关的非生物因子特征(如气候、土壤、地形地貌、水文及水文地质等)，重点调查受保护的珍稀濒危物种、关键种、土著种、建群种和特有种，以及天然的重要经济物种等。例如，当涉及国家级和省级保护物种、珍稀濒危物种和地方特有种时，应逐个或逐类说明其类型、分布、保护级别、保护状况等；当涉及特殊生态敏感区和重要生态敏感区时，应逐个说明其类型、等级、分布、保护对象、功能区划、保护要求等。

2) 主要生态环境问题调查

调查影响区域内制约本区域可持续发展的主要生态环境问题，如水土流失、沙漠化、石漠化、盐渍化、自然灾害、生物入侵和污染危害等，提出其类型、成因、空间分布、发生特点等。

3. 生态环境现状调查方法

1) 资料收集法

收集现有的能反映生态环境现状或生态背景的资料，包括文字资料和图形资料，历史资料和现状资料，环境影响报告书，有关污染源调查、生态保护规划、生态功能区划、生态敏感目标的基本情况，以及其他生态调查材料等。

2) 现场勘测法

遵循整体与重点相结合的原则，在综合考虑主导生态因子结构与功能完整性的同时，突出重点区域和关键时段的调查，并通过对影响区域的实际踏勘，核实收集资料的准确性。

3) 专家和公众咨询法

通过咨询有关专家，收集评价工作范围内的公众、社会团体和相关管理部门对项目影响的意见，发现现场踏勘中遗漏的生态环境问题。专家和公众咨询应与资料收集和现场勘测同步开展。

4) 生态环境监测法

当资料收集、现场勘测、专家和公众咨询提供的数据无法满足评价的定量需要，或项目可能产生潜在或长期的累积效应时，可考虑选用生态环境监测法。生态环境监测应根据监测因子的生态学特点和干扰活动的特点确定监测位置和频次，有代表性地布点。

5）遥感调查法

当涉及区域范围较大或主导生态因子的空间尺度较大，通过人力勘测较为困难或难以完成评价时，可采用遥感调查法。遥感调查过程中必须辅助必要的现场勘测工作。

4. 生态环境现状评价要求

在区域生态基本特征现状调查的基础上，对评价区的生态环境现状进行定量或定性的分析评价。生态环境影响评价图件是以图形、图像的形式，对生态环境影响评价有关空间内容的描述、表达或定量分析，是生态环境影响评价报告的必要组成内容，也是指导生态保护措施设计的重要依据。

数据源应满足生态环境影响评价的时效要求，选择与评价基准时段相匹配的数据源。当图件主题内容无显著变化时，制图数据源的时效要求可在无显著变化期内适当放宽，但必须经过现场勘验校核。根据评价项目自身特点、评价工作等级以及区域生态敏感性的不同，生态环境影响评价图件由基本图件和推荐图件构成，如表 2-3 所示。

表 2-3　生态环境影响评价图件构成要求

评价工作等级	基本图件	推荐图件
一级	(1) 项目区域地理位置图； (2) 工程平面图； (3) 土地利用现状图； (4) 地表水系图； (5) 植被类型图； (6) 特殊生态敏感区和重要生态敏感区空间分布图； (7) 主要评价因子的评价成果和预测图； (8) 生态监测布点图； (9) 典型生态保护措施平面布置示意图	(1) 当评价工作范围内涉及山岭、重丘区时，可提供地形地貌图、土壤类型图和土壤侵蚀分布图； (2) 当评价工作范围内涉及河流、湖泊等地表水时，可提供水环境功能区划图；当涉及地下水时，可提供水文地质图件等； (3) 当评价工作范围内涉及海洋和海岸带时，可提供海域岸线图、海洋功能区划图，根据评价需要选做海洋渔业资源分布图、主要经济鱼类产卵场分布图、滩涂分布现状图； (4) 当评价工作范围内已有土地利用规划时，可提供已有土地利用规划图和生态功能分区图； (5) 当评价工作范围内涉及地表塌陷时，可提供塌陷等值线图； (6) 可根据评价工作范围内涉及的不同生态系统类型，选做动植物资源分布图、珍稀濒危物种分布图、基本农田分布图、绿化布置图、荒漠化土地分布图等
二级	(1) 项目区域地理位置图； (2) 工程平面图； (3) 土地利用现状图； (4) 地表水系图； (5) 特殊生态敏感区和重要生态敏感区空间分布图； (6) 主要评价因子的评价成果和预测图； (7) 典型生态保护措施平面布置示意图	(1) 当评价工作范围内涉及山岭、重丘区时，可提供地形地貌图和土壤侵蚀分布图； (2) 当评价工作范围内涉及河流、湖泊等地表水时，可提供水环境功能区划图；当涉及地下水时，可提供水文地质图件； (3) 当评价工作范围内涉及海域时，可提供海域岸线图和海洋功能区划图； (4) 当评价工作范围内已有土地利用规划时，可提供已有土地利用规划图和生态功能分区图； (5) 对于评价工作范围内的陆域，可根据评价需要选做植被类型图或绿化布置图

续表

评价工作等级	基本图件	推荐图件
三级	(1) 项目区域地理位置图； (2) 工程平面图； (3) 土地利用或水体利用现状图； (4) 典型生态保护措施平面布置示意图	(1) 对于评价工作范围内的陆域，可根据评价需要选做植被类型图或绿化布置图； (2) 当评价工作范围内涉及山岭、重丘区时，可提供地形地貌图； (3) 当评价工作范围内涉及河流、湖泊等地表水时，可提供地表水系图； (4) 当评价工作范围内涉及海域时，可提供海洋功能区划图； (5) 当评价工作范围内涉及重要生态敏感区时，可提供关键评价因子的评价成果图

5. 生态环境现状评价内容

(1) 在阐明生态环境现状的基础上，分析影响区域内生态环境状况的主要原因。评价生态系统的结构与功能状况、生态环境面临的压力和存在的问题、生态系统的总体变化趋势等。

(2) 分析和评价受影响区域内动物、植物等生态因子的现状组成、分布。当评价区涉及受保护的敏感物种时，应重点分析该敏感物种的生态学特征；当评价区涉及特殊生态敏感区或重要生态敏感区时，应分析其生态环境现状、保护现状和存在的问题等。

2.3.4 生态环境影响预测与评价

1. 生态环境影响预测与评价内容

生态环境影响预测与评价内容应与生态环境影现状评价内容相对应，依据区域生态保护的需要和受影响生态系统的主导生态功能选择预测和评价指标。

(1) 通过分析影响作用的方式、范围、强度和持续时间来判别生态系统受影响的范围、强度和持续时间；预测生态环境组成和服务功能的变化趋势。

(2) 对于敏感生态环境保护目标的影响评价，应在明确保护目标的性质、特点、法律地位和保护要求的情况下，分析评价项目的影响途径、影响方式和影响程度，预测潜在的后果。

(3) 预测评价项目对区域现存主要生态环境问题的影响趋势。

2. 生态环境影响预测与评价方法

生态环境影响预测与评价方法应根据评价对象的生态学特性，在调查、判定该区主要的、辅助的生态功能以及完成功能所必需的生态过程的基础上，采用定量分析与定性分析相结合的方法进行预测与评价。

1) 列表清单法

列表清单法是一种定性分析方法。该方法的特点是简单明了，针对性强。它是将拟实施的建设项目的影响因素与可能受影响的生态因子分别列在同一张表格的行与列内，逐点进行分析，并逐条阐明影响的性质、强度等。

列表清单法可用于进行建设项目对生态因子的影响分析，生态保护措施的筛选，以及物种或栖息地重要性或优先度的比选。

2) 图形重叠法

图形重叠法是把两个以上的生态信息叠合到一张图上，表示生态变化的方向和程度。其特点是直观、形象，简单明了。此法主要用于区域生态环境质量评价和影响评价，具有区域性影响的特大型建设项目，以及土地利用开发和农业开发中。

图形重叠法有指标法和 3S 叠图法两种。

(1) 指标法。

①确定评价区范围。

②进行生态环境调查，收集评价工作范围内与周边地区的自然环境、动植物等信息，同时收集环境污染及环境质量信息。

③进行影响识别并筛选拟评价生态因子，其中包括识别和分析主要生态问题。

④研究拟评价生态系统或拟评价生态因子的地域分布特点与规律，对拟评价的生态系统、生态因子建立表征其特性的指标体系，并通过定性或定量方法对指标赋值或分级，再依据指标值进行区域划分。

⑤将上述区划信息绘制在生态图上。

(2) 3S 叠图法。

①选用地形图，或正式出版的地理地图，或经过校正的遥感影像作为工作底图。

②在底图上绘制主要生态因子信息，如植被覆盖、动物分布、河流水系、土地利用等信息。

③进行影响识别与筛选评价生态因子。

④运用 3S 技术分析评价生态因子的不同影响性质、类型和程度。

⑤将影响生态因子图和底图叠加，得到生态环境影响评价图。

3) 生态机理分析法

生态机理分析法是根据建设项目的特点和受其影响的动物、植物的生物学特征，依照生态学原理分析、预测建设项目对生态环境影响的方法。生态机理分析法的工作步骤如下：

(1) 调查环境背景现状，搜集建设项目组成等有关资料；

(2) 调查植物和动物分布，以及动物栖息地和迁徙路线；

(3) 根据调查结果分别对植物或动物种群、群落和生态系统进行分析，描述其分布特点、结构特征和演化等级；

(4) 识别有无珍稀濒危物种及具有重要经济、历史、景观和科研价值的物种；

(5) 预测项目建成后该地区动物、植物生长环境的变化；

(6) 根据项目建成后该地区的环境变化，预测建设项目对动物和植物个体、种群和群落的影响，并预测生态系统的演替方向。

4) 景观生态学法

景观生态学法是通过研究某一区域一定时段内的生态系统类群的格局、特点、综合资源状况等自然规律，以及人为干预下的演替趋势，揭示建设项目对生物与环境的影响。景观生态学法对生态环境状况的评判是通过两个方面进行的：一是空间结构分析；二是功能与稳定性分析。

空间结构分析基于景观是高于生态系统的自然系统，是一个清晰的和可度量的单位。景观由斑块、基质和廊道组成，其中基质是景观的背景地块，是景观中一种可以控制环境质量的组分。判定基质有三个标准，即相对面积大、连通程度高、有动态控制功能。基质的判定多借用传统生态学中计算植被重要值的方法。景观斑块优势度决定某一斑块类型在景观中的优势，也称为优势度值（D_0）。优势度值由密度（R_d）、频率（R_f）和景观比例（L_p）三个参数计算得出，其数学表达式如下：

$$R_d=(\text{斑块 } i \text{ 的数目/斑块总数})\times 100\% \tag{2-1}$$

$$R_f=(\text{斑块 } i \text{ 出现的样方数/总样方数})\times 100\% \tag{2-2}$$

$$L_p=(\text{斑块 } i \text{ 的面积/样地总面积})\times 100\% \tag{2-3}$$

$$D_0=0.5\times[0.5\times(R_d+R_f)+L_p]\times 100\% \tag{2-4}$$

上述分析同时反映了自然组分在区域生态系统中的数量和分布，因此能较准确地表示生态系统的整体性。

景观的功能和稳定性分析包括如下四方面内容。

(1) 生物恢复力分析：分析景观基本元素的再生能力或高亚稳定性元素能否占主导地位。

(2) 异质性分析：基质为绿地时，异质化程度高的基质很容易维护它的基质地位，从而达到增强景观稳定性的作用。

(3) 种群源的持久性和可达性分析：分析动物、植物物种能否持久保持能量流、养分流，分析物种流可否顺利地从一种景观元素迁移到另一种景观元素，从而增强共生性。

(4) 景观组织的开放性分析：分析景观组织与周边生态环境的交流渠道是否畅通。开放性强的景观组织可以增强抵抗力和恢复力。景观生态学法既可以用于生态现状评价，也可以用于生态环境变化预测，目前是国内外生态环境影响评价学术领域中较先进的方法。

5) 指数法与综合指数法

指数法是利用同度量因素的相对值来表明因素变化状况的方法，是建设项目生态环境影响评价中规定的评价方法。指数法简明扼要，且符合人们所熟悉的环境污染影响评价思路，但需明确建立表征生态质量的标准体系，且难以赋权和准确定量。综合指数法是从确定同度量因素出发，把不能直接对比的事物变成能够同度量的方法。

(1) 指数法。

选定合适的评价标准，采集拟评价区的现状资料。可进行生态因子现状评价，例如，以同类型森林植被覆盖度为标准，可评价项目建设区的植被覆盖现状；也可进行生态因子的预测评价，例如，以评价区现状植被覆盖度为评价标准，可评价建设项目建成后植被覆盖度的变化率。

(2) 综合指数法。

分析研究评价的生态因子的性质及变化规律，建立表征各生态因子特性的指标体系，确定评价标准，建立评价函数曲线，将评价的生态因子的现状值与预测值转换为统一的无量纲的环境质量指标。用 1～0 表示优劣（“1”表示最佳的生态环境状况，“0”表示最差的生态环境状况），由此计算出开发建设活动前后生态因子质量的变化值：

$$\Delta E=\sum(E_{\mathrm{h}i}-E_{\mathrm{q}i})\times W_i \tag{2-5}$$

式中，ΔE 为开发建设活动前后生态因子质量的变化值；$E_{\mathrm{h}i}$ 为开发建设活动后 i 因子的质量指标；$E_{\mathrm{q}i}$ 为开发建设活动前 i 因子的质量指标；W_i 为 i 因子的权值。根据各评价因子的相对重要性赋予权重；将各因子的变化值综合，提出综合影响评价值。

建立评价函数曲线时需根据标准规定的指标值确定曲线的上、下限。对于空气和水这些已有明确质量标准的生态因子，可直接用不同级别的标准值作上、下限；对于无明确质量标准的生态因子，需根据评价目的、评价要求和环境特点选择相应的环境质量标准值，再确定上、下限。

6）类比分析法

类比分析法是一种比较常见的定性和半定量评价方法，一般有生态整体类比法、生态因子类比法和生态问题类比法等。

根据已有的开发建设活动（项目、工程）对生态系统产生的影响来分析或预测拟进行的开发建设活动（项目、工程）可能产生的影响。选择好类比对象（类比项目）是进行类比分析或预测评价的基础，也是类比分析法成功的关键。

类比对象的选择条件是：工程性质、工艺和规模与拟建项目基本相当，生态因子（地理、地质、气候、生物因素等）相似，项目建成已有一定时间，所产生的影响已基本全部显现。类比对象确定后，则需选择和确定类比因子及指标，并对类比对象开展调查与评价，再分析拟建项目与类比对象的差异。根据类比对象与拟建项目的比较，做出类比分析结论。

类比分析法按以下步骤进行生态环境影响识别和评价因子筛选：以原始生态系统作为参照，可评价目标生态系统的质量；进行生态环境影响的定性分析与评价；进行某一个或几个生态因子的影响评价；预测生态问题的发生与发展趋势及其危害；确定环境保护目标和寻求最有效、可行的生态保护措施。

7）系统分析法

系统分析法是指把要解决的问题看作一个系统，对系统要素进行综合分析，找出解决问题的可行方案的咨询方法。具体步骤包括限定问题、确定目标、调查研究、收集数据、提出备选方案和评价标准、评估备选方案和提出最可行方案。

因系统分析法能妥善地解决一些多目标动态性问题，目前已广泛应用于各行各业，尤其在进行区域开发或解决优化方案选择问题时，系统分析法显示出其他方法所不能达到的效果。

在生态系统质量评价方面有专家咨询法、层次分析法、模糊综合评判法、综合排序法、系统动力学法、灰色关联法等，这些方法原则上都适用于生态环境影响评价。

8）物种多样性评价方法

物种多样性评价方法是指通过现场勘测，分析生态系统和生物物种的历史变迁、现状和存在的主要问题的方法，评价目的是有效保护物种多样性。

物种多样性通常用香农-维纳指数（Shannon-Wiener index）表征：

$$H=-\sum_{i=1}^{S}P_i\ln(P_i) \tag{2-6}$$

式中，H 为物种的多样性指数；S 为种数；P_i 为样品中属于第 i 种的个体比例，如样品总个

体数为 N，第 i 种个体数为 n_i，则 $P_i=n_i/N$。

2.3.5 以稻城亚丁机场为例的生态环境影响评价过程

稻城亚丁机场位于我国物种多样性保持较好的海子山横断山脉地带，机场附近有四川省海子山国家级自然保护区，机场区域物种多样性较为丰富，其建设和运营可能对周围的生态环境及物种多样性产生一定的负面影响。

1. 区域生态环境与工程概况

1) 自然环境

机场场址位于稻城县北部高原区，场区为冰川丘陵地貌。其地貌的主要特征是：地势起伏缓和，丘顶平缓浑圆，谷底宽阔平坦，山谷多成“U”字形，其上冰蚀地形发育。

2) 气候

稻城县属高原季风气候，一年之中绝大多数时间天气晴朗，阳光明媚，夏多雨雾，午后多雨。总体气候特点是：热量不足，分布不均；冬长无夏，无霜期短；雨量偏少，蒸发量大，干湿季分明；风沙大，灾害性天气频繁。

3) 土壤

机场位于海子山边缘，土壤以自然土壤为主，成土母岩主要为花岗岩、灰岩、砂页岩、板岩、石灰岩等，土壤粗骨性强，多石砾、岩屑，土层浅薄，质地含砂带壤，呈粒状结构，保肥保水力差，土壤含有的有机质从河谷到草甸逐渐增多，较为丰富，潜在养分高，但活力差，一般缺磷、多钾、少氮，养分不全面。

4) 水土流失

项目区水土流失现状采用现场勘测法和遥感调查法相结合并参考类比区域的方式进行。首先采用现场勘测法获得土地利用现状和水土流失现状图斑，然后结合地形、坡度、植被覆盖度等指标，参照《土壤侵蚀分类分级标准》(SL 190—2007)的土壤侵蚀强度分级标准和面蚀分级指标，同时结合专家估判法，最后参考类比区域划分和确定不同用地类型的水土流失强度。机场区域是轻度的水力侵蚀，水土流失问题不严重。

5) 工程概况

此工程主要建设一条 4200m(长)×45m(宽)的跑道和一条垂直联络道，3 个 C 类机位的站坪，3600m^2 的航站楼，以及配套建设通信、导航、气象、供电、供水、供油、消防救援及辅助生产设施。项目建设用地初步调整为 3210 亩(含市内基地 55 亩，1 亩≈666.667m^2)。依据《新建四川稻城亚丁民用机场预可行性研究报告》，机场范围即为评价范围，具体如下：

(1) 机场场坪向四周 5km 以内区域；

(2) 大型临时工程(取/弃土场、施工营地、施工场地、施工便道等)用地地界外 100m 以内；

(3) 进场道路两侧 300m 范围。

2. 区域生态环境现状评价

1) 生态系统类型及评价

评价区内的生态系统类型包括林地生态系统、灌丛及灌草丛生态系统及水域生态系统。

评价区内的生态系统是典型的高寒生态系统，林地生态系统、灌丛及灌草丛生态系统全是天然植被，植被覆盖度高；水域生态系统，特别是独立湖泊中的生物群落相对脆弱。除 271 省道附近具有旅游及部分游牧现象外，生态系统保存较好，自然生态环境完好，生态系统稳定。

2)土地利用现状及评价

机场所在区域周围是牧草地。根据《稻城县建设用地需求预测专题研究》，规划预测稻城亚丁机场将占地 266.67hm^2。机场建设符合《稻城县土地利用总体规划(2006—2020 年)》的要求。

(1)植物资源现状及评价。

①植物样方调查。

为了了解工程区植被生态系统的情况，在工程区设置了 10 个样地。样方就是在有一定大小的面积上量测个体数量，从而确定某一物种在群落中的密度或者组成。为方便起见，一般利用正方形、矩形等容易计算面积的形状进行调查。在每个样地内，选择一个乔木和灌木样方，以及 3～5 个草本样方，乔木调查面积为 100m^2(10m×10m)，灌木调查面积为 25m^2(5m×5m)，草本调查面积为 1m^2(1m×1m)。

样方选择时考虑了物种分布的均匀性，以及生态系统的代表性、结构完整性和层次性，避免在过渡地段进行样方设置。经现场勘测，评价区内主要以杜鹃灌丛为主，在评价区东南面有部分云杉林地，设置样方时要使样方内的生物量、物种等能代表评价区内的植被生态系统特性。

a. 生物量。

乔木层：采用木材蓄积量计算法计算其样方生物量。由于对乔木层样方的树木只进行了每木调查，所以只能采用我国其他地区相同树种的回归方程，计算每个样方内各个树种的平均胸径和平均高度，并将其分别代入相关公式中进行计算，得到每个树种的生物量，它们的和即为该样方乔木层的总生物量。样方内乔木层的计算公式为

$$\text{木材蓄积量}=\left(\sum G\right)\times H\times f \tag{2-7}$$

$$\text{生物量计算 }W=\text{木材蓄积量}\times\text{比重} \tag{2-8}$$

式中，W 为乔木层生物量(kg/hm^2)；比重为木材密度(kg/m^3)与 4℃下水的密度之比；G 为林分(或单位面积上)树木胸高断面积(m^2)；H 为林分条件平均高度(m)；f 为密度形数，一般乔木取 0.40～0.44，此处取 0.44。

灌木层：采用类比分析法，以每株灌木满 1m 高按 1kg 作为基本值推算生物量，对从生灌木，株数按 1/2 计算。

草本层：采用干物质法计算生物量。在每个 1m×1m 的样地中做两个 0.5m×0.5m 的样地，收集所有草本，干燥后称重，据此计算出草本层的生物量。

结合样方调查表，得出各样方生物量，见表 2-4。

b. 物种多样性。

物种多样性是反映群落组织化水平，进而通过结构与功能的关系间接反映群落功能特征的指标。物种多样性不仅反映了群落组成中物种的丰富程度，也反映了不同自然地理条件与群落的相互关系以及群落的稳定性与动态，是群落组织结构的重要特征。

表 2-4　生物量计算结果表

样地	乔木层/(kg/hm^2)	灌木层/(kg/hm^2)	草本层/(kg/hm^2)
1	—	8960	4659.2
2	—	2400	5990.4
3	—	10720	3328
4	—	25920	662.6
5	—	—	6323.2
6	—	21520	793.3
7	—	26040	781.4
8	51068.1	17400	499.2
9	—	—	8251
10	279774	9600	365.5

物种多样性是一个群落结构和功能复杂性的度量，对物种多样性进行研究可以更好地认识群落的组成、变化和发展，同时对植物群落物种多样性的测定也可以反映群落及其环境的保护现状。

物种多样性是指一个群落中物种数目和各物种的个体数目分配的均匀度。根据其定义，以香农-维纳指数H为基础的物种均匀度指数(J)对其物种多样性进行现状分析。

$$J=\frac{H}{\lg S} \tag{2-9}$$

式中，J为物种均匀度指数；H为物种多样性指数；S为物种数目。

评价区内乔木只有川西云杉一种，乔木物种多样性较低。灌木主要为理塘杜鹃、草原杜鹃，云杉林下伴生有云杉幼树、山柳、忍冬、小集、窄叶鲜卑花、蔷薇、金露梅等灌木。评价区灌木S为9，H为0.28，J为0.29，灌木物种多样性较低。草本S为29，H为1.08，J为0.74，生物种类较多样。

c. 重要值。

重要值是说明一个物种在群落中重要程度的参数，它由三个指标组成：相对密度(RD%)、相对频度(RF%)和相对优势度(RC%)，可以利用重要值确定群落中的优势种。本次调查中计算重要值时所涉及的公式如下：

重要值=相对密度+相对优势度+相对频度　(2-10)

密度=个体数目/样地面积　(2-11)

相对密度=(一个种的密度/所有种的密度)×100%　(2-12)

优势度=个体面积/样地面积　(2-13)

相对优势度=(一个种的优势度/所有种的优势度)×100%　(2-14)

频度=包含该种的样地数/样地总数　(2-15)

相对频度=(一个种的频度/所有种的频度)×100%　(2-16)

根据样地调查结果，评价区内乔木群落较少，只在评价区东南面有分布，而且树种单一，为川西云杉，重要值大，说明评价区内乔木层以云杉为优势建群种；评价区内灌木层理塘杜鹃的重要值特别大，说明理塘杜鹃灌丛为绝对优势种，川西云杉林下，以忍冬、蔷薇、山柳、小集、金露梅、窄叶鲜卑花较为常见；草本层中，各样地中川滇苔草、珠芽蓼、川西小黄菊的重要值都较大，说明川滇苔草、珠芽蓼、川西小黄菊是评价区内最常见的草本。

d. 植被净初级生产力。

植被净初级生产力(net primary productivity，NPP)是指绿色植物在单位面积、单位时间内所累积的有机物量，表现为光合作用固定的有机碳中扣除本身呼吸消耗的部分，这一部分用于植被的生长和生殖，也称净第一性生产力。NPP 作为地表碳循环的重要组成部分，不仅直接反映了植被群落在自然环境条件下的生产能力，表征了陆地生态系统的质量状况，而且是判定生态系统碳汇和调节生态过程的主要因子，在全球变化及碳平衡中发挥着重要的作用。

蒸散量受太阳辐射、温度、降水量、饱和差、气压、风等一系列气候因子的影响。蒸散量能把水热平衡联系在一起，它是一个地区水热状况的综合表现。同时，蒸散量是土壤蒸发和植物蒸腾的总耗水量，与植物的光合作用密切相关。因此，蒸散量与植物产量之间有着密切关系。可以根据 Thomthwaite Memorial 模型计算 NPP：

$$\mathrm{NPP}(E)=3000\times\left(1-\mathrm{e}^{-0.0009696(E-20)}\right) \tag{2-17}$$

式中，$\mathrm{NPP}(E)$ 是以实际蒸散量计算得到的植物净初级生产力(g/(m^2·a))；3000 是经过统计得到的地球上自然植物在每平方米面积上每年的最高干物质产量值；E 是年均实际蒸散量(mm)，可用 Turc 公式确定，即

$$E=1.05\times\frac{P}{\left(1+\left(1.05\times\dfrac{P}{L}\right)\right)^{0.5}} \tag{2-18}$$

式中，P 为年降水量(mm)；L 为年均最大蒸散量，它是年均温度 T 的函数，L 与T的关系式为

$$L=300+25\times T+0.05\times T^3 \tag{2-19}$$

只有当 $P>0.316L$ 时，式(2-19)才适用；当 $P<0.316L$ 时，$E=P$。

根据 Thomthwaite Memorial 模型以及稻城县多年的平均气温及年均降水量，计算以上区域植被净初级生产力，见表 2-5。

表 2-5　区域植被净初级生产力计算结果

区域	年均温度 T/℃	年均降水量 P/mm	年均最大蒸散量 L/mm	年均实际蒸散量 E/mm	NPP(E)/(g/(m^2·a))
稻城县	4.1	636	406	411	945

②植物区系分析及评价。

评价区内主要的植被类型为热带和亚热带山地针叶林中的川西云杉林，亚高山落叶灌丛中的密枝杜鹃灌丛、草原杜鹃灌丛，以及高寒蒿草、杂类草草甸中的小蒿草高山草甸。

③资源植物现状及评价。

工程评价范围内的食用、药用菌类主要为松茸、獐子菌；中草药为虫草、贝母、黄芪、

大黄；用材林为川西云杉林。工程占地范围内无资源植物。

④国家重点保护植物和四川省级保护植物现状及评价。

根据现场勘测及咨询当地林业和草原局、农牧和科技局专家可知，评价区无国家重点保护植物和四川省级保护植物。

⑤植物植被现状及评价。

评价区典型生态环境为高山草甸和高山灌丛及部分高山暗针叶森林。高山草甸主要植物种类有草地早熟禾、四川蒿草、川滇苔草、草甸马先蒿、珠芽蓼、圆穗蓼、委陵菜、凤毛菊、川西小黄菊、鳞叶龙胆、钩柱唐松草、苞叶大黄等。群落有丛生禾草草甸、蒿草草甸、苔草草甸、杂类草草甸等。高山灌丛主要植物种类有窄叶鲜卑花、杜鹃、蔷薇、金露梅等。群落主要是杜鹃灌丛。

⑥外来植物现状及评价。

评价区内的外来植物主要是当地群众在中华人民共和国成立前引种的绿化树种（杨树）和经济林木皱皮柑，用于房屋前后栽种，还有中华人民共和国成立后从附近地区地方采集的种子，如华山松、落叶松、云杉松、丽江海棠等，用于撒播和育苗造林。现在基本上做到了自采自育。

(2) 动物资源现状及评价。

①动物现状及评价。

评价区内的两栖动物有青蛙、蟾蜍，软体动物有蜗牛等，哺乳动物有白唇鹿、野兔、松鼠、高山鼠兔、獾、老鼠等。鸟类主要有斑鸠、布谷鸟、画眉、啄木鸟、喜鹊、燕子等，它们主要分布在稻城亚丁机场东南端的川西云杉林中。机场区域没有发现鸟类。

②动物群落现状及分析。

评价区内现有野生动物绝大部分为普通的哺乳动物（如鼠和野兔等）、鸟类、蛇类、昆虫类和蛙类，距机场跑道东侧约 3km 处为四川省海子山国家级自然保护区，保护区已知有脊椎动物 296 种，其中鱼纲 2 目 3 科 6 属 9 种，两栖纲 2 目 4 科 6 属 8 种，爬行纲 1 目 4 科 6 属 6 种，鸟纲 14 目 42 科 210 种，哺乳纲 6 目 21 科 63 种。调查表明，据估算保护区内林麝的栖息地面积有 84099hm^2，栖息着约 7580 只林麝；马麝的栖息地面积有 54800hm^2，栖息着约 5340 只马麝，栖息着 500～1000 只白唇鹿。

评价区内普通的野生动物均为独居动物，国家Ⅰ级重点保护动物白唇鹿和Ⅱ级重点保护动物黑颈鹤在兴伊措附近有分布，而且它们均为群居动物，数量为 10 多头（只）。

③国家重点保护动物和四川省级保护动物现状及评价。

根据现场勘测及咨询当地林业和草原局专家可知，评价区内兴伊措有白唇鹿和黑颈鹤活动、觅食。

④各类生态敏感区概况。

评价区东北面涉及四川省海子山国家级自然保护区的实验区，但机场范围距离保护区规划红线在 2km 以上。

评价区内无风景名胜区及其他生态敏感区。

(3) 生态环境现状及评价。

根据《四川省生态功能区划》，稻城县属于川西高山高原区。地处青藏高原东南缘，金沙江、雅碧江中游，属横断山区的北段，是我国地势最高一级的青藏高原向川西南山地和四川盆地的过渡地带。受山地垂直变化和水平地带的制约以及高原和季风气候的相互影响，评价区气候形成垂直分异的多种气候类型及气温低、干旱少雨、太阳辐射强烈的山地高原气候特征，山原区属温带和寒温带气候。植被主要是灌丛和草甸。森林主要分布在评价区东部和南部，森林覆盖率为 33.55%，广阔的森林地带栖息着种类繁多的野生动物。

稻城亚丁机场的修建将促进当地生态旅游及相关产业的发展。

评价区的生态系统以杜鹃为主，理塘杜鹃为优势种，在评价区东南面老林口道班附近有川西云杉林。评价区内野生动植物为一般常见种，现场踏勘和资料收集表明，评价区无珍稀植物和珍稀野生动物栖息地。受 217 省道、旅游和游牧的影响，该区域生态环境受到一定的人为干扰。

评价区的主要生态环境问题：海拔高，自然条件差，植物生长期短，生态环境脆弱，自然植被一旦被破坏，短期内难以恢复。

3. 生态环境影响预测与评价

1) 生态系统影响预测与评价

根据机场建设工程的性质、施工方式、工程进度安排和污染源类型分析，稻城亚丁机场对生态环境的影响主要集中在对土地的占用、对土壤的破坏、对植被生态系统的影响等方面，导致植被覆盖度降低、生物量减少以及土层结构破坏，使生态系统的结构和功能有所下降。生态环境影响的特点是：影响范围小且呈带状分布，建设期影响较大，对生态环境的影响需要通过一定措施减小到最低。

对高原生态系统造成影响的建设期工程主要包括飞行区工程、航站区工程、进场道路工程及临时工程，如取/弃土场、施工营地、施工场地、施工便道及工程施工人员活动。该工程永久占地 3210 亩(含市内基地 55 亩)，临时占地 700 亩，总用地面积 3910 亩，小于《稻城县建设用地需求预测专题研究》规划的稻城亚丁机场将占地 266.67hm^2。机场建设符合《稻城县土地利用总体规划(2006—2020年)》。该项目建设占地对当地土地利用承载力、格局的影响不大。

对于永久占地工程，通过地表开挖，地表植被和植物物种受到直接破坏，使影响区域植被分布面积减少、植物群落覆盖度和植物物种多样性下降为零。路基工程对沿线生态系统和景观类型的线性切割造成生态环境的破碎化。永久占地工程也因为永久占用土地而减少了植被分布面积，不利于生态系统的演替进程。

对于施工便道及施工营地等临时工程，建设的同时将破坏便道线路的原有植被，在添加砂石料和压平以后，会改变土壤的团粒结构和土壤通透性，不利于植被的生长发育，造成植被群落覆盖度和物种多样性下降。工程活动结束后，地表植被和物种多样性开始缓慢的自然恢复过程，其恢复速度取决于原始土壤和植被受破坏的程度。

对于取/弃土场，在取土过程中，首先必须剥离表层植被，随后铲挖土层，并将其运输到路基区域。当剥离表土，并将表土和砾石母质间的土壤取走后，土壤的养分和持水功能大大降低。因此取/弃土场对区域生态环境和植物物种多样性的影响较大，在自然状态下很难恢复。通过开挖取土或弃土，地表植被和土壤结构受到彻底破坏，植物群落覆盖度和植物物种多样性下降，进而导致生态系统的结构和功能下降。工程结束后，地表植被和物种多样性开始缓慢的自然恢复过程。取/弃土场在一定程度上加剧了水土流失以及风沙活动等生态问题。

2) 植物影响评价

(1) 建设期对植物的影响。

①植被面积。

经现场勘测了解，将被破坏的植被主要是灌木、灌草群落。

结合永久占地、临时占地的类型，工程施工累计破坏灌木、灌草地 3855 亩(不含市内基地 55 亩)，其中永久占地范围内不能得到恢复，不能恢复的林地面积为 3155 亩；工程临时占地可进行植被恢复，能恢复的面积为 700 亩。对于能恢复的林地，施工结束后，周围植物渐次侵入，开始恢复演替过程。再加上采用人工植树种草的措施，恢复进程可以大大加快，3～5 年便可恢复。

②生物量及生产力损失。

工程建设累计破坏灌木、灌草地 3855 亩(不含市内基地 55 亩)，在施工结束后只有部分临时占地能进行植被恢复，而未能恢复的必然造成生物量及植被生产力的损失；同时对于能恢复的临时占地，截至其植物数量和长势恢复到施工前的水平以前，也会造成生物量及生产力的损失。工程建设造成生物量及生产力损失最大的时期为建设期和运营初期，即植被破坏后尚未进行恢复。

结合样方调查结果，取样地灌木、草本生物量的平均值作为计算生物量损失的依据(生物量灌木为 12256kg/hm^2，草本为 3165kg/hm^2)。采用式(2-20)计算工程造成的最大生物量损失，计算结果见表 2-6 和表 2-7。

$$Q_{最大}=S\times P \tag{2-20}$$

表 2-6　最大生物量损失计算表

项目	面积/hm^2	生物量损失/t
样方调查	1	15.42
最大生物量损失	257	3963

表 2-7　主要工程最大生物量损失计算表

主要工程	飞行区工程	空管工程	航站区工程
占地面积/hm^2	24.1746	0.0856	0.755
最大生物量损失/t	372.772	1.3200	11.6421
主要工程	消防救援工程	供电工程	供水工程
占地面积/hm^2	0.065	0.11	0.03
最大生物量损失/t	1.0023	1.6962	0.4626
主要工程	雨、污工程	供暖、供氧、燃气工程	供油工程
占地面积/hm^2	0.03	0.068	0.015
最大生物量损失/t	0.4626	1.0486	0.2313

主要工程	辅助生产、办公、生活设施	进场道路工程
占地面积/hm^2	0.145	3.75
最大生物量损失/t	2.2359	57.8250

式中，$Q_{最大}$为最大生物量损失(建设期的生物量损失，t)；S 为建设期的占地面积(含永久占地和临时占地，hm^2)；P 为单位面积生物量损失(t/hm^2，样方调查结果)。

由表 2-6 可知，该工程造成的最大生物损失量为 3963t。由表 2-7 可知，飞行区工程和进场道路工程造成的生物量损失最大。

结合区域内植被净初级生产力(表 2-5)，计算工程造成的最大生产力损失，计算结果见表 2-8 和表 2-9。

$$NPP_{最大}=S\times NPP(E) \tag{2-21}$$

式中，$NPP_{最大}$为最大生产力损失(建设期的生产力损失，t/a)；S 为建设期的占地面积(含永久占地和临时占地，hm^2)；NPP(E)为植物净初级生产力($g/(m^2\cdot a)$)。

由表 2-8 可知，该工程造成的最大生产力损失为 2429t/a。由表 2-9 可知，飞行区工程和进场道路工程造成的生产力损失最大。

表 2-8　最大生产力损失计算表

NPP(E)/($g/(m^2\cdot a)$)	占地面积/hm^2	最大生产力损失/(t/a)
945	257	2429

表 2-9　主要工程最大生产力损失计算表

主要工程	飞行区工程	空管工程	航站区工程
占地面积/hm^2	24.1746	0.0856	0.755
最大生产力损失/(t/a)	228.45	0.8089	7.1348
主要工程	消防救援工程	供电工程	供水工程
占地面积/hm^2	0.065	0.11	0.03
最大生产力损失/(t/a)	0.6143	1.0395	0.2835
主要工程	雨、污工程	供暖、供氧、燃气工程	供油工程
占地面积/hm^2	0.03	0.068	0.015
最大生产力损失/(t/a)	0.2835	0.6426	0.1418
主要工程	辅助生产、办公、生活设施		进场道路工程
占地面积/hm^2	0.145		3.75
最大生产力损失/(t/a)	1.3703		35.4375

(2)运营期对植物的影响。

在运营期有 700 亩的施工临时占地进行植被恢复，工程建设造成的生物量损失及生产力损失逐渐恢复到施工前的水平。永久占地中有 2716 亩的占地要进行绿化。

采用式(2-22)计算工程造成的最小损失，即运营期的生物量损失。计算得到运营期的生物量损失为 451t。

$$Q_{最小}=Q_{最大}-S_{恢复}\times P \tag{2-22}$$

式中，$Q_{最小}$为最小生物量损失(运营期的生物量损失，t)；$S_{恢复}$为运营期植被可恢复的面积(hm^2)。

采用式(2-23)计算工程造成的最小生产力损失，即运营期的生产力损失。计算得到该工程造成的最小生产力损失为 277t/a。

$$\text{NPP}_{最小}=\text{NPP}_{最大}-S_{恢复}\times \text{NPP}(E) \quad (2\text{-}23)$$

式中，$\text{NPP}_{最小}$ 为最小生产力损失(运营期的生产力损失，t/a)；$S_{恢复}$ 为运营期植被可恢复的面积(m^2)。

3)动物影响评价

(1)建设期对动物的影响。

工程施工过程中，由于大量的机械作业和工人的活动，一些动物受到惊扰而不得不迁移到其他地方。但是由于机场区域内各种动物的种群数少，大多数动物会对项目的施工和运营有自动的躲避和避让行为，故项目的实施对野生动物的直接影响相对较小，然而项目的实施会对区域的生态环境造成一些不可逆的破坏和影响，这肯定会对野生动物的栖息地生态环境形成不同程度的干扰、破坏和影响，因此会对野生动物造成不同程度的间接影响。

(2)运营期对动物的影响。

项目建成后，兽类、鸟类的栖息环境受到破坏，主要是使其失去了食物来源。

机场工程的特殊性决定了机场地区不能有大量的鸟类活动，以免影响飞行安全。因此，机场鸟类的数量和种类都会下降，但机场占地范围有限，鸟类会迁移到周围地区，因此从区域分析，机场工程不会对鸟类生存构成明显严重威胁。兽类为当地广布种，适应性强。项目建设对野生动物的影响不大。

(3)对保护动物的影响。

评价区东北角的兴伊措有白唇鹿和黑颈鹤活动，但工程施工范围距离兴伊措在 3km 以上，而且工程施工用水取自乐舒桥，不会对兴伊措附近活动的动物造成明显影响。

飞机跑道北端距离兴伊措有 4km 以上，类比其他机场，噪声预测值在 50dB 以下，达到《声环境质量标准》(GB 3096—2008)的 0 类标准。因此，即使在运行期，飞机的噪声也不会对保护区内的动物造成明显影响。

4)对生态完整性的影响评价

根据《环境影响评价技术导则 生态影响》(HJ 19—2011)可知，生态完整性是以生态系统的生产力、生态恢复稳定性及其阻抗稳定性来表征的。

(1)生态系统的生产力。

从生态系统的生产力方面来看，工程建设占地区使生态系统的生产力大幅度下降，其中工程永久占地区已不是生态系统而成为建筑物，将永久失去生产力，而且是不可恢复的，也无所谓阻抗稳定性。工程建设占地区的生态完整性将受到严重破坏，这是由工程建设的特性所决定的。

(2)生态恢复稳定性。

自然生态具有相对较高的生态稳定性，人工生态具有一定的脆弱性，所以一般以维护自然生态为宜。但机场建设永久占地造成的生态损失是不可恢复的，其生态功能只能由建设区的绿化来补偿。

机场建成后，工程永久占地区的生态恢复是不可能的。但是机场区域在建设相关工程的同时，也会加大人工绿化的力度，估计绿化覆盖率将达到 35%以上，可以有效缓减工程对生态完整性的影响。因此，除工程永久占地区生态不能得到恢复外，工程临时占地区和未占地区的生态恢复能力均能得到保障。即机场周边区域的生态恢复稳定性基本不受影响。

(3)阻抗稳定性。

阻抗稳定性是指生态系统抵抗外界不利影响的能力。工程建设使机场生态环境发生重大变化，占地区的阻抗稳定性下降是必然的，但机场区域由于多年来受到人为干扰，相对天然生态系统而言，其阻抗稳定性本身就比较低。加之该机场建设工程规模巨大，所以区域生态系统的阻抗稳定性下降是必然的。

机场建成后，工程永久占地区生态系统基本被破坏殆尽，以灌草、灌丛为主的生态系统将转变为以机场建设工程为主的建设用地，生态系统的完整性将受到重大影响。但是，通过现场调查和对历史资料的分析可知，机场区生态系统以人工生态系统为主，场区无国家保护的珍稀物种。机场建设使占地区的生态系统受到重大影响，但这是工程建设带来的必然影响。机场区通过增加相应的人工绿化生态系统可以缓减机场建设对生态完整性的影响。

5)对草地生态系统的影响评价

对草地生态系统造成影响的主要工程类别是路基/站场工程、取/弃土场、施工便道、砂石料场以及施工营地等。其影响途径主要是通过对地表植被和土壤结构的破坏，导致植被覆盖度降低、生物量和植物种类减少、土层结构破坏，使草地生态系统的结构和功能下降，局域生态环境恶化，伴随冻融侵蚀和水土流失强度的增加。

路基/站场工程对草地生态系统的影响主要表现为路基/站场永久占地导致沿线高寒草甸植被的分布面积减少以及生态系统的线性切割。草地生态系统在稻城县分布广，不会因为局部地形地貌的改变而造成生态系统的明显退化。

临时占地对草地生态系统的影响程度也比较大。由于对草甸的碾压，其特有的草毡层遭到破坏，草毡层一旦破坏则恢复起来极其困难。当草毡层破坏以后，原有根系层的持水性能和养分将随之散失，地下母质出露，植被恢复十分困难，在风力、水力及冻融侵蚀作用下，水土流失加剧。

草地生态系统主要建群种和常见伴生种均为稻城县高原草地广布种，工程建设不会明显造成该类生态系统中某些物种的消失和多样性的减少。工程施工过程中和施工后只要采取严格的植被保护和恢复措施，就可以将工程建设对草地生态系统及其物种多样性的影响降低到可以接受的程度。

6)对生态敏感区的影响评价

工程施工不会涉及四川省海子山国家级自然保护区规划区域，不会对保护区内的生态环境、动植物造成明显破坏。但是随着机场的运营，交通越来越便利，而且机场离保护区较近，游客会越来越多。游客会来到保护区欣赏高原自然景观、观察野生动物等。这些游客基本上无人组织和管理，会对保护区带来一定的负面影响。另外，随着游客的增多，对裂腹鱼、松茸、獐子菌的需求将增加，当保护区外的特产逐步枯竭后，保护区内的资源将面临威胁。只有对保护区加强管理和宣传才能将这种威胁降到最低。

四川省海子山国家级自然保护区距离机场2～3km，而且机场跑道方向与保护区规划红线平行，飞机起降不会穿越保护区。黑颈鹤的活动季节在3～10月，产卵季节在4月；白唇鹿在晨、昏活动，产仔季节为5、6月，9月以后会迁徙到海拔较低的地方，而且由于距离较远，只要合理安排施工时间就不会对它们的活动造成明显影响。在机场运营期，飞机起降噪声对它们的影响较小，而且由于距离较远，它们会慢慢适应。

7) 对景观的影响评价

(1) 建设期。

评价区现以灌丛、草甸生态景观为主，少量建设用地、水体呈斑块状镶嵌其间。机场建设期，大量的机械作业和施工人员活动，使场区呈现一片繁忙的工地作业景观。

工程建设过程中将占压土地，破坏林木，使森林景观生态系统的破碎度增加，建设用地景观的作用将增加。机场施工周期长，地表破坏严重，施工噪声、扬尘等会影响环境质量，区域生态景观会受到严重破坏。

(2) 运营期。

机场修建前，评价区内的主要景观是灌丛、草甸、云杉林、湖泊及河流、裸岩以及冰雪。机场修建好后，除以上景观外，还增加了机场跑道，使景观异质性增加，形成条状景观切割带，灌丛、草甸景观的连续性、整体性降低，景观的破碎度增大，使原先的自然景观受到人为干扰。

机场建成后，场址区的生态景观类型发生根本性变化，由灌丛、草甸生态景观转变为城市生态景观。机场是城市的对外窗口，景观规划设计要求比较高，其布局、建筑造型、材料以及色调等均具有强烈的现代化感觉，人工绿地、水体以及造景分布在建筑物之间，机场内部形成了现代化的城市景观生态系统，与周围自然景观生态系统将产生鲜明的对比和反差，区域的景观类型更加丰富。

2.4　机场附近生态监测

2.4.1　概述

1. 生态监测的概念

生态监测(ecological monitoring)是针对生态环境的监测活动或过程。根据联合国环境规划署(UNEP)及其下设机构全球环境监测系统(GEMS)的定义：生态监测是一种系统收集地球自然资源信息的方法，是一种综合技术，它能够相对便宜地收集到大范围内生命支持能力的数据，这些数据牵涉到人、动物、植物及地球本身。

国内的一些学者认为：生态监测是运用各种技术测定和分析生命系统各层次对自然或人为作用的反应或反馈的综合表征，以此来判断和评价这些干扰对环境产生的影响、危害及其规律，为环境质量的评估、调控和环境管理提供重要科学依据的过程。

生态监测是运用可比的方法，在时间和空间上对特定区域内生态系统的类型、结构和功能及其组成要素等进行系统的测定和观察的过程，监测的结果则用于评价和预测人类活动对生态系统的影响，为合理利用资源、改善生态环境和实施自然保护提供决策依据。

生态监测的对象是生态系统，生态系统具备系统的基本特性，它不是其组成要素的简单集合，生态系统由于其组成要素间错综复杂的相互作用与联系而表现出系统特性，因此，对生态系统实施的监测，不仅涉及对其组成要素(生物成分和与之相关的非生物成分)，如光、温、水、气、声、土壤、各类生物等多种生态要素的监测，还必须监测能够反映生态系统整体结构和功能的指标，如生态完整性、物种多样性、景观格局、生物群落特征、系统演替趋势等。

2. 生态监测的对象

机场生态监测的对象是机场建设所涉及的生态系统，包含机场工程所涉及的全部生态系统的生态监测，主要是对生态系统的特征或过程的观测。

3. 生态监测的内容、目的和类型

生态监测按监测的空间尺度可分为宏观生态监测和微观生态监测；按监测的内容和目的可分为生态环境现状监测、生态系统定位监测、生态环境影响监测等；按监测对象可分为农田生态系统监测、森林生态系统监测等；按监测方式可分为地面生态监测和航空或航天遥感监测等类型。

1) 按空间尺度分类

(1) 宏观生态监测。

监测对象的地域等级至少应在区域生态范围之内，最大可扩展到全球。宏观生态监测是对区域范围内各类生态系统的组合方式、镶嵌特征、动态变化、空间分布格局及其在人类活动影响下的变化进行监测。宏观生态监测以原有的自然本底图和专业图件为基础，采用遥感技术、地理信息系统和生态制图技术等手段，通过比较评价生态系统质量的变化。

(2) 微观生态监测。

监测对象的地域等级最大可包括由几个生态系统组成的景观生态区，最小也应代表单一的生态类型。它是对某一特定生态系统或生态系统集合体的结构和功能特征及其在人类活动影响下的变化进行监测。微观生态监测以大量的生态监测站为工作基础，以物理、化学或生物学的方法对生态系统的各个组成要素提取属性信息。

根据监测的具体内容，微观生态监测可分为干扰性生态监测、污染性生态监测、治理性生态监测。

干扰性生态监测是指对人类特定生产活动对生态系统所造成的干扰进行监测，如砍伐森林所造成的森林生态系统的结构与功能、水文过程和物质迁移规律的改变；草原过度放牧引起的草原退化、生产力降低；湿地开发引起的生态改变；污水排放对水生生态系统的影响。

污染性生态监测主要是指对农药及重金属污染物等在生态系统食物链中的传递及富集进行监测。

治理性生态监测是对已破坏的生态系统经过人类治理后其结构与功能恢复过程进行监测，如对侵蚀劣地的治理与植物重建过程的监测；对沙漠化土地治理过程的监测等。

上述三类生态监测均以背景生态系统监测资料作为类比，以揭示由于人类的影响，生态系统内部各个过程所发生的变化及其变化程度。

宏观生态监测和微观生态监测既相互独立，又相辅相成，一个完整的生态监测应包括宏观生态监测和微观生态监测两种尺度所形成的生态监测网。

2) 按内容和目的分类

(1) 生态环境现状监测。

生态环境现状监测指监测特定生态系统或区域生态环境的现状，主要用于评价该生态系统或生态环境的现状、识别该区域或生态系统存在的主要生态环境问题，为采取生态保护与恢复措施提供依据。在生态环境影响评价工作中的生态环境现状监测通常属于此类型。

(2) 生态系统定位监测。

生态系统定位监测指基于生态系统野外试验站、定位观测(研究)站、生态监测站等，对特定生态系统及其组成要素进行长期、系统的监测，积累基础观测数据，旨在研究重要生态过程的机理和生态系统的演化规律，判断生态系统或区域生态环境的发展趋势。当这类生态监测站点构成系统的网络时，其监测资料和研究结果对于认识、评价和预测该类生态系统或区域乃至全球生态环境状况和发展趋势都有很高的价值。在我国，开展生态系统定位监测的典型代表包括中国科学院的中国生态系统研究网络(CERN)、农业农村部的农业环境监测网络、国家林业和草原局科技司的中国森林生态系统定位观测研究网络、生态环境部的生态环境监测网络等。我国参与的一些国际生态观测、监测与研究计划或网络，如人与生物圈计划(MAB)、国际地圈生物圈计划(IGBP)、全球环境监测系统(GEMS)等，其生态监测也大多属于此类。

(3) 生态环境影响监测。

生态环境影响监测指监测某一事件发生后或进行过程中特定生态系统或区域生态环境的变化，用于判断该事件对受影响的生态系统或区域生态环境的作用，其监测结果可用于评价该事件对生态环境的影响，识别不良影响，以防止生态破坏的进一步加剧；指导生态恢复或修复工程，以提高生态工程的效果。前者如对海洋赤潮、草原鼠害、森林虫害、大规模区域开发、大型水电工程的生态环境影响监测，后者如对水土保持、防风同沙、矿区植被恢复等生态工程或某个生态经济模式实施后的生态效益的监测。生态环境影响监测貌似两次以上的生态环境现状监测及其结果比较，但两者的监测目的不同，监测指标体系也不同，生态环境影响监测更注重对影响生态环境的因子以及生态系统中受影响要素及其属性的监测。

2.4.2　生态监测的指标体系

基于生态系统的多样性、生态监测的综合性、生态环境问题产生机制与控制过程的复杂性，需要根据监测目的和监测对象，确定不同的生态监测指标体系，规定生态监测的内容和项目，以便高效地获得所需的环境信息。

生态环境是特定空间内生物与其环境间相互联系、相互作用而形成的统一体，作为生态环境的综合表现形式和最小单元的生态系统具有特定的结构与功能，因此，对生态环境的监测不仅包括对其中生物成分和非生物成分的监测，还必须监测生态环境中各类生态系统的构成与作用、生态系统的结构与功能。

1. 选定生态监测指标体系与确定优先监测指标体系的原则

确定指标体系时，应考虑以下几项：

(1) 指标的代表性和可操作性；

(2) 各站、台、场间指标的可比性；

(3) 监测目的与对象的特殊性；

(4) 指标应能反映当地生态系统结构与功能的主要方面，并有助于监控当地主要的生态环境问题；

(5) 宏微观结合，充分利用可用信息资源，高效、经济地实现监测目的。

受监测条件限制，通常难以对所有指标进行监测，因此，在实际工作中须对其进行优选，以便获得有关生态环境的最重要数据，经济有效地达到监测目的，为此，在监测指标的确定过程中提出了优先监测指标体系。

确定优先监测指标体系时，应遵循以下原则：

(1) 重点与全面兼顾的原则；

(2) 照顾现有的监测能力与不放弃紧急监测指标的原则；

(3) 优先监测指标逐步完善的原则；

(4) 尽量采用可用的调查和统计资料的原则。

在生态环境现状监测中，对于气象、水文地质等要素，要充分利用已有的常规监测资料，补充监测生物、土壤和有关生态系统整体结构与功能的部分指标。

为了识别与评价自然或人为干扰导致的生态环境变化而进行生态环境影响监测时，通常会把主要影响因素和最为敏感的环境要素或因子列为优先监测指标。

为了判断人类活动对生态环境的影响，还必须将社会经济要素列入指标体系中。

2. 生态监测中经常需要考虑的监测项目

1) 非生物成分监测指标

气象：包括气温、风速、风向、降水量、蒸发量、空气湿度、太阳辐射强度、日照时数、地温、大气干湿沉降、城市热岛强度等。

水文：包括地表径流量、流速、径流系数、泥沙流失量及其化学成分、水深、地下水位及其水化学特征、水土流失强度等。

地质：包括地质构造、地层、地震带、矿物岩石、滑坡、泥石流、崩塌、地面沉降量、地面塌陷量等。

土壤：包括土壤剖面、质地(机械组成)、结构，土壤水分、温度、容重、孔隙度等物理性质，土壤 pH、阳离子交换量、养分(N、P、K、S 全量及有效含量)、有机质含量等化学特性，以及土壤微生物、酶活性等土壤生物或生化指标。

环境质量(污染)：主要指环境介质中污染物的含量，包括环境空气中的颗粒物(TSP、PM_{10} 等)、SO_2、NO_2、CO、碳氢化合物、H_2S、HF 等，还包括水体的 pH、水温、溶解氧、电导率、透明度、色度、矿化度、SS、TN、TP、叶绿素 a、重金属含量等，土壤中的污染物，以及声环境及其他物理性污染(电磁辐射与热污染)等。

2) 生物成分监测指标

生物个体：包括生物个体大小、生活史、遗传变异、跟踪遗传标记等。

物种：包括优势种、外来种、指示种、重点保护种、受威胁种、濒危种、对人类有特殊价值的物种、典型物种等。

种群：包括种群数量、密度、盖度、频度、多度、凋落物量、年龄结构、性别比例、出生率、死亡率、迁入率、迁出率、种群动态、空间格局、生物量、生长量、呼吸量等。

群落：包括物种组成、群落结构、群落中的优势种统计、生活型、群落外貌、季相、层片、群落空间格局、生物量和生物生产量。

生态系统：包括生态系统中的物质循环与能量流动特性（如食物链或食物网的构成、元素在系统中的迁移、各营养级的能量转化效率等），各类生态系统的分布范围、面积大小（可以生态系统分布图表达，也可简化，以植被类型分布图表达），以及生态系统的镶嵌特征、空间格局及动态变化过程。

3）社会经济系统的监测指标

社会经济系统的监测指标包括人口指标（总数、密度、性别比例、出生率、死亡率等）、经济指标（产业结构、产值、收入、能源结构、基础设施建设、就业率等）、社会指标（文化程度等）。

3. 陆生生态系统监测指标与水生生态系统监测指标

表 2-10 和表 2-11 分别表明了陆生生态系统监测指标与水生生态系统监测指标。

表 2-10 陆生生态系统监测指标

要素	常规指标	选择指标
气象	气温、湿度、风向、风速、降水量及分布、蒸发量、地面及浅层地温、日照时数	大气干湿沉降物及其化学组成、林间 CO_2 浓度（森林）
水文	地表径流量，径流水化学组成（酸度、碱度、总磷、总氮及 NO_2^-、NO_3^-、农药（农田））、径流水总悬浮物、地下水位、泥沙颗粒组成及流失量、泥沙化学成分（有机质、全氮、全磷、全钾及重金属、农药（农田））	附近河流水质，附近河流泥沙流失量，农田灌水量、入渗量和蒸发量
土壤	有机质、养分含量（全氮、全磷、全钾、速效磷、速效钾）、pH、交换性酸及其组成、交换性盐基及其组成、阳离子交换量、颗粒组成及团粒结构、容重、含水量	CO_2 释放量（稻田测 CH_4）、农药残留量、重金属残留量、盐分总量、水田氧化还原的电位、化肥和有机肥施用量及化学组成（农田）、元素背景值、生命元素含量、沙丘动态（荒漠）
植物	种类及其组成、种群密度、现存生物量、凋落物量及分解率、地上部分生产量、不同器官的化学组成（粗灰分、氮、磷、钾、钠、有机碳、水分）、光能的收支	可食部分农药、重金属、NO_2^- 和 NO_3^- 含量（农田），可食部分粗蛋白、粗脂肪含量
动物	动物种类及种群密度、土壤动物生物量、热值、能量和物质的收支、化学成分（灰分、蛋白质、脂肪、全磷、钾、钠、钙、镁）	体内农药、重金属残留量（农田）
微生物	种类及种群密度、生物量、热值	土壤酶类型、土壤呼吸强度、土壤固氮作用

表 2-11 水生生态系统监测指标

要素	常规指标	选择指标
水文、气象	日照时数、总辐射量、降水量、蒸发量、风速、风向、气温、湿度、大气压、云量、云形、云高及可见度	海况（海洋）、入流量和出流量（淡水）、入流水和出流水的化学组成（淡水）、水位（淡水）、大气干湿沉降物量及组成（淡水）
水质	水温、颜色、气味、浊度、透明度、电导率、残渣、氧化还原电位、pH、矿化度、总氮、亚硝态氮、硝态氮、氨氮、总磷、总有机碳、溶解氧、化学需氧量、生化需氧量	重金属（镉、汞、砷、铬、铜、锌、镍）、农药、油类、挥发酚类

续表

要素	常规指标	选择指标
底质	氧化还原电位、pH、粒度、总氮、总磷、有机质	重金属(总汞、砷、铬、铜、锌、镉、铅、镍)、硫化物、农药
游泳动物	个体种类及数量、年龄和丰富度、现存量、捕捞量和生产力	体内农药、重金属残留量、致死量和亚致死量、酶活性(p-450 酶)
浮游植物	群落组成、定量分类数量分布(密度)、优势种动态、生物量、生产力	体内农药、重金属残留量、酶活性(p-450 酶)
浮游动物	群落组成定性分类、定量分类数量分布、优势种动态、生物量	体内农药、重金属残留量
微生物	细菌总数、细菌种类、大肠菌群及分类、生化活性	—
着生藻类和底栖动物	定性分类、定量分类、生物量动态、优势种	体内农药、重金属残留量

2.4.3　生态监测方案

制定生态监测方案时，必须在明确监测对象与目的的基础上，结合监测区域的环境特点并兼顾所能利用的技术手段，确定监测范围、时段、指标体系、布点、频次和监测方法；完整的监测方案还应包括监测数据的统计分析方法、监测人员安排与拟提交的监测成果等。

生态监测方案应包括以下几项内容：①监测对象和目的；②监测范围和时段；③生态监测指标体系；④各指标的数据来源与监测方法；⑤地面生态监测点(场地)布设；⑥监测的时间和频率；⑦数据统计与分析深度和方法；⑧预期成果(报告、图件、数据库等)。

1. 明确监测对象和目的

对于不同的监测对象与目的，其监测方案往往有很大差异。如生态环境现状监测、生态系统定位监测和生态环境影响监测，其监测目的不同，监测内容及指标体系不同，监测方式也往往有所区别。同样是生态系统定位监测，城市生态系统、森林生态系统、荒漠生态系统、湿地生态系统、海洋生态系统的监测指标都有极大的差异。为此，在制定生态监测方案时，需分析监测对象，并在分析和分解的基础上，明确监测目的，以此作为制定监测方案后续内容的基础。

2. 确定监测场地

在界定监测区域范围的基础上，可以综合考虑生态环境功能区和生态系统类型的典型性、空间和行政区的分布均匀性、监测指标的特点与数据来源要求等因素，确定具体的监测场地，如生态监测台、站的选址，土壤剖面位置的选择，植物样方的类型、规格和布点的确定等。

3. 监测方法

1) 现场生态监测技术

现场生态监测技术是指采用传统的物理、化学和生物的方法对各指标进行监测，即地面监测。

目前，对于生态监测指标体系中涉及的大多数气象、水文、土壤、环境质量、各种生物、种群、群落和生态系统指标的监测方法，均有相应的监测、观测标准和规范，其他指标也有文献可供参考。

2) 遥感监测技术

遥感是一种以物理手段、数学方法和地学分析为基础的综合应用技术。

利用遥感进行生态监测时，主要运用到 3S 技术。3S 技术即遥感(RS)技术、地理信息系统(GIS)和全球定位系统(GPS)，它具有宏观、综合、动态和快速的特点，在这些方面遥感监测弥补了地面监测的不足。

目前，在生态监测中越来越多地应用遥感技术，利用当前与历史遥感影像数据来快速获取有关生态环境的现状与历史资料。利用高精度遥感数据，结合 GIS、GPS 和现场监测工作，能够高效地完成各项生态制图工作，方便、快捷、准确地分析生态环境的现状、空间格局、时空变化规律和发展趋势。

4. 生态监测方案及制定程序

生态监测方案的制定和实施可按图 2-1 所示程序进行。

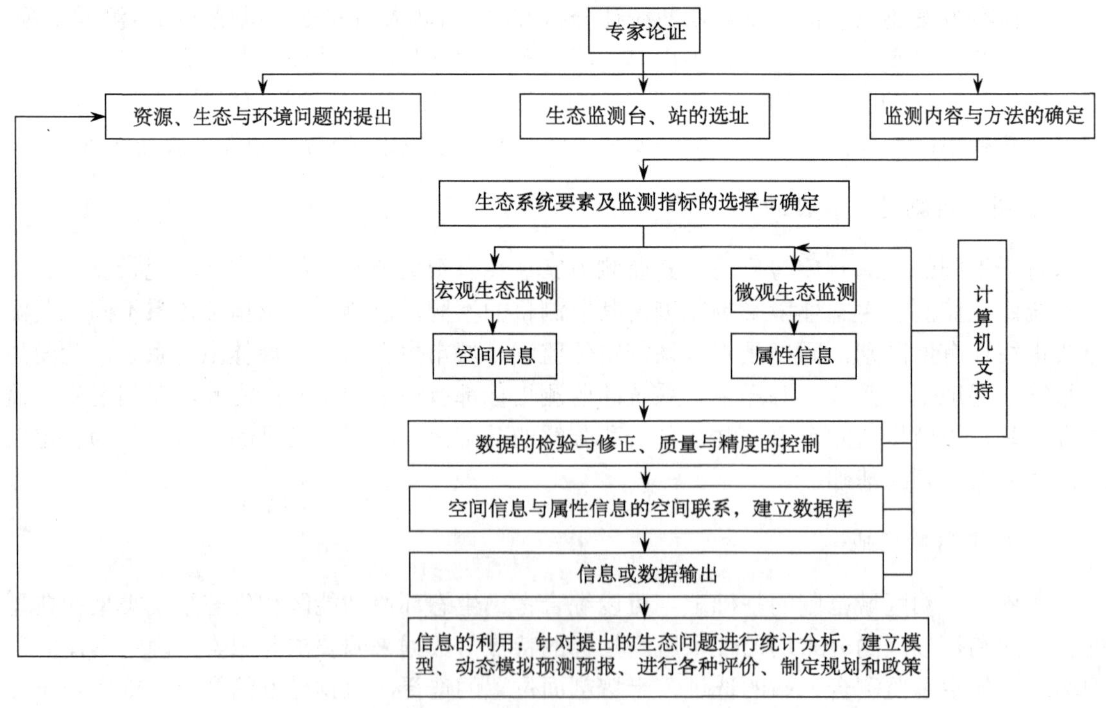

图 2-1 生态监测方案制定及实施程序

5. 监测时段与频率

生态监测时段往往取决于监测目的，但实际工作中也会受到客观条件(如评价与规划工作进度和监测经费)的制约。

生态系统定位监测的性质决定了这类生态监测通常需要长期进行，但其监测指标体系中的各项指标并非具有相同的监测频率，气象要素的观测可能频繁到每日数次，生态系统净第一性生产力的监测则每年一两次已经足够，城市景观格局的变化可能很快，而自然生态系统空间分布格局的变化就相当缓慢。总之，要根据其变化规律确定各要素的监测时段和频率。

考虑到气象条件对遥感影像的影响和生态特征的季节变化，地面监测与遥感监测最好同步进行。

思　考　题

2-1　机场建设对生态环境会造成什么不利影响？

2-2　植被恢复有哪些方式？在不同条件下如何选择合适的恢复方案？

2-3　机场鸟撞事故发生的原因是什么？如何防止机场鸟撞事故的发生？

2-4　简述机场建设对生态环境影响的评价步骤。

2-5　生态监测的具体指标有哪些？应如何选择合适的指标体系？

第 3 章 机场噪声污染及防治

随着社会的进步以及我国航空运输事业的飞速发展，我国机场的数量及航空运输量不断增加。机场噪声对周边环境的影响问题愈发严重，这不仅影响航空事业的发展，甚至会影响社会的和谐稳定。

3.1 机场噪声的特点及影响

3.1.1 机场噪声的特点

噪声不仅指物理学观点中杂乱无章、不协调的声音，也包含心理学中一切影响人工作、休息、谈话和思考的声音。因此，对噪声进行判断不仅仅是根据物理学上的定义，而且与人们的主观感觉有关。

噪声污染对环境的影响越来越引起社会的重视，它已经和空气污染、水污染和固体废弃物污染并称为现代世界的四大公害。机场噪声主要来自飞机在起飞、降落、滑行、地面试车等运行过程中造成的空气扰动噪声和发动机作业噪声。

(1) 空气扰动噪声。

空气扰动噪声是飞机在飞行过程中气流流过机身、机翼、尾翼时，因空气压力扰动产生的噪声，其中机翼部分产生的噪声占比最大。

(2) 发动机作业噪声。

发动机作业噪声由于发动机类型不同而产生的位置和机理不同，如涡轮风扇发动机以喷流和风扇的噪声为主；涡轮喷气发动机以喷流噪声为主；涡轮螺旋桨发动机则以螺旋桨产生的噪声为主。

在飞机飞行过程中的不同阶段，空气扰动噪声和发动机作业噪声所占的比重不同。飞机在地面试车过程中，噪声主要来自发动机；在飞机起飞过程中，油门加大使得发动机作业噪声较空气扰动噪声大；与之相反，在飞机降落过程中，油门减小，空气扰动噪声占比较大。

机场噪声具有随机的、无序的、非稳态的特点。与一般环境噪声不同，它是高声级突发事件和非常安静状态交替出现。噪声强弱、频率等主要与飞机发动机的种类、飞机构造、系统整体性能和声音传播的环境气象条件有关。任何一个因素发生变化，机场噪声强弱、频率都可能发生变化。综合来说，机场噪声有以下几方面的特点。

1) 声压级高

这与飞机发动机的类型和飞机构造系统等有关。一般喷气式飞机起飞产生的噪声声压级高达 150dB 以上，相当于数十万辆客车产生的噪声总和。

2) 低频(＜250Hz)噪声大

机场低频噪声比交通车辆低频噪声高 5～10dB，而中、高频噪声一般比交通车辆的噪声低。

3）影响范围广

机场噪声有明显的立体空间扩散的特点。在飞机起飞和降落的过程中，其噪声辐射范围常常可达数十平方公里。与普通环境噪声不同，机场噪声主要是从空中往地面上辐射，地面的地形遮挡物等一般都不能对其产生明显的衰减。因此，机场噪声的辐射影响范围都比较大。

4）持续时间长

持续时间长是机场噪声的时间特性，受影响区域中心的噪声一般会持续几十秒，人们听到的飞机噪声一般是由远及近，再远去，有明显的变化。同时，由于飞机的速度很快，机场噪声的影响区域也会随着飞机的移动而快速移动，一般噪声很难达到这样大的移动速度。

5）噪声源为三维运动，噪声具有非稳定特性

飞机在不同运行状态（如起飞、爬升、进场、着陆、地面滑行）下产生的噪声及其随时间的变化特性均有明显差异。

6）噪声影响具有时空的间断性

飞机噪声只是在起、落点（机场）附近短时产生。飞机从远处飞来时，人们首先听到隆隆的低频声，随着飞机接近，中、高频声音也多起来，飞到最近处噪声达到最大，这时中、高、低频的噪声成分都很多。飞机远去时，噪声先降低的为中、高频，其次是低频噪声。这种安静环境中出现的短时持续噪声会让人感到非常不舒适，相比于持续道路交通噪声更加令人烦恼。

7）频谱较宽

对大多数客运和货运飞机，其噪声的频谱较宽。例如，上海虹桥机场某 2 个客运飞机航迹高度在 150～200m 时下降航迹下方的实测噪声频谱见图 3-1，飞机噪声为宽频带平坦噪声，在 100Hz～5kHz 内，声压级在 80dB 左右。

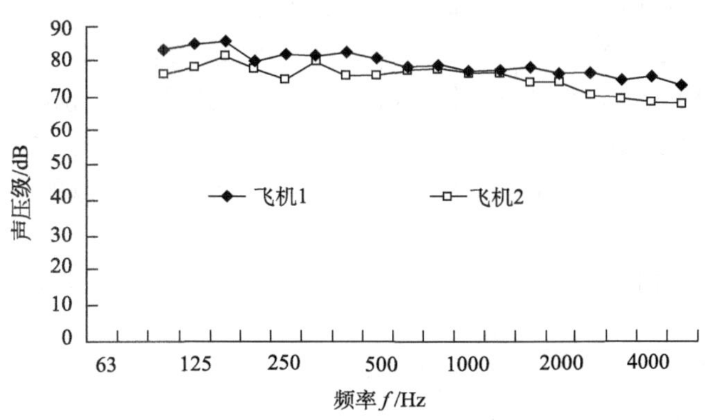

图 3-1　飞机噪声的实测频谱

8）噪声影响具有累加性

尽管一架飞机的噪声影响持续时间并不长，但繁忙机场的多架次同时或不间断或小间隔地运行，会造成噪声影响的累积或叠加。

9) 区域分布不均衡

噪声在空气中传播时的波阵面随传播距离而扩张，使有效声压级相应衰减，声波随传播距离而衰减。距离噪声源的位置不同，机场内部各区域的噪声暴露情况也各不相同。飞行作业区、居民生活区的噪声分布情况是不一样的。有飞行任务时，起飞线、塔台等区域的噪声级比较大，都在 100dB 以上。飞机起飞时起飞线附近的噪声可高达 140dB，飞机滑出时噪声可达到 115dB，而噪声频率基本都在 500～2500Hz，属于高频噪声。居民区和机场周边离跑道较远，噪声暴露量相对较小，有飞行任务时的噪声级都低于 78dB，频率基本在 800Hz 以下，属于中低频。这也反映出距离噪声源由近及远的噪声存在衰减现象。噪声空间上的差异除受到距离远近因素的影响外，还受到室内外的影响。声音传播过程中，由于建筑物及门窗等的阻挡，中、高频噪声在室内衰减较多，一般室内噪声小于室外。

3.1.2 机场噪声的影响

长期处在噪声影响下会导致中枢神经功能性障碍，具体表现为中枢神经衰弱症候群，如头痛、失眠、头晕、多汗、恶心、乏力、心悸、惊慌、记忆减退、反应迟钝、注意力不集中等；强噪声也可以作用于中枢神经，引起消化不良和食欲不振，从而导致肠胃病；噪声也会使交感神经紧张，引起心跳过速、心律不齐、血压升高等症状。据调查，在高噪声环境中作业的人群，如钢铁工人和机械工人的心血管病的发病率高于在安静环境中工作的人群。

因为机场噪声是由多个突发性短暂单个噪声事件组成的，而不是持续的高噪声，所以对于居民而言，机场噪声一般不会损伤人的听力。机场噪声对居民的影响一般是打断睡眠、干扰思考、妨碍交谈、使人烦躁等，其中对居民主观烦恼度和睡眠的影响尤为突出。长期的烦躁容易引起机体自我防御机制的干预，对不同的个体表现为不同的心理和精神改变，即出现非精神病性障碍。经常性的扰眠或者唤醒也对居民的生理、心理产生伤害，影响日常工作和生活。单个噪声事件增加了心脏病等疾病的发病率，而且高噪声可能使处于该噪声环境下的人不易察觉周围信息的变化而发生事故。

丹麦研究显示，交通噪声中，飞机噪声最令人烦躁，其他依次为公路车辆交通噪声和火车噪声。当这 3 种噪声均为 60dB 时，引起严重烦躁的发生率分别约为 18%、11%和 5%；当这 3 种噪声均为 70dB 时，引起严重烦躁的发生率分别约为 38%、25%和 14%。

机场噪声引起的居民烦恼比其他交通噪声引起的烦恼更严重的原因主要有如下几方面：

(1) 机场噪声源是由地面运动声源和空中运动声源复合而成的复杂声源，受影响的面积比较大；

(2) 机场噪声是多次的、间断的、冲击噪声；

(3) 飞机噪声的主要部分是低频噪声，危害很大；

(4) 现代喷气式飞机噪声的强度很大，输出功率甚至达 10kW 以上，声级可高达 160dB 以上。

随着我国航空事业的不断发展，机场噪声问题日益突出，机场对周边区域的噪声影响越来越受到社会的关注。飞机噪声具有声压级高、影响范围广、短时持续发生的特点，对人们的影响更大。机场噪声的影响主要表现在以下几方面。

1)影响人们的正常生活

机场噪声属于间歇性突发噪声，会干扰人们正常的谈话、休息以及一些基本的社交活动。

噪声对人的语言信息具有掩蔽作用。实验研究表明噪声可以干扰交谈，如表 3-1 所示。为了在噪声环境中正确地获得语言和听觉信号，一般要求信噪比大于 10dB。

表 3-1　噪声对交谈影响

噪声/dB	主观反映	保持正常讲话距离/m	通信质量
45	安静	10	很好
55	稍吵	3.5	好
65	吵	1.2	较困难
75	很吵	0.3	困难
85	大吵	0.1	不可能

一般，当环境噪声为 55dB 时，有 15%的人会感到很吵，当环境噪声为 50dB 时，有 6%的人仍感到很吵，只有当环境噪声为 45dB 以下，才使一般人感到安静。

夜间噪声对人们睡眠的影响尤其严重。高声压级的突发噪声事件会导致人们无法入睡、突然惊醒等问题。低声压级噪声虽然并不容易唤醒人，但很可能使人从熟睡状态转为半熟睡状态，而无法得到充分休息，让大脑仍处于紧张、活跃的阶段。长时间受到机场噪声的影响会导致失眠、白天工作效率低下、烦躁焦虑、容易疲劳、精神紧张等问题，影响社会心理和工作效率，产生不可估量的社会负效应。

2)造成听力损伤

长期在噪声环境下工作和生活，会引起耳蜗基底膜损伤，造成听力损失，从而引起听觉疲劳、噪声性耳聋或爆发性耳聋。在不同噪声级下工作 40 年后的噪声性耳聋发病率的统计结果如表 3-2 所示。

表 3-2　噪声性耳聋发病率统计结果

噪声/dB	国际统计(ISO)/%	美国统计/%
80	0	0
85	10	8
90	21	18
95	29	28
100	41	40

3)影响周围企事业单位的正常工作

机场噪声的影响范围较大，可达机场周围数十平方公里，在此范围内的学校、医院和行政单位等噪声敏感点会受到机场噪声的严重干扰。

受噪声影响，从事较为复杂脑力劳动的人的工作准确性和工作速度会有明显下降。学校、幼儿园等教学单位需要活跃脑力活动，噪声对学生的阅读和思维有明显干扰。

噪声可使学生发生短时记忆、手工操作敏捷度、心理运动稳定度等神经行为改变，表现为在短时记忆、手工操作敏捷度、心理运动稳定度等方面暴露组明显低于对照组。环境噪声使学生阅读速度下降，错误率上升，快速记忆力下降，并随噪声水平的提高，其影响程度增大。吵闹环境中儿童的智力发育水平比安静环境中低 20%。

当作为机场噪声最显著特点之一的单个噪声事件出现时，多数教师会暂停讲课，等单个噪声事件结束后，再重新集中注意力，回到刚才课程讲到的地方接着讲课。单个噪声事件的频繁出现会损失不少课堂时间，严重影响教学效果。每个单个噪声事件对课堂的平均影响时间按 1min 计算(包括噪声掩蔽时间、恢复正常讲课时间)，每节课按 1h 计算，如果一节课受到 10 次左右的单个噪声事件干扰，则损失教学时间 10min 左右，师生的思路也被频繁打断，那么从课堂时间和师生心理上讲，教学受到了较大的干扰。

同样机场噪声还会严重影响医院等对噪声敏感的区域，如进行中的手术、需要安静的病房、重要会议等，噪声影响不仅会导致工作效率低下，而且会导致其他一些严重后果，如患者病情加重等。

4) 诱发慢性病

飞机噪声会对人体产生生理和心理影响。生理影响主要表现在发生心脏疾病、心血管疾病、胃肠功能紊乱、周期性偏头痛、内分泌代谢失调等，此外，噪声还能影响肌肉的拉伸、皮肤抵抗紫外线的能力，增加血液中胆固醇的量等。心理上，噪声使人紧张，难以集中精力，增加出错率，引起情绪波动。有学者发现，长期生活在 55dB 以上飞机噪声中的居民约 60%患有高血压，而生活在 72dB 飞机噪声环境中的居民约有 80%患有高血压。但生活在低噪声环境中的居民却只有约 14%患有高血压，而生活在 55dB 以上的普通噪声环境中的居民也只有约 20%患高血压。高分贝的飞机噪声可能引起高血压，继而导致心血管疾病发病率的增高；机务及机场内地勤人员观察组的血压和心电图异常率均远高于对照组；飞机噪声接触者有明显的情感状态改变，表现为紧张、焦虑、忧郁、沮丧、疲惫、易疲劳等。另外，在行为功能测试中发现，飞机噪声可增加神经系统亚临床损害。

5) 削弱儿童认知能力

有研究表明，儿童在机场附近多噪声的环境或学校里学习，会难以集中精力或者解决困难的能力下降。而在较安静环境中的儿童能较长时间地集中注意力，并且更有信心去解决难题。同时，飞机和机场噪声可影响机场附近学校里学生的演讲水平，飞机噪声可能对儿童的认知发育、特别是阅读理解能力造成不良影响。一般，机场噪声水平越高，影响就越大。

6) 对房屋结构的影响

喷气式飞机的噪声会引起机场周围房屋的振动，强烈的音爆会打碎玻璃、破坏灰墙，破坏机场周围民宅和商业建筑的结构。在美国统计的 3000 件喷气式飞机使建筑物受损害的事件中，抹灰开裂的占 43%，损坏的占 32%，墙开裂的占 15%，瓦损坏的占 6%。严重的噪声甚至能够震毁建筑物，导致玻璃变成碎片，高墙变成废墟。

7) 对动物的影响

飞机噪声会损坏动物的听力、改变其血液成分和应激性。牛、马、猪等家畜对飞机噪声的适应能力较强，而家禽对飞机噪声的适应能力较差。曾发生过飞机低空飞过一个养鸡场后 150 只鸡因恐慌撞墙死亡的事件。另外，低空飞机噪声会影响家禽的产蛋量，破坏鸟巢和孵卵。巨大的噪声特别是音爆，甚至可以使鸟蛋振裂。

8）影响胎儿发育

飞机噪声可直接或间接影响孕妇的心理，从而影响胎儿的发育。同时，飞机噪声可引起母体子宫收缩，影响胎儿发育所必需的营养素和氧的供给。与安静环境中孕妇所生的小孩相比，频繁受到飞机噪声干扰的孕妇所生的小孩体重较轻，先天性缺陷的发生率较高。

9）对设备的影响

高强噪声会影响设备运行，甚至损坏仪器。当噪声超过 135dB 时，强烈的噪声能使电子仪器发生故障；当噪声超过 150dB 时，会严重损坏电阻、电容等元件及电子器件，使整机发生故障或失效。

10）阻碍机场自身发展

随着经济的不断发展和经济全球化的进行，人们出行对交通的要求也越来越高，增加航班量、新建/扩建大批机场成为人们当前的迫切需求。机场噪声问题严重地影响到了机场周围人们的正常生活，需要耗费大量人力、物力来解决机场噪声问题。而机场的新建/扩建会使机场周围更多区域受到噪声的影响；航班量的增加会使机场周围区域受到飞机噪声事件影响的平均次数增多，尤其夜间航班量的增加会导致更加严重的噪声污染问题，由此而导致的机场噪声问题严重阻碍了机场自身的发展。

随着航空产业的发展，越来越多的中小型机场即将出现在二三线城市中。另外，原有的机场也在不断进行着扩建工程，机场距离人们的生活区域越来越近，使得机场噪声的受众越来越多。而机场范围的扩大、航班量的增加更是加剧了飞机噪声的污染。

3.2　机场噪声的评价方法

噪声评价指标一般为声压级（sound pressure level），简称声级，即声压（p）与基本声压值（p_0）之比的常用对数的 20 倍，单位为 dB。

声压级按评价时段的长度可大致分为瞬时声压级、单事件声压级和多事件累计声压级三类。下面将详细介绍这几种机场噪声评价方法。

3.2.1　瞬时声压级

瞬时声压级是指飞机噪声在某一时刻的声压级，可以通过测量设备直接测量得出。瞬时声压级是单事件声压级和多事件累计声压级的计算基础，可以通过某时间段内的一系列瞬时声压级计算单事件声压级。

1. A 计权声压级

飞机噪声是一种由多种频率噪声混合起来的声音。由于人对不同频率声音的敏感程度不同，噪声测量中会对其中不同频率的客观声压级进行适当的加权，最后得出噪声的总体评价指标值，从而使其评价结果与人耳的主观感受基本取得一致。这种经过听感修正的声压级称为计权声压级或噪声级。不同计权声压级的区别仅是修正因子不同，也就是计权网络不同。在噪声测量中，计权网络一般有 A、B、C 三种。

其中，A 计权声压级常简称为 A 声级，一般用 L_A 表示。A 计权网络对原噪声进行处理的过程中过滤掉大部分低频噪声，对高频噪声基本保留原值。这种处理方法比较符合人类的听觉特性。因此，A 声级是当今噪声评判的主要标准。

瞬时声压级测试中的 A 声级可用式(3-1)计算：

$$L_{\mathrm{A}}=10\times\lg\sum_{i=0}^{24}10^{0.1(\mathrm{Lp}_i+\varDelta_j)} \tag{3-1}$$

式中，Lp_i 为各个频带的声压级(dB)；$\varDelta_j$ 为第 i 个频带的 A 计权修正因子。

2. 最大 A 声级

在实际的应用中，噪声监测设备会每隔一个时间段(一般为 0.5s)测一次声压或声压级，因此每隔 0.5s 可以计算出一个 L_{A} 的值。在一个噪声事件持续的时间内，最大的 L_{A} 称为噪声事件的最大 A 声级，记作 L_{Amax}。

3.2.2　单事件声压级

由于瞬时声压级不涉及时间维度，无法反映某个时间段内噪声的强弱，因此提出了单事件声压级和多事件累计声压级的概念。单事件声压级是指一次噪声事件过程中所有瞬时声压级的等效均值。

1. 等效声级

对稳定不变的噪声，用声压级来评价是非常方便的，但是当评价一个时间段内的噪声大小时，用一个声压级值就不能进行准确的评价。等效声级是基于响度的噪声评价指标，表示一段时间内声压级的等效均值，一般利用 A 计权声压级进行计算，计算公式如下：

$$L_{\mathrm{eq}}=10\times\lg\frac{1}{t_2-t_1}\int_{t_1}^{t_2}10^{0.1L(t)}\mathrm{d}t \tag{3-2}$$

式中，t_1 为噪声测量的开始时刻；t_2 为噪声测量的终止时刻；$L(t)$ 为某一时刻的 A 计权声压级(dB)。

2. 感觉噪声级(PNL)

感觉噪声级(perceived noise level，PNL)是与某一噪声在“吵闹”的感觉上等效的中心频率为 1000Hz 的窄带噪声的声压级。感觉噪声级可以用来评价人对飞机噪声的主观感受，这个指标考虑了频率、音调、声强因素。

A 声级 L_{A} 与感觉噪声级(PNL)有下列近似关系：

$$\mathrm{PNL}\approx L_{\mathrm{A}}+12.4 \tag{3-3}$$

3. 有效感觉噪声级(EPNL)

有效感觉噪声级(effective perceived noise level，EPNL，或 L_{EPN})是对感觉噪声级进行纯音修正和持续时间修正得到的。其中，持续时间修正与测试机型和运行方式有关，持续时间修正是考虑相同噪声在不同持续时间得到的不同烦躁程度而进行的修正。最终，EPNL 的计算公式如下：

$$\text{EPNL} = 10 \times \lg\left(\frac{1}{T_0}\right)\int_{t_1}^{t_2} 10^{0.1\text{TPNL}_i}\,\text{d}t \tag{3-4}$$

式中，T_0 是基准时间，取 10s；t_1、t_2 是持续时间；TPNL_i 是经过纯音修正的感觉噪声级(dB)。

有效感觉噪声级是国际民航组织规定的飞机噪声合格审定中的基本评价尺度。实际使用时，可以根据声级计测量飞机飞越测量点上空整个过程的 A 声级 L_A 来计算 EPNL，公式如下：

$$\text{EPNL} = L_{\text{Amax}} + 10 \times \lg\frac{t_2 - t_1}{20} + 13 \tag{3-5}$$

式中，L_{Amax} 为最大 A 声级(dB)；t_2、t_1 为持续时间。

4. 噪声暴露级

噪声暴露级(sound exposure level，SEL，或 L_{SE})是用给定时间段或单个噪声事件中噪声所包含的能量值来评价噪声大小的评价量。L_{SE} 是将其声音能量等效为 1s 作用时间的 A 计权声压级，其表达式为

$$L_{SE} = 10 \times \lg\left[\frac{1}{T_0}\int_{t_1}^{t_2}\frac{P_A^2(t)}{P_0^2}\text{d}t\right] \tag{3-6}$$

式中，T_0 为标准时间 1s；t_1 为噪声事件开始时间；t_2 为噪声事件终止时间；$P_A(t)$ 为在 t 时刻的 A 计权瞬时声压；P_0 为基准声压。

因为 L_{SE} 测量是规格化为 1s 的时间间隔，用 L_{SE} 参数很容易表示不同噪声事件所包含的能量。

根据白天主观烦恼度和晚上睡眠干扰率提出机场周围噪声的暴露极限值标准(建议)，见表 3-3。

表 3-3　L_{SE} 噪声暴露极限值标准

	白天/dB	晚上/dB
室外	89	80
室内	74	65

根据表 3-3 得到，在室外环境晚上 SEL 不能超过 80dB，否则就会影响正常的社会活动，在室内环境晚上 SEL 不能超过 65dB，否则将会影响正常的交谈、思考、睡眠等。

3.2.3　多事件累计声压级

单事件声压级是用来评价给定时间段内的单个噪声事件的噪声影响的，而多事件累计声压级评价的是某个时间段内多个噪声事件造成的整体影响。

1. 噪声和次数指数(NNI)

噪声和次数指数(noise and number index，NNI)是英国一个主观的飞机噪声评价量。它是基于伦敦希思罗机场附近居民的社会调查和范堡罗航展期间的主观评价试验得出的。噪

声和次数指数考虑了平均峰值噪声级和在规定期间听到的飞行架次数，但未考虑晚间或夜间加权。具体来说，噪声和次数指数按以下公式进行计算：

$$\mathrm{NNI}=10\times\lg\left[\left(\sum_{i=1}^{N}10^{\mathrm{PNL}_i/10}\right)/N\right]+15\times\lg N-80 \tag{3-7}$$

式中，N 是某一时段内的飞机数(白天或晚上)；PNL_i 是第 i 个飞机的感觉噪声级(dB)。

NNI 控制标准如表 3-4 所示。

表 3-4　NNI 控制标准

标准值/dB	规定
20～30	有干扰
40	引起烦恼
50	很烦恼
80	不能容忍

2. 噪声暴露预报(NEF)

噪声暴露预报(noise exposure forecast，NEF)以最大声压级、噪声事件数及一天的时间为基础，其基本度量是有效感觉噪声级。其假设在一已知点的总噪声暴露是不同飞机以不同飞行航迹产生的噪声合成的结果，可以按以下公式进行计算：

$$\mathrm{NEF}_{ij}=\mathrm{EPNL}_{ij}+10\times\lg(N_{\mathrm{d}ij}/K_{\mathrm{d}}+N_{\mathrm{n}ij}/K_{\mathrm{n}})-C \tag{3-8}$$

式中，$N_{\mathrm{d}ij}$ 是在 j 条航线上第 i 种飞机白天的飞行次数；$N_{\mathrm{n}ij}$ 是在 j 条航线上第 i 种飞机夜间的飞行次数；一般 K_{d} 和 K_{n} 分别取 20 和 1.2；C 一般取 75，其目的是使 NEF 的值处于不与其他复合指数相混的范围内。

NEF 控制标准如表 3-5 所示。这个评价指标的计算过程很复杂，需要掌握大量的各种类型飞机飞行噪声特性的数据，借助计算机的计算，考虑的因素比较全面，因此其能很好地反映人们在实际条件下对飞机噪声的主观感觉。

表 3-5　NEF 控制标准

NEF/dB	公众反映
＜20	无抱怨
20～30	基本上无投诉，可能会干扰社区活动
30～40	可能投诉，住宅、教室等房屋的建筑设计要进行彻底的噪声分析
＞40	抱怨强烈，没有彻底的噪声分析，不得进行任何种类的房屋建筑设计

3. 昼夜平均声级(DNL)

昼夜平均声级(day-night average sound level，DNL)是一个对夜间加 10dB 补偿的 24h 平均 A 声级，相当于假定夜间噪声的烦扰度加倍，按以下公式进行计算：

$$DNL = 10 \times \lg \frac{1}{24}\left[15\left(10^{0.1L_d}\right) + 9\left(10^{0.1L_n + 10}\right)\right] \tag{3-9}$$

式中，L_d是国际标准时间白天的等效 A 声级(dB)；L_n是国际标准时间夜间的等效 A 声级(dB)。

DNL 控制标准如表 3-6 所示。美国环境保护局使用 DNL 作为环境噪声的度量。由于 DNL 计算方便，它在美国现在已经取代了噪声暴露预报(NEF)。

表 3-6　DNL 控制标准

DNL/dB	规定
＜65	无限制
65～70	不主张盖新住宅
70～75	不主张新开发
＞75	不准新开发

4. 社区噪声等效级(CNEL)

社区噪声等效级(community noise equivalent level，CNEL)用 A 声级计算单个噪声事件的影响，通过不同时段的噪声加权求出规定时间内总的声能，再求对全天每秒的平均噪声级，按以下公式进行计算：

$$CNEL = SENEL + 10 \times (\lg N_d + 3N_e + 10N_n) - 49.4 \tag{3-10}$$

式中，SENEL 是各单架飞机飞越的起伏声级(A 声级)的能量平均值(dB)；N_d是昼间的飞行架次数；N_e是傍晚的飞行架次数；N_n是夜间的飞行架次数。这三段时间具体划分由当地政府决定。

CNEL 控制标准如表 3-7 所示。

表 3-7　CNEL 控制标准

CNEL/dB	规定
＜62	抱怨较少发生，可用于居住
62～72	属于临界状态，所有建筑都应作隔声处理
＞72	完全无法接受，不允许在该区域内建设住宅

5. 平均烦恼声级$\overline{Q}$

平均烦恼声级(mean annoyance noise level)用感觉噪声级峰值计算单个噪声事件的影响，通过不同时段的噪声加权求出规定时间内总的声能，再求出每架飞机的平均噪声级，并制定了较详细的控制标准。平均烦恼声级$\overline{Q}$按以下公式进行计算：

$$\overline{Q} = 13.3 \times \lg\left(10^{\overline{PNL_{max}}/13.3}\right) + 13.3 \times \lg N - 47 \tag{3-11}$$

式中，$\overline{PNL_{max}}$是感觉噪声级峰值平均(dB)；N是飞行架次数。

$\overline{Q}$ 控制标准如表 3-8 所示。

表 3-8　$\overline{Q}$ 控制标准

$\overline{Q}$ /dB	规定
＜72	不做限制(边界处不建医院、疗养院、养老院、学校以及科研机关)
72～77	建议不建居民区，如果建居民区，要有噪声控制措施
77～82	仅供机场急用的居住建筑(须带有噪声控制措施)
＞82	无居民区

6. 澳大利亚噪声暴露预报(ANEF)

澳大利亚噪声暴露预报(Australian noise exposure forecast，ANEF)用有效感觉噪声级计算单个噪声事件的影响，通过不同时段的噪声加权求出规定时间内总的声能，再求出对每秒的平均噪声影响，与 NEF 的原理相同，只是参数选取不同。ANEF 按以下公式进行计算：

$$\mathrm{ANEF} = \mathrm{EPNL} + 10 \times \lg(N_\mathrm{d} + 4N_\mathrm{e} + 4N_\mathrm{n}) - 88.0 \tag{3-12}$$

式中，EPNL 是有效感觉噪声级(dB)；N_d 是昼间的飞行架次数；N_e 是傍晚的飞行架次数；N_n 是夜间的飞行架次数。

ANEF 控制标准如表 3-9 所示。

表 3-9　ANEF 控制标准

ANEF/dB	规定
＜20	无限制
20～25	新住宅要有隔声设施
＞25	不允许盖新住宅

7. 总噪声级 *B*

总噪声级(total noise level)是用最大 A 声级计算单个噪声事件的影响，通过不同时段的噪声加权求出规定时间内总的声能，再求出对每秒的平均噪声影响，并制定了针对不同时段较详细的加权系数。*B* 按以下公式进行计算：

$$B = 20 \times \lg\left[\sum_{i=1}^{n} W_i \times \mathrm{antilg}(L_i / 15)\right] - C \tag{3-13}$$

式中，对一年的噪声进行测量时，C=157；对一天的噪声进行测量时，C=106；L_i 是第 i 个噪声时间的最大 A 声级(dB)；W_i 是第 i 个噪声事件出现时间的计权系数，如表 3-10 所示。

表 3-10　计权系数 W_i

时间	0:00～6:00	6:00～7:00	7:00～8:00	8:00～18:00	18:00～19:00
W_i	10	8	4	1	2
时间	19:00～20:00	20:00～21:00	21:00～22:00	22:00～23:00	23:00～24:00
W_i	3	4	6	8	10

8. 计权等效连续感觉噪声级(WECPNL)

计权等效连续感觉噪声级(weighted equivalent continuous perceived noise level，WECPNL，或 L_{WECPN})是由国际民航组织(ICAO)推荐的评价指标，我国《声环境质量标准》(GB 3096—2008)和《机场周围飞机噪声环境标准》(GB 9660—1988)等相应国家标准即采用这种指标衡量机场周围的噪声情况。该计量值是基于 EPNL，对昼间、傍晚、夜间划分了界线，并乘以不同的权值。

$$\text{WECPNL} = \overline{\text{EPNL}} + 10 \times \lg(N_d + 3N_e + 10N_n) - 39.4 \tag{3-14}$$

式中，N_d是昼间的飞行架次数；N_e是傍晚的飞行架次数；N_n是夜间的飞行架次数；$\overline{\text{EPNL}}$是 EPNL 的平均值。

$\overline{\text{EPNL}}$的表达式如下：

$$\overline{\text{EPNL}} = 10 \times \lg \frac{1}{T_0} \int_{t_1}^{t_2} 10^{0.1\text{TPNL}(t)} \mathrm{d}t \tag{3-15}$$

式中，T_0是基准时间，取 10s。

用$10 \times \lg 8640$代替 39.4，则式(3-14)可写为

$$\begin{aligned} \text{WECPNL} &= 10 \times \lg \frac{\overline{\left[\frac{1}{T_0} \int_{t_1}^{t_2} 10^{0.1\text{TPNL}(t)} \mathrm{d}t\right]} (N_d + 3N_e + 10N_n)}{8640} \\ &= 10 \times \lg \frac{\overline{\left(\int_{t_1}^{t_2} 10^{0.1\text{TPNL}(t)} \mathrm{d}t\right)} (N_d + 3N_e + 10N_n)}{86400} \end{aligned} \tag{3-16}$$

根据《机场周围飞机噪声环境标准》(GB 9660—1988)，我国的飞机噪声控制标准如表 3-11 所示。

表 3-11 我国的飞机噪声控制标准

适用区域	标准值
一类区域	≤70dB
二类区域	≤75dB

注：一类区域指特殊住宅区、文教区、居民区；

二类区域指除一类区域外的生活区。

9. 昼夜等效声级 L_{dn}

昼夜等效声级(day-night equivalent sound level)的表达式为

$$L_{dn} = L_{SE} + 10 \times \lg(N_d + 10N_n) - 49.4 \tag{3-17}$$

式中，L_{SE}是噪声暴露级，是飞机飞行一架次时某一测点经受的全部噪声换算到 1s 的 A 声级，其计算公式如下：

$$L_{SE} = L_{A\max} + 10 \times \lg \frac{t_2 - t_1}{2} \tag{3-18}$$

N_d 是标准时间白天的飞行架次数；N_n 是标准时间夜间的飞行架次数。

N_d+10N_n 为考虑飞机噪声在昼夜有不同影响，经过加权后的一天飞行总架次。根据分析 WECPNL 物理概念的思路可得：昼夜等效声级表示飞机噪声全天平均每秒对人的冲击(A 声级)。

昼夜等效声级 L_{dn} 控制标准如表 3-12 所示。

表 3-12　昼夜等效声级 L_{dn} 的控制标准

L_{dn} 标准值/dB	规定
＜65	无限制
65～70	不主张盖新住宅
70～75	不主张新开发
＞75	不准新开发

3.2.4　机场周围区域飞机噪声环境质量标准

由于机场噪声对人们生活、工作和学习的严重影响，我国制定了相应的国家标准来衡量机场周围城市区域的噪声污染情况，如《机场周围飞机噪声环境标准》(GB 9660—1988)、《机场周围飞机噪声测量方法》（GB 9661—1988）和《机场周围区域飞机噪声环境质量标准》（二次征求意见稿）等。表 3-13 是其中对城市区域噪声标准的规定。

表 3-13　城市区域环境噪声标准表

类别	白天/dB	夜间/dB
0	50	40
1	55	45
2	60	50
3	65	55
4	70	55

随着人们对机场噪声问题的持续关注，目前已经提出了多种机场噪声评价指标来度量噪声的强弱以及评估噪声对环境和居民的影响，还制定了相关标准、政策和法规。不同的噪声评价指标所侧重的方面不同，为了使评价指标值能更加全面地反映噪声的影响程度，目前也有部分相应的改进方法提出。

3.3　机场噪声的监测及预测方法

3.3.1　噪声预测的必要性

伴随着城市化的进程，近年来各个大中城市都得到了很快的发展，人们对交通运输以及快速出行的要求越来越高，这些也催生了民航业的巨大发展，机场起降架次、吞吐量不断增加，新建了大批民航机场，进行了现有民航机场的扩建/改建等。但是民航机场的发展也带来了严重的机场噪声污染问题，影响了周围居民的正常学习、工作和生活，导致人们对机场的大量不满。为了更加有效地对机场及其周边的声环境进行合理的相容性规划，使机场噪声对周围社区的影响尽可能小，使机场在发展中遇到的阻力尽可能小，对各发展时期的机场噪声影响进行监测和预测是必需的。

3.3.2　机场噪声的监测

噪声的传播受地理环境、天气等多方面因素的影响，在不同位置的噪声强度也不相同。为了准确地反映机场的噪声分布情况，必须对机场噪声的分布式采集方法进行研究。机场噪声作为分布在机场周边的感知信号，可以通过建立机场感知物联网来采集并感知机场周边噪声的分布情况。另外，利用虚拟现实技术结合机场地理信息数据建立机场的三维噪声分布图也是需要研究的内容之一，在此基础上，通过各监测点形成物联网感知系统实现对机场噪声的可视化监测。这里涉及的关键技术有物联网技术、虚拟现实技术等。

为了准确了解机场周围的噪声污染状况及噪声污染的变化情况，机场噪声监测点的布置是实现机场噪声监测及建立可视化处理系统的首要任务。理论上，我国的机场噪声监测要求采用网格布点监测法，需要布置数个监测点。但是一个监测点的硬件设备比较昂贵，通常会需要花费几十万元，因此必须要尽量控制监测点的数目来减少费用，同时又要保证这些监测点的分布具有一定的理论依据。网格布点监测法虽然具有统一、规范等特点，但也存在着监测点位多、人力/物力投入量大、监测结果处理时间长等缺陷。

实际上，噪声监测点的布置一般依靠经验布点法，当机场附近区域受噪声污染影响比较大、居民正常的社会活动受到干扰时，才会在该地区设立硬件设备来监测噪声值。这种监测点的布置方法缺乏理论依据，对机场噪声监测及可视化处理系统的建立没有起到支持作用。

因此，在有限的人力、物力和财力条件下，在允许的误差范围内，选用一种科学的方法布置噪声监测点，使之合理化、典型化、标准化，既符合实际情况，又能很好地应用到机场噪声监测及可视化处理系统中，成为一个亟待解决的问题。

主要的机场噪声监测优化布点方法有统计分析法、模糊聚类分析法及神经网络法等。

3.3.3　机场噪声的预测

1. 机场噪声预测的作用

在进行机场规划建设、航班计划制定等工作时要对机场噪声污染问题加以考虑，并采取相应的解决措施。机场噪声预测是评估机场周围噪声影响程度的一个重要技术手段，是机场运行和减噪的科学依据，用于机场噪声解决方案的制定与实施，来避免由机场噪声问题带来的大量损失。机场噪声预测是民航机场发展过程中一个不可或缺的措施，它在很多方面都有重要作用，具体内容如下。

1) 航班计划制定

航班计划制定是机场运行过程中的一项重要工作，它负责安排机场所有飞机的具体起降过程及时间。机场的航班数量会随着机场吞吐量、客流量、季节等不断地变化，在航班数量发生变化时，该如何合理地安排每一个航班才能实现既可以充分发挥机场的资源利用率，又能够减少飞机噪声对附近的居民、单位和工厂造成的影响，是一个亟待解决的关键问题。机场噪声短期预测在航班计划的制定中有很大作用，通过对制定的航班计划进行机场噪声短期预测，就可以评估机场在执行该航班计划时的噪声污染水平，从而指导相关的工作人员进行航班计划的制定。

2）新机场建设

机场噪声预测是新建机场规划设计中很重要的一步，缺少机场噪声预测的机场规划设计是没有科学依据的，可能会产生严重的机场噪声问题。通过噪声预测做出机场建成后近期(5～10 年)和中期(10～15 年)的飞机噪声污染预测，分析该地区是否适合机场的建设、机场不断发展带来的噪声影响情况以及机场建成后如何预防和治理机场噪声污染等问题。通过机场噪声预测的分析可以对机场建成后的噪声污染情况做一个总体评估，从而在机场建设初期解决机场噪声问题，避免了在机场建成后噪声污染问题给机场带来重大的经济损失等。

3）改建、扩建机场

利用机场噪声预测做好机场周围区域的土地使用相容性规划，可以使机场在发展过程中对周围居民的噪声影响尽可能少，减少因机场噪声问题导致的大量经济损失。若缺少前期的预测规划，在机场进行改建、扩建时就可能造成严重的噪声污染问题，使机场在预防和治理噪声污染问题方面损失大量人力、物力和财力。

使用机场噪声预测技术对机场的噪声影响情况进行预测分析是机场发展和运行维护过程中很重要的一个技术手段，不仅可以辅助机场进行噪声污染控制，而且可以给机场发展规划提供一个科学依据，减少可能的不必要损失，因此机场噪声预测在机场发展过程中是一个很重要的、必不可少的环节。

2. 机场噪声预测的工作

机场噪声预测主要是对机场周围的噪声影响情况进行预测评估，为机场航班计划调整、机场发展规划的制定及机场的新建等提供一个科学、可靠的环境影响情况的评估报告。目前比较成熟的预测方法是使用飞机的噪声性能数据为特定型号飞机建立相应的噪声传播模型，根据机场的航班计划和实时环境信息计算飞机起降过程对机场周围区域的噪声影响。

机场噪声预测要求对未来的机场噪声影响做出评价，包括评价机场用地及其周边土地在机场新建或改建/扩建后噪声的影响水平，主要基于现已掌握的机场噪声的计算方法和预测模型，通过对未来会影响到机场噪声各种因素的预测，计算得出未来机场噪声的影响状况。机场噪声预测主要包括以下步骤。

1）机场噪声预测模型的选取

建立新的机场噪声模型，核心就是评价量的选取或在原有噪声模型中选取最优的模型，确定出合理的机场噪声模型，这是进行机场噪声环境影响预测评价的关键。

2）确定机场噪声限值标准

我国机场噪声限值按《机场周围飞机噪声环境标准》(GB 9660—1988)相关条目确定。

3) 机场噪声各种影响因素的预测

机场噪声预测需要对各种影响因素进行预测，然后根据噪声预测模型，得出预测结果。需要预测的主要影响因素包括气候条件、地形条件、机型组合、飞行架次数、起降方向、时间分布和飞行程序等。

4) 机场噪声预测的具体工作

(1) 资料收集与预测。

①机场位置及其周围城镇的情况：在 1∶50000 或者 1∶20000 的地形图上准确标出跑道位置和方向，调查机场周围各个村庄的户数、人数及学校、医院等噪声敏感单位的详细情况。

②近期及远期的机场总体规划设计图。

③飞机起飞、着陆飞行程序：包括起飞滑跑距离、爬升角、下滑角、接地点等。

④预测航班和机型组合规划。

⑤全面的风频率、平均气温、平均气压等资料。

⑥飞机噪声-距离特性曲线。

(2) 绘制等值线图。

①绘制等值线图的目的是预测飞机噪声在机场外部污染的具体范围，是飞机噪声环境影响评估中最重要的工作，图中应定出需要搬迁或进行隔声处理的房屋数量、做出机场附近土地使用的规划建议及提出防治措施等。

②要求将等值线图绘制在 1∶50000 或者 1∶20000 的地形图上，标出跑道位置、飞机噪声等值线(通常要绘制 WECPNL=70dB、75dB、80dB、85dB、90dB 的 5 条等值线)及飞机起降航线的主要部分。

③计算各敏感点噪声值。

④进行敏感点的布置和飞机噪声-距离特性曲线的计算和绘制。

⑤统计飞机噪声污染的面积及人口数。

(3) 评价结论。

评价结论是机场噪声预测工作最后的总结步骤，需要根据得出的计算结果和选定的机场噪声限值判断出噪声超标情况。

3. 机场噪声的预测模型

1) 机场噪声预测的一般模型

进行飞机噪声计算，应建立噪声预测的等值线图作为飞机噪声预测的依据，应对机场周围地区划分网格，令预测点按照方格网布置，网格划分的方法为：沿跑道方向每隔 300～400m 设一个点，垂直跑道方向每隔 100～300m 设一个点，靠近跑道的点距应小些，宜为 100m，如图 3-2 所示。首先计算每个节点与飞行轨迹的最短距离，然后根据给定的该飞机噪声数据进行插值计算，最后在插值计算得到的噪声暴露级或有效感觉噪声级的基础上叠加上实际飞行条件的修正，得到实际噪声暴露级或有效感觉噪声级。

对于每一次飞机飞行事件，任意位置点的噪声级计算结果都受到诸多因素的影响，这些因素包括飞机型号、发动机型号、发动机推力、飞机飞行中(起飞或着陆)各阶段的速度、地面位置点到飞机飞行航迹的最短距离，以及当地的地形和气候对声音衰减的影响等。因

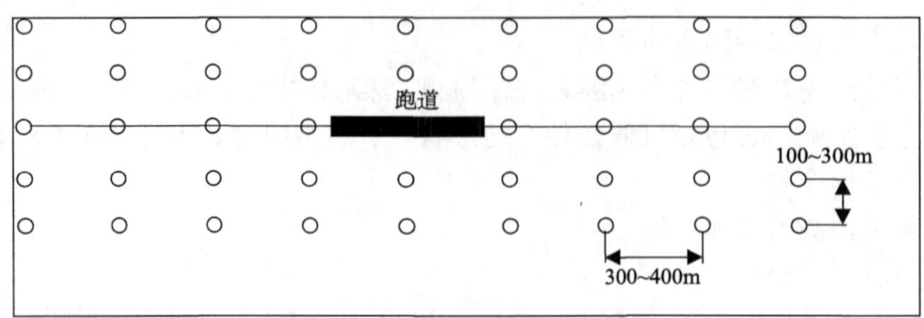

图 3-2　飞机噪声预测点布置图

此，噪声计算就是根据地面噪声计算位置点到飞机飞行航迹的最短距离，对该飞机既有基本声学数据进行插值计算得到该位置点的噪声级，并在此基础上叠加上以上各影响因素的修正值。依据 SAE-AIR-1845 和 ECAC.CEAC-Doc29 中计算噪声暴露级(SEL)的模型，结合国内用于机场噪声评价指标的计算公式，给出单架飞机的实际噪声暴露级或有效感觉噪声级的计算公式：

$$L_{\mathrm{SE}} = L_{\mathrm{SE}}(P,d) + \Delta v - \Lambda(\beta,l) + \Delta L + \Delta\phi \tag{3-19}$$

$$L_{\mathrm{EPN}} = L_{\mathrm{EPN}}(P,d) + \Delta v - \Lambda(\beta,l) + \Delta L + \Delta\phi \tag{3-20}$$

得到单架飞机的噪声暴露级后，计算昼夜平均声级(DNL)，进而计算计权等效连续感觉噪声级(WECPNL)。式中各参数见表 3-14。

表 3-14　机场噪声预测常用模型参数

参数	计算方法
$L_{\mathrm{SE}}(P,d)$、$L_{\mathrm{EPN}}(P,d)$	根据已知飞机噪声基本数据，对发动机的推力 P 和地面噪声计算位置点与飞行航迹的最短距离 d 进行差值获得的声级
Δv	速度修正因子，由于一般的基础噪声数据都是基于飞机时速为 160kn 得到的，如果实际的地面速度不是 160kn，则应该加入该速度修正因子。其值由下式计算： $\Delta v = 10\times\lg\left(\dfrac{160}{V_{\mathrm{tg}}}\right)$ 式中，V_{tg} 是飞机离地时的地面速度(kn)。
$\Lambda(\beta,l)$	侧向衰减因子，如果观测点不是位于飞机的地面轨迹上，施加此修正，式中，β 是观测点相对飞行轨迹的仰角；l 是观测点到飞机地面轨迹的垂直距离(m)。 喷气式飞机侧向衰减因子的计算公式如下。 (1) 飞机在地面上时，地对地衰减 $G(l)$ 为 $G(l)=\begin{cases}15.09\left[1-\mathrm{e}^{-0.00274l}\right] & (0\leqslant l\leqslant 914\mathrm{m})\\ 13.86 & (l>914\mathrm{m})\end{cases}$ (2) 飞机在空中，侧向距离>914m 时： $\Lambda(\beta)=\begin{cases}3.96-0.66\beta+9.9\mathrm{e}^{-0.13\beta} & (0\leqslant\beta\leqslant 60^{\circ})\\ 0 & (60<\beta\leqslant 90^{\circ})\end{cases}$ (3) 飞机在空中，侧向距离≤914m 时： $\Lambda(\beta,l)=G(l)\Lambda(\beta)/13.86$

续表

参数	计算方法
ΔL	针对在飞机起跑点后面的观测点施加的修正因子，与预测点和跑道的夹角有关。其值由下式计算，单位为 dB。 (1) 当 $90° \leqslant \theta \leqslant 148.4°$ 时： $\Delta L = 51.44 - 1.553\theta + 0.151473\theta^2 - 0.0000471173\theta^3$ (2) 当 $148.4° < \theta \leqslant 180°$ 时： $\Delta L = 339.18 - 2.5802\theta + 0.00455456\theta^2 - 0.0000044193\theta^3$
$\Delta\phi$	持续时间修正因子，如果实际航迹有转弯的情况，而对地面观测点在弯的里面或者外面的情况，进行有效持续时间对地面噪声暴露级(L_{SE} 或 L_{EPN})的修正。由于飞机拐弯时一般距地较高，此修正仅在转弯半径较小时才有效

2) 飞机起飞过程中不同阶段的噪声计算模型

通常，飞机起飞过程中产生的噪声远大于降落过程，并且进近着陆时的飞机噪声计算大致可以看作起飞的逆过程，计算原理也相同。下面就以飞机起飞程序为例，建立起飞各阶段的噪声计算公式。

(1) 飞机起飞过程的剖面描述。

飞机的起飞剖面是由一系列首尾相连的线段组成的，每条线段上飞机的速度、发动机推力都保持不变，根据 SAE-AIR-1845 中的介绍，飞机起飞剖面具体见图 3-3。

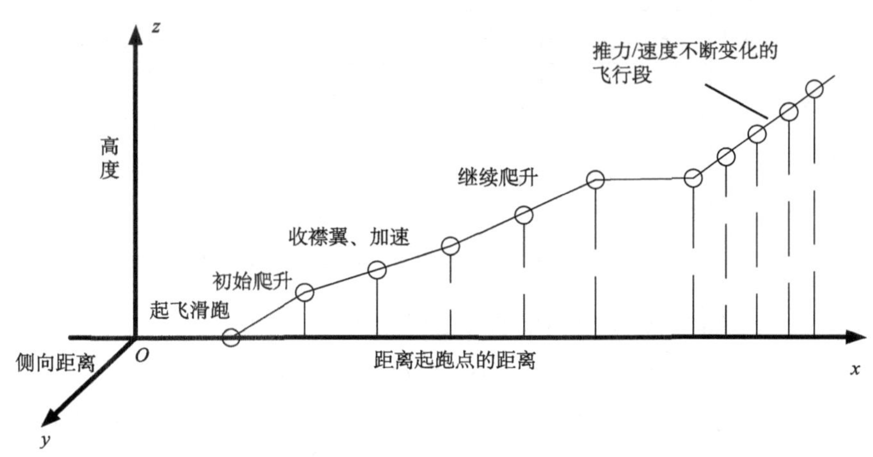

图 3-3　飞机起飞剖面示意图

(2) 飞机起跑点后侧位置的 L_{EPN} 计算模型。

飞机起跑点后侧位置的 L_{EPN} 计算示意图见图 3- 4。

图 3-4 中，$P_0(0,0)$ 为开始起跑点，$P'(x,y)$ 为计算位置点，(r,θ) 为计算位置点相对于 $P_0(0,0)$ 的极坐标参数。$P'(x,y)$ 处的有效感觉噪声级的计算模型为

$$L_{EPN}(P') = L_{EPN}(P,r) + \Delta v - \Lambda(0,r) + \Delta L \tag{3-21}$$

式中，P 是飞机起飞时的发动机推力；Δv、$\Lambda(0,r)$、ΔL 的计算参照表 3-14。

(3) 飞机起飞滑跑时的 L_{EPN} 计算模型。

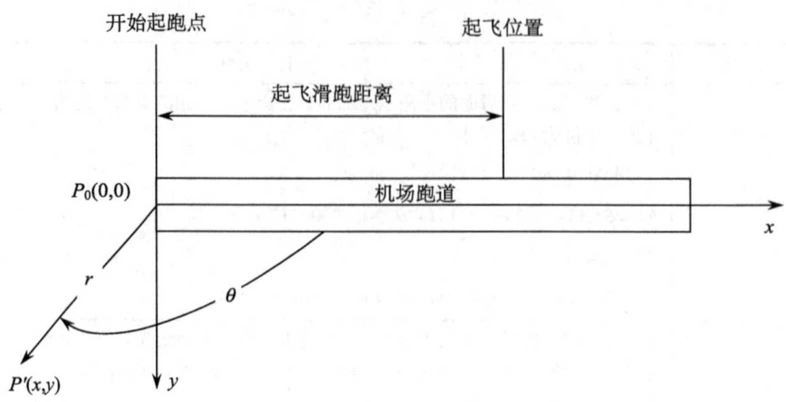

图 3-4 飞机起跑点后侧位置的 L_{EPN} 计算示意图

飞机起飞滑跑阶段是指飞机从开始滑跑到起飞脱离跑道为止，图 3-5 为此阶段内平行且邻近跑道的计算位置点的 L_{EPN} 计算示意图。

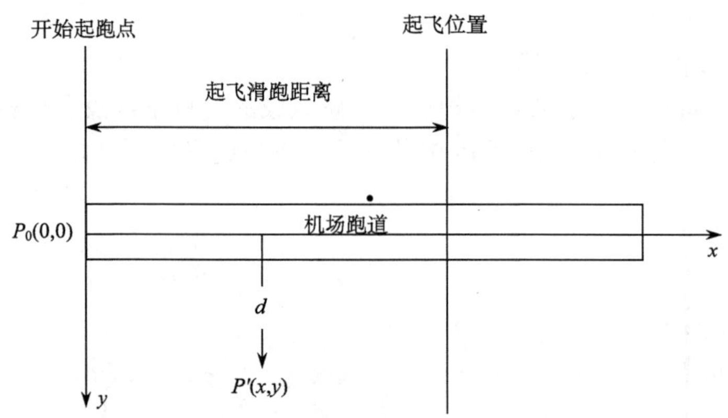

图 3-5 起飞滑跑阶段计算位置点的 L_{EPN} 计算示意图

此时，$P'(x,y)$ 处的有效感觉噪声级的计算模型为

$$L_{\mathrm{EPN}}(x,y)=L_{\mathrm{EPN}}(P,d)+\Delta v-\Lambda(0,d) \tag{3-22}$$

式中，P 是飞机起飞时的发动机推力；d 是计算位置点与飞行航迹的最短距离；Δv 是速度修正因子，假设飞机以恒定的加速度从最小地面速度 32kn 加速到离地速度，在这里：

$$V=\sqrt{32^2+(V_{\mathrm{tg}}^2-32^2)(x/S_g)} \tag{3-23}$$

式中，x 是飞机沿着跑道的距离；S_g 是飞机的起飞滑跑距离；V_{tg} 是飞机在离地时的地面速度。

(4) 恒速和恒定发动机推力爬升阶段的 L_{EPN} 计算模型。

当飞机以恒速和恒定发动机推力飞行时，这一部分内的计算位置点的 L_{EPN} 计算示意图见图 3-6。

此时，$P'(x,y)$ 处的有效感觉噪声级的计算模型为

$$L_{\mathrm{EPN}}(x,y)=L_{\mathrm{EPN}}(P,d_m)+\Delta v-\Lambda(\beta,y) \tag{3-24}$$

侧向距离为

$$d_m = \sqrt{y^2 + z^2 \cos^2 \gamma} \tag{3-25}$$

式中，γ 是飞机飞行航迹与水平面的夹角；z 是 $(x,0)$ 时飞机距离地面的高度。

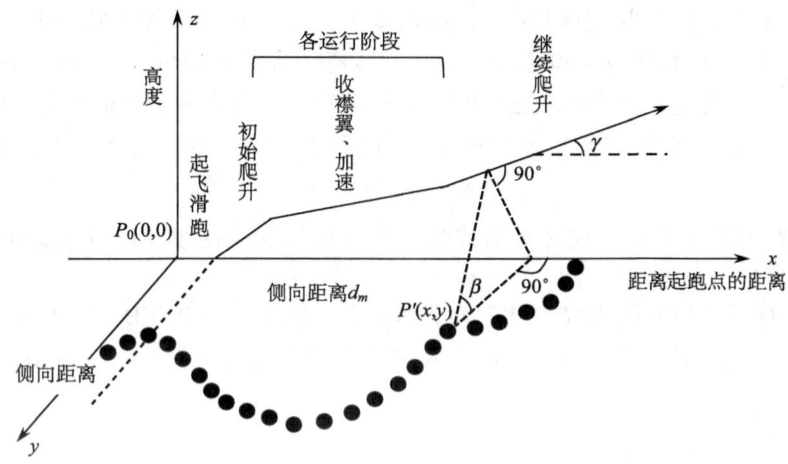

图 3-6　飞机爬升阶段计算位置点的 L_{EPN} 计算示意图

仰角为

$$\beta = \arccos(y / d_m) \tag{3-26}$$

对于任何一个推力值 P，以及任何一个距离值 d，根据图 3-7，都可以通过插值求得。

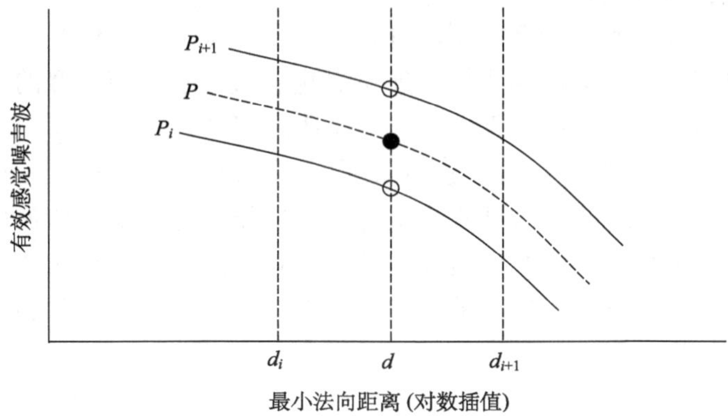

图 3-7　基础噪声数据插值图

插值公式如下：

$$L_{\text{EPN}}(P) = L_{\text{EPN}}(P_i) + [L_{\text{EPN}}(P_{i+1}) - L_{\text{EPN}}(P_i)][(P - P_i)/(P_{i+1} - P_i)] \tag{3-27}$$

$$L_{\text{EPN}}(d) = L_{\text{EPN}}(d_i) + [L_{\text{EPN}}(d_{i+1}) - L_{\text{EPN}}(d_i)][(\lg d - \lg d_i)/(\lg d_{i+1} - \lg d_i)] \tag{3-28}$$

需要说明的是，以上公式假设飞机的飞行航迹、发动机推力及速度都不会发生变化。实际计算时，需将飞行航迹分成更小的线段，这样可将每一段上的发动机推力近似看作恒定的。

(5) 飞机转弯对 L_{EPN} 计算的影响。

当飞机进近或离场航线中需要转弯时，由于弯的内侧声音暴露时间较长，因此弯内侧的噪声级将比弯外侧的大。对于一个速度为 160kn 的飞机，如果以 8°/s 的转弯率转弯，将会形成一个半径为 1600m 的转弯轨迹，且飞机转弯时的倾斜角度为 23°。大多数民用飞机转弯时的倾斜角度最好不要超过 20°，转弯角度不超过 180°。参照 SAE-AIR-1845，当转弯轨迹半径大于 2000m 且转弯角度小于 90°时，转弯带来的影响可以忽略；当轨迹半径小于 2000m 或者转弯角度超过 90°时，就必须考虑转弯修正。修正因子 $\Delta\phi$ 将适当增加弯内侧噪声计算点的噪声级，同时适当减少弯外侧噪声计算点的噪声级，具体修正公式如下：

$$\Delta\phi = 10 \times \lg(t' / t) \tag{3-29}$$

式中，t、t'分别为参考点在飞机飞行航迹为直线和曲线时的持续时间(L_{Amax} 往下 10dB 的时间范围)。

实际中，对于一般的民用喷气式飞机，$\Delta\phi$ 值一般不大于 0.5dB。鉴于国内使用的机型大都为喷气式客机，所以对国内机场进行噪声计算时，为简化起见，可将 $\Delta\phi$ 设成 0.5dB 内的某一个特定值。

3) 噪声计算模型的优缺点

(1) 噪声计算模型的优点。

①根据我国采取的机场噪声评价量——计权等效连续感觉噪声级(L_{WECPN})，对于单架飞机起飞过程中的噪声情况分飞行阶段给出了 L_{EPN} 噪声值的计算方法和公式。

②对于飞机噪声计算的影响因素考虑较为全面，兼顾到了飞机发动机推力、噪声-距离特性、速度修正、侧向衰减、转弯时持续时间修正等多种因素。

(2) 噪声计算模型的缺点。

①从计算过程来看，噪声计算模型的计算步骤虽然很详细，但是同时也很烦琐，对于一个机场，每天要起降数百架次的飞机，航班量也就决定了噪声计算的工作量，按照计算模型计算每架飞机的噪声状况再进行累加，工作比较繁重。

②在实际的航班运行中，飞机起飞、降落往往要经历复杂的航线，这会给机场噪声的计算带来很大的难度，于是为了方便噪声的计算，需要对计算噪声所使用的飞行程序和航线进行一定程度上的简化，大多数经过简化的飞行程序和航线都相对较为简单，但是在实际的起飞与降落过程中，飞行程序可能要复杂得多，这样计算结果和实际噪声影响的结果之间便会存在一定的误差。

4. INM 介绍

针对以上分析给出的机场噪声计算模型的优缺点，需要提出优化方案，充分利用计算模型的优点，避免其缺点对计算的影响，以期对噪声影响做出较为准确的计算和预测。较为理想的方案就是引入一个综合性较强的机场噪声预测模型。现阶段，由美国联邦航空管理局(FAA)开发的 INM(综合噪声模型)就能较好地满足机场噪声计算的需求。

INM 噪声预测软件考虑因素比较全面，具有输出噪声等值线的功能，是当今世界上使用较广的预测模型，也被认为是最具权威性的噪声预测软件。

根据用户提供的机场地理信息和航班计划信息，运用 INM 噪声预测软件可计算各种噪声评价量，绘制噪声等值线。

1）计算步骤

INM 噪声预测软件的计算原理是通过用户输入的信息，配合 INM 内部的机场特性曲线及噪声–距离特性曲线，根据用户计算需求，进行单个噪声事件计算或者多个噪声事件计算，最后得出各个点所需要的噪声数据值。INM 计算工作流程图如图 3-8 所示。

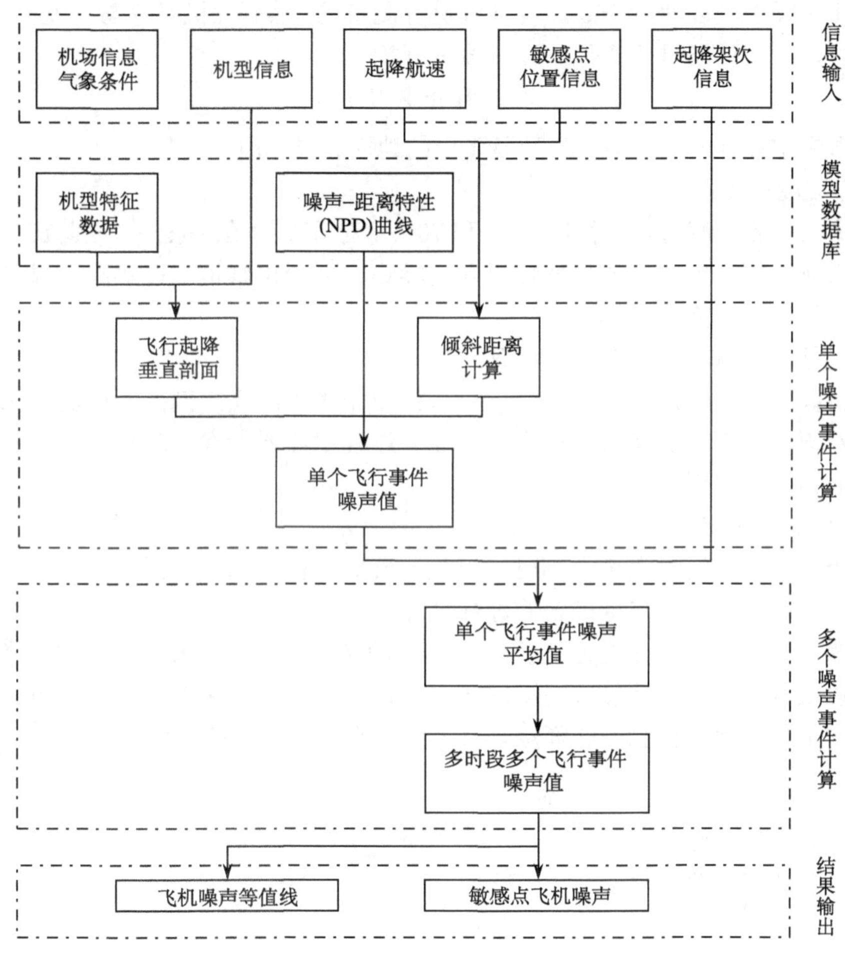

图 3-8　INM 计算工作流程图

2）噪声水平修正

鉴于飞机噪声资料是在一定的飞行速度和设定功率下获取的，实际预测情况和资料获取时的条件并不一致，使用时进行修正是必需的。INM 中内置了大部分常见民航飞行的 NPD 曲线，同时对推力、速度以及温度/湿度等进行了修正。

(1)推力修正。

飞机噪声级与其发动机的推力是具有相关性的，在 INM 中依据式(3-30)通过内插法计算在不同推力情况下飞机的噪声级：

$$L_F = L_{F_i} + (L_{F_{i+1}} - L_{F_i})(F - F_i) / (F_{i+1} - F_i) \tag{3-30}$$

式中，F_i、F_{i+1} 是测定飞机噪声时设定的推力(kN)；L_{F_i}、$L_{F_{i+1}}$ 是飞机设定推力为 F_i、F_{i+1} 时同一地点测得的声级(dB)；F 是介于 F_i、F_{i+1} 之间的推力(kN)；L_F 是内插得到的推力为 F 时同一地点的声级(dB)。

(2)速度修正。

标准的飞机噪声是以速度 160kn 为基础进行测量的，然而飞机噪声与速度的关系密切，在计算声级时，应根据飞机的实际飞行速度进行校正。

$$\Delta v = 10\lg(V_{\mathrm{r}}/V) \tag{3-31}$$

式中，V_{r} 是参考空速(kn)；V 是计算阶段飞机的地面速度(kn)。

(3)温度/湿度修正。

在计算大气吸收衰减时，往往以 15℃和 70%相对湿度为基础条件。因此在温度和湿度条件相差较大时，需考虑大气条件变化引起的噪声衰减变化修正。在实际计算时，可考虑使用机场年平均温度/湿度值进行修正。

3)单个飞行事件引起的地面噪声计算

在单个机型的飞机噪声特性确定后，可根据单个飞机的飞行剖面和倾斜距离，计算单个飞行事件对周围计算点的飞机噪声影响，在此过程中需要考虑发动机安装修正、侧向衰减以及噪声的指向性修正等。

(1)飞行剖面的确定。

在对单个飞行事件进行噪声预测时，首先应确定飞机的飞行剖面。飞行剖面需要根据不同飞机的飞行性能、起飞重量等条件进行设计。

INM 内置了各种机型在不同起飞重量情况下的飞行剖面，形成了不同的起飞模式，同时用户也可以根据飞机的实际飞行情况对其飞行剖面进行手动调整；由于飞机降落时的重量一般较为固定，因此某种机型的降落垂直剖面只有一种，如图 3-9 所示。

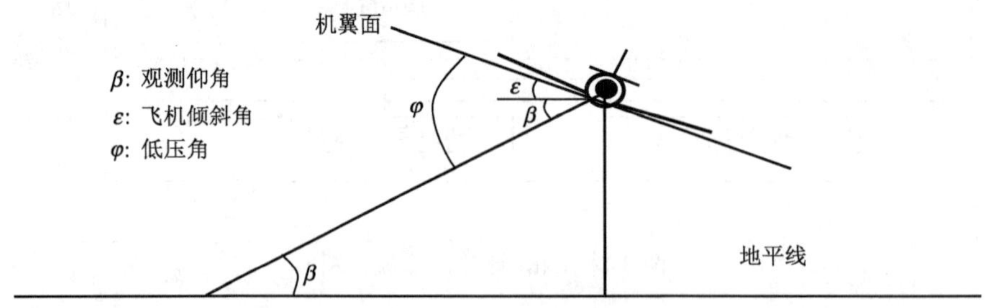

图 3-9　飞机与地平面的关系示意图

(2)倾斜距离的确定。

飞机噪声对预测点的噪声级会随着距离而衰减，飞机在飞行过程中与预测点的垂直距离会随着飞行垂直剖面的变化而变化，其变化情况可以由式(3-32)计算：

$$R = \sqrt{L^2 + (h \cdot \cos r)^2} \tag{3-32}$$

式中，R 是预测点到飞行航线的垂直距离(m)；L 是预测点到地面航迹的垂直距离(m)；h 是飞行高度(m)；r 是飞机的爬升角(°)。

(3) 发动机安装修正。

飞机是一个复杂的噪声源，不只是其发动机和机身噪声辐射比较复杂，而且其机体结构特别是发动机安装处，由发动机连续表面及其周围气动流场通过折射、反射和发散等物理过程所产生的噪声辐射也相当复杂，这就导致噪声向飞机轴线侧面的不同方向辐射。

发动机的布局对飞机噪声的影响可用发动机安装修正因子 $\Delta(\varphi)$ 进行修正，其表达式为

$$\Delta(\varphi)=10\lg[(a\cdot\cos^2\varphi+\sin^2\varphi)^b/(c\cdot\sin^2 2\varphi+\cos^2 2\varphi)] \tag{3-33}$$

式中，当发动机安装在机翼下方时，a=0.00384，b=0.0621，c=0.8786；当发动机安装在机身上时，a=0.1225，b=0.3290，c=1；对于使用螺旋桨发动机的飞机，其方向偏移量可以忽略，$\Delta(\varphi)=0$。

(4) 侧向衰减。

声波在传递过程中受到地面的影响会发生侧向衰减，衰减过程的距离参数是最小斜线距离。侧向衰减是一种反射效应，是由原始声波和表面的反射声波干涉造成的，它同样受到稳定和不稳定的声音折射带来的强烈影响，这种折射现象是由风和温度等造成的。

(5) 噪声的指向性修正。

涡轮喷气式飞机，尤其是安装低涵道比发动机的飞机，在飞机后部显现出一种叶状放射式的噪声样式，它是喷气式飞机的噪声特征。当喷气速度越高、飞机速度越慢时，这个特征表现得越明显。这种现象对位于飞机起跑点后方的观测点噪声有着较大的影响，如图 3-10 所示。可见，对位于飞机起跑点后的预测点受影响声级应进行指向性修正。

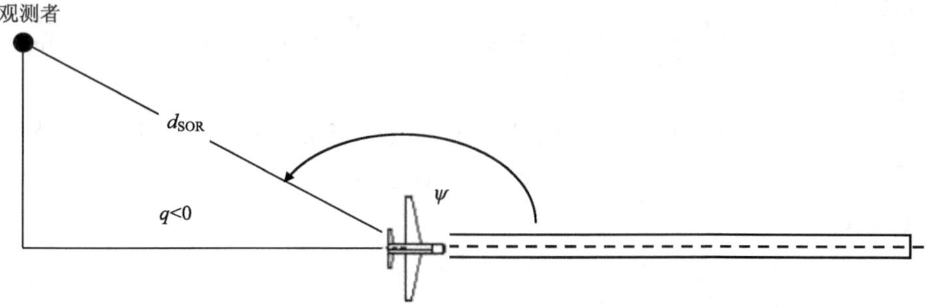

图 3-10　飞机噪声指向性修正角度示意图

4) 飞机噪声等值线图的绘制

在对单个飞行事件引起的飞机噪声进行计算的基础上，INM 进一步考虑飞行的航迹和架次，叠加每个架次的飞机噪声影响，得到研究区域年平均飞机噪声等值线图。等值线的范围与形状和飞机的飞行航迹密切相关，同时还需要考虑航迹的水平发散，最后使用网格进行计算。

(1) 飞行航迹的确定。

在 INM 中，飞行航迹是指飞机的飞行轨迹在地面上的投影。飞机噪声影响范围的计算需要飞机起降阶段的飞行航迹，若计算的机场尚未投入运营，可以使用相关设计资料中的数据描绘飞行航迹；若计算的机场已经投入运营，则可以使用机场运营期间的雷达图描绘飞机的实际飞行航迹。

(2) 水平发散的计算。

飞机的实际离场飞行轨迹因受到天气、导航精度以及飞行员驾驶习惯等因素的影响，往往无法与设计的飞行航迹完全重合。国际民航组织通报(ICAO Circular) 205-AN/86 (1988)中提出，在无实际测量数据时，飞机离场飞行航迹的水平发散可按如下情况考虑。

① 航线转弯角度小于45°时，有

$$S(x)=0.055x-0.150 \quad (5\text{km}<x<30\text{km}) \tag{3-34}$$

$$S(x)=1.5 \quad (x>30\text{km}) \tag{3-35}$$

② 航线转弯角度大于45°时，有

$$S(x)=0.128x-0.420 \quad (5\text{km}<x<15\text{km}) \tag{3-36}$$

$$S(x)=1.5 \quad (x>15\text{km}) \tag{3-37}$$

式中，$S(x)$是标准偏差(km)；x是从滑行起始点算的距离(km)。

在起飞点$S(x)=0$和5km之间可用线性内插决定$S(x)$。由于飞机在进近段需要提前调整飞行航迹，对准跑道中心线，因此飞机进场阶段在6km以内的水平发散可以忽略。

(3) 网格设定及等值线的绘制。

为了绘制机场周围区域飞机噪声的等值线，需要首先将研究区域划分为若干网格，在对每个网格点的飞机噪声级进行计算的基础上绘制等值线。使用INM计算出每个网格点的L_{WECPN}值，将噪声级相同的点连接成线，能够得到机场周围不同噪声级的等值线。

5) 计算所需参数

(1) 地理位置。

①位置信息。为了确定模拟机场各条跑道的位置，首先需要将机场中心点的坐标及标高输入INM中。

②机场周围环境数据。机场周围区域的相关数据需要根据相关资料进行制作，具体包括地形数据、环境背景噪声数据等，并导入INM软件。

(2) 气象数据。

温度、湿度、风速等气象条件的变化对飞机噪声-距离特性(NPD)曲线有一定的影响，INM考虑噪声的距离衰减，因此需要输入温度、湿度、平均风速等气象数据。

(3) 机型组成。

不同机型的飞机噪声-距离特性(NPD)曲线不同，因此在起降过程中产生的飞机噪声级有一定的差别，为了对机场飞机噪声进行精确的模拟计算，需要将机场中起降的机型组成和比例等情况输入INM。

(4) 跑道构型。

跑道构型是影响机场飞机噪声影响范围的主要因素之一，INM中需要精确地输入机场所有跑道的位置、长度、宽度、角度、端点位置、高程等。

(5) 预测情景。

在新建机场与改建机场建成投运前往往难以准确预测其建成后的实际飞行架次数，因此在设计文件中一般会针对各个阶段分别设计起降架次；此外，若机场分多期工程建设多条跑道，那么在不同的目标年也会有不同的起降架次。

在上述情况下，为了对机场飞机噪声进行更加准确的计算，需要设置不同情景，考虑近期/远期、跑道条数、起降架次等因素，分别进行计算。

(6) 起降架次。

机场飞机的起降架次与机场飞机噪声的影响范围有着直接的联系，INM 中可根据实际飞行情况和计算的需求，采用多种方式设置飞机起降架次。INM 对飞机噪声的计算结果为年均噪声值，但起降架次输入时需要输入日均起降架次。

(7) 飞行程序。

飞行程序主要包括跑道运行方向、飞机起降模式以及飞机起降航迹。

(8) 计算参数。

①网格参数。INM 对于区域飞机噪声的计算可同时针对网格点和敏感点进行，在计算之前需要对网格的大小和疏密程度进行设置。对于网格大小，INM 中需要输入网格起始点位置、网格长度和宽度等信息；等值线计算方法可以选择固定宽度网格计算或递归网格计算，二者相比，递归网格的计算时间要短于固定宽度网格，但为了得到更加平滑、精细的等值线，实际计算过程中往往需要使用宽度较小(30m 或 50m)的固定宽度网格对等值线进行计算。此外，INM 还可以对区域内任意点位的飞机噪声情况进行预测，在设置网格的同时，可以将这些点位的位置信息输入 INM，同时计算每个点位的噪声影响。

②运算参数。INM 一般选择单一度量(single-metric)计算方法，然后选择相关标准中采用的飞机噪声评价量，对于侧向衰减参数，一般考虑为全软质地面(all-soft-ground)。计算时间与最终需要计算的网格点数量有关。若网格点间隔较小、需要计算的范围较大，则需要计算大量的网格点噪声。

③输出参数。运算完成后，需要设置结果的输出方式。对于等值线的绘制，需要设置等值线的噪声单位、最小值、最大值以及等值间隔，一般按照相关评价标准中的不同等级设置最大值和最小值，间隔 5dB 即可。

5. 噪声预测实例

1) 某机场基本信息

某机场基本信息见表 3-15。

表 3-15 某机场基本信息

<table>
<tr><td rowspan="3">机场位置信息</td><td colspan="2">机场基准点</td><td colspan="2">海拔/m</td></tr>
<tr><td>经度/(°)</td><td>纬度/(°)</td><td colspan="2" rowspan="2">2.2</td></tr>
<tr><td>略</td><td>略</td></tr>
<tr><td rowspan="2">评价时期
气候条件</td><td>气温/℃</td><td>气压/mmHg</td><td>相对湿度/%</td><td>风速/(km/h)</td></tr>
<tr><td>12.6</td><td>762.55</td><td>70</td><td>14.8</td></tr>
<tr><td rowspan="8">跑道信息
及进场角</td><td colspan="2"></td><td>端点 1</td><td>端点 2</td></tr>
<tr><td colspan="2">x/km</td><td>−0.547232</td><td>0.547232</td></tr>
<tr><td colspan="2">y/km</td><td>1.503508</td><td>−1.503508</td></tr>
<tr><td colspan="2">海拔/m</td><td>2.2</td><td>2.2</td></tr>
<tr><td colspan="2">起跑点距端点距离/m</td><td>0</td><td>0</td></tr>
<tr><td colspan="2">进场点距端点距离/m</td><td>300</td><td>300</td></tr>
<tr><td colspan="2">跑道宽度/m</td><td>50</td><td>50</td></tr>
<tr><td colspan="2">进场角/(°)</td><td>3</td><td>3</td></tr>
</table>

2) 航班信息

(1) 航班量。

该机场日平均起降架次为 100 架次。

(2) 起降方向。

该机场目前分为 16 号跑道和 34 号跑道。由东南向西北的 34 号跑道是主降方向，从西北向东南的 16 号跑道为次降方向，起降方向的利用比例如表 3-16 所示。

表 3-16 起降方向的利用比例

跑道号码	离场/%	进场/%
34 号	60	60
16 号	40	40

(3) 飞行程序。

飞行程序描述如表 3-17 所示。

表 3-17 飞行程序描述

编号	类别	程序描述
D_1	起飞 1	从 34 号跑道端点起跑，7.5km 后右转 180°，转弯半径为 3.0km，然后直线飞行
D_2	起飞 2	从 34 号跑道端点起跑，7.5km 后左转 120°，转弯半径为 3.0km，然后直线飞行
D_3	起飞 3	从 16 号跑道端点起跑，7.5km 后右转 180°，转弯半径为 3.0km，然后直线飞行
D_4	起飞 4	从 16 号跑道端点起跑，7.5km 后左转 180°，转弯半径为 3.0km，然后直线飞行
A_1	降落 1	经过 8.0km 的直线进近，从 34 号跑道端点降落
A_2	降落 2	经过 8.0km 的直线进近，从 16 号跑道端点降落

(4) 机型组合。

该机场的机型组合如表 3-18 所示。

表 3-18 机型组合

机型	代表机型	比例/%
C 类	B737	90
D 类	B747	10

(5) 机场各机型的运行时间分布。

各机型在该机场的运行时间如表 3-19 所示。

表 3-19 各机型运行时间表

机型	各时段起降架次				合计
	飞行程序	7:00～19:00	19:00～22:00	22:00～7:00	
B737	D_1	9	3	2	14
	D_2	9	3	1	13

续表

机型	各时段起降架次				合计
	飞行程序	7:00～19:00	19:00～22:00	22:00～7:00	
B737	D_3	6	2	1	9
	D_4	6	2	1	9
	A_1	20	4	3	27
	A_2	14	2	2	18
B747	D_1	1	1	0	2
	D_2	1	0	0	1
	D_3	0	0	0	0
	D_4	1	1	0	2
	A_1	2	1	0	3
	A_2	1	1	0	2
总计	起降架次	70	20	10	100
	比例/%	70	20	10	100

3) 机场周围噪声敏感点位置

选取机场周围部分噪声敏感点(村庄、学校等)作为评价对象，其位置信息如表 3-20 所示。

表 3-20　机场周围噪声敏感点及其位置

编号	类别	相对机场基准点的方位	距机场基准点的距离/km	地理坐标	
				经度/(°)	纬度/(°)
FIX_1	学校 1	北偏西 30°	6.0	117.310839	39.173744
FIX_2	村庄 1	北偏西 10°	6.1	117.333296	39.181054
FIX_3	村庄 2	正北	3.2	117.345556	39.155768
FIX_4	村庄 3	正东	2.5	117.374467	39.126944
FIX_5	学校 2	南偏东 40°	4.1	117.376021	39.098649
FIX_6	村庄 4	南偏东 15°	5.5	117.362007	39.079089
FIX_7	学校 3	正南	1.2	117.340811	39.116787
FIX_8	村庄 5	南偏西 30°	4.0	117.322437	39.095739

4) 结果输出

将上述机场基础数据、航班信息、噪声敏感点位置输入 INM，并选用 L_{WECPN} 作为噪声评价量，经计算可得下述结果。

(1) 该机场周边各噪声级的影响区域面积如表 3-21 所示。

表 3-21　L_{WECPN} 影响区域面积

L_{WECPN}/dB	＞60	＞65	＞70	＞75	＞80	＞85
影响区域面积/km^2	43.582	21.390	9.590	3.702	1.500	0.695

(2) 噪声敏感点的 L_{WECPN} 预测值如表 3-22 所示。将表 3-22 和表 3-11 进行对照，可见该机场周围的噪声敏感点(包括村庄、学校等)的噪声级(WECPNL)，在假设计算条件下，均在标准规定的范围以内(不超标)。

表 3-22　噪声敏感点的 L_{WECPN}

名称	FIX_1	FIX_2	FIX_3	FIX_4	FIX_5	FIX_6	FIX_7	FIX_8
L_{WECPN}/dB	60.1	59.9	62.3	51.8	56.7	65.4	66.2	47.9

3.4　机场噪声污染的控制措施

由于前述的飞机噪声带来的各种影响，机场噪声需要得到重视和有效的控制。机场噪声控制除需要采用很多技术手段和非技术手段以外，也需要社会各方面的配合，是一个复杂的系统工程。我国机场噪声控制相关的研究由于受到经济条件的制约起步较晚，加上我国人口密度大的特点，要防治解决好机场噪声问题，还需要做大量的工作。

3.4.1　机场噪声污染状况

我国机场噪声影响程度分类及其内涵如表 3-23 所示。表 3-24 列出了 1999 年和 2007 年两次机场噪声影响程度普查的情况对比结果。可以看出，我国噪声影响严重和较严重的机场数量和占比均有所增加，华中、华东、中南地区数量较多，东北、西北、西南地区相对较少。直辖市、省会机场，除拉萨贡嘎机场外，都有不同程度的噪声问题。

表 3-23　影响程度分类

影响程度	特征
严重	机场航班量大、增长快，多次扩建。周边人口较密集。周边公众反应强烈，有组织地采取干扰机场运行等举动，强烈要求机场采取降噪措施或进行搬迁、赔付
较严重	机场航班量较大、增长较快，经过扩建或新建。周边公众有一定反应，找过机场或当地政府要求解决，个别机场遭到过运营干扰
一般	机场航班量一般，增长不明显，一般为历史较长的中小型机场。机场周边公众有所反应，但较温和
无或轻微	机场航班量较小。机场周边公众偶尔有零星反应或没反应，无任何其他行动

表 3-24　1999 年和 2007 年我国机场噪声影响程度普查情况对比

影响程度	1999 年调查		2007 年调查		两次调查比较	
	机场数量	占比	机场数量	占比	数量增加	占比增加
严重	1	0.83%	4	2.70%	3	1.87%
较严重	17	14.05%	24	16.22%	7	2.17%
一般	18	14.88%	27	18.24%	9	3.36%
无或轻微	85	70.24%	93	62.84%	8	–7.40%
合计	121	100%	148	100%	27	

3.4.2　机场噪声控制要求

机场噪声污染是一个极其复杂的社会问题，涉及公众、地方政府、民航管理部门、运营部门等不同责任/利益主体，需要考虑政策、法规、标准、技术、经济和社会发展等多方面因素，需要各相关部门共同负起责任、协调解决。

3.4.3　机场噪声污染的防治措施

1. 机场选址及设计

1) 机场选址

在选址阶段和预可行性研究阶段分别进行环境影响分析与评估可以充分发挥环境影响评估对机场选址优化的作用，控制噪声影响。在选址阶段引入环境影响分析，避免因选址不当造成的噪声影响。在选址阶段，由于设计深度不足，无法对机场建设的环境影响进行完整评价和预测，但对噪声影响程度和范围的预判可以基于总结已有的环境影响评估报告预测值进行。可以根据现有各类型机场的建设经验总结出不同类型、不同航空参数的机场噪声影响程度和范围，尤其是多年从事机场建设项目环境影响评估的单位，完全有能力和经验预判不同分贝的噪声影响程度和范围。

在预可行性研究阶段引入环境影响评估，可减少因设计不当导致的噪声污染。在编制预可行性研究报告时，环境影响评估单位应就噪声影响、规划控制、公众参与等重点需要关注的环境问题提出初步建议和措施，应尽量优化跑道构型和飞行程序以减少和控制机场噪声对环境和居民的影响。

2) 机场设计

在进行机场总体设计时，应根据机场远期发展机场噪声预测等值线图，尽量把各个建筑物设置在符合其噪声环境要求的地方。对噪声敏感的生活区和办公区等建筑物应尽量远离跑道、滑行道和机坪。如果在跑道中线延长线上有范围不大的敏感区，可考虑改变跑道方向或移动跑道位置。

对于具体建设项目来说，应严格控制机场周围的新建建筑物，机场周边建筑物应当符合城市规划的功能要求，使得机场和周围城镇建设能够长期协调发展。机场噪声影响范围内土地使用情况可参考表 3-25。

表 3-25　机场噪声影响范围内土地使用情况参考表

L_{WECPN}/dB	土地使用分级	土地使用分类					
		居住	文教、卫生	服务业、商业	工业	文体活动	资源生产
0～70	1	别墅区、高级宾馆	学校、医院、疗养院	各种服务业和商业用地	各种工业用地	露天剧场、野营地等各种露天活动用地	各种资源生产用地
70～75	2	住宅区、宾馆	学校*、医院*	政府部门、银行、各种办公楼	仪表、钟表	剧院、体育馆	各种资源生产用地

续表

L_{WECPN}/dB	土地使用分级	土地使用分类					
		居住	文教、卫生	服务业、商业	工业	文体活动	资源生产
75～80	3	住宅*、宾馆*		政府部门*、零食商店、各种办公楼*、饮食店	仪表*、钟表*	运动场、赛马场	各种资源生产用地
80～85	4			汽车站、火车站、码头、集市广场、批发商店	食品、印刷、化学塑料、建材、纺织	运动场、公园	各种资源生产用地
>85	5			仓库、停车场	冶金*、水泥*、木材*	赛车场	林业、农业、渔业、采矿业用地

*代表要做适当的降噪处理。

尽量把对噪声不敏感的仓库、车库等建筑物设置在邻近飞行区的前排，以便利用对噪声不敏感的建筑物作屏障，减少飞机噪声对办公楼和宿舍等的影响。与城市建设部门密切配合，按照机场环境影响评估报告书中提出的对机场附近土地使用的规划建议，严格控制机场周围新建各种建筑物。

对机场周边区域的合理设计是减少飞机噪声不良影响最经济、最有效的措施。长期以来，机场建设项目环境影响评估与城市建设规划“泾渭分明”，当地城市建设规划不考虑机场项目环境影响评估预测的噪声影响范围，也不考虑机场的建设和发展。近年来，环保部门加强了在机场环境影响评估审查过程中与规划部门的沟通，如邀请当地规划部门参加环境影响评估审查会，及时告知机场噪声影响范围，推动做好机场建设与周边规划布局的衔接，取得了良好的效果。例如，南宁吴圩镇在规划修编时考虑了南宁吴圩机场的噪声影响范围，部分调整了吴圩镇的规划。在北京大兴国际机场环境影响评估前期，环境影响评估单位重点对噪声影响进行了预测，并及时与廊坊市规划部门进行了调整。

为保证机场项目的噪声预测结果能切实推动城市建设规划的调整，环保部门和规划部门应研究制定机场项目环境影响评估与城市建设规划的联动机制，在环境影响评估审批前出具将机场噪声污染防治措施纳入当地土地利用和规划的承诺函，环保验收时要求在当地城市发展规划中切实体现环境影响评估中预测的噪声控制范围要求，控制在噪声超标区域建设噪声敏感目标，避免“住宅包围机场”。

2. 降低飞机噪声源

声学系统是由声源、传播途径和受声者三者组成的，相应地减少和控制噪声包括声源控制、传播途径降噪和受声者保护三个方面。显然，从源头上解决噪声问题是最有效的方法。

英美科学家提出了一种新的制造方案来减小飞机的噪声。首先，将飞机的发动机置于飞机机身的上部。然后，通过改造起落架来延长起落架下放的时间。最后，在飞机发动机上加装半径较大的风扇。

美国加州大学的航空专家也获得了一项称为“虚拟排气管”的技术专利。该方法是通过减少飞机空气动力噪声来实现降噪的。他们从飞机发动机上引出一股新的气流，气流方向与飞机排出的废气方向一致，包围在废气的外围。这样，废气与周围空气之间的速度差就会大大缩小，可大幅度降低噪声。

我国的飞机研制和制造业才刚刚起步，民航公司基本上还是靠购买国外制造商制造的飞机。因此为降低飞机噪声源，我们首先要购买国外那些先进、低噪声的飞机，其次要不断提高我国研制和制造低噪声飞机的水平，最后可以对一些仍在服役的、噪声大的旧飞机的发动机采取消声措施。

3. 合理确定飞机起降架次与时刻

飞机起降架次越多，噪声影响就越大。虽然减少飞机起降架次有困难，但可以适当地调整飞机起降时刻。在机场噪声综合评价指标中，如 DNL(昼夜平均声级)、CNR(复合噪声评价级)和 NNI(噪声和次数指数)，都对夜间噪声给予了 10～15 倍的加权，以强调其烦人程度。因此有必要对夜间飞机起降架次进行适当控制。

世界上许多机场(如苏黎世机场和悉尼机场)都实行夜间宵禁制度。有些机场是夜间完全禁止飞机起降，跑道关闭；有些机场则夜间允许噪声低的螺旋桨飞机起降，而部分机场对一些符合噪声标准的飞机给予夜间起降。

4. 合理设置飞行航迹

飞行航迹是飞机起降过程中飞行的路线，飞行航迹周围区域会受到噪声影响，且离飞行航迹越近的区域受到的噪声影响越严重。因此，通过合理地安排飞行航迹可以使居民区和一些噪声敏感点避开飞行航迹周围噪声影响最严重的区域，从而减少飞机噪声对这些关键区域的噪声影响，可通过改变飞行航迹绕避噪声敏感区。

噪声敏感区在跑道中线延长线上距跑道较近时，可规定噪声敏感区的跑道一端平时不飞行，只在另一端起飞着陆，或规定该端平时只许着陆不许起飞；当噪声敏感区在跑道一侧附近时，可规定飞机起飞着陆只沿另一侧飞行。

飞机在起飞和降落的过程中对航迹周边噪声敏感区影响明显，因此改变起飞和降落的飞行航迹能有效降低噪声敏感区受到的噪声影响。如图 3-11 所示，在飞越城市上空前提前转向，绕避城市；如图 3-12 所示，在跑道远离城市的一端起飞和降落；如图 3-13 所示，以大的转向角度绕避城市。

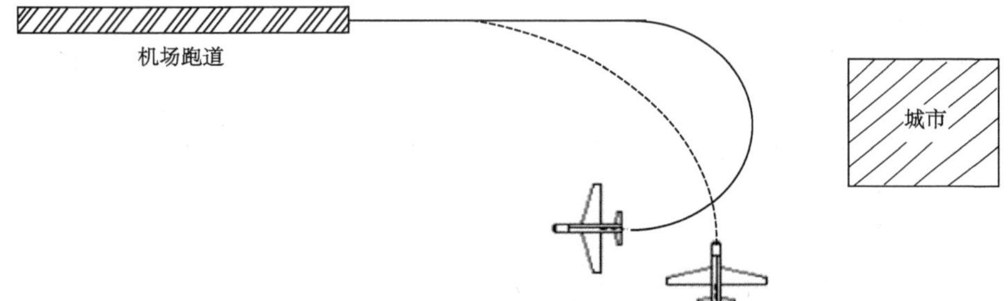

图 3-11　在飞越城市上空前提前转向

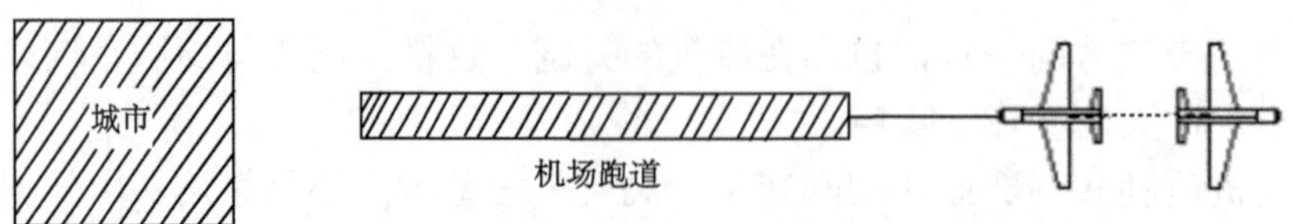

图 3-12　在跑道远离城市的一端起飞和降落

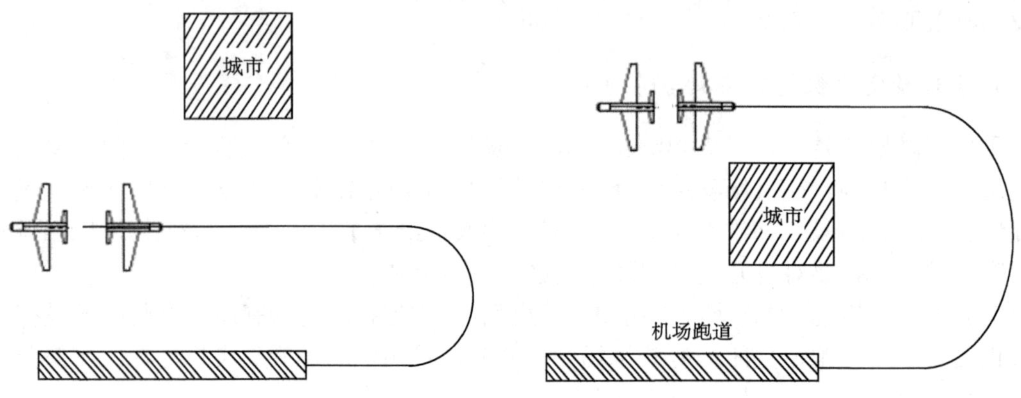

图 3-13　以大的转向角度绕避城市

5. 使用消声飞行程序

目前所使用的消声飞行程序主要有以下几种：

(1) 交替使用各条跑道起降飞机，避免集中干扰一个地区；

(2) 在起飞后和着陆前飞机进行转弯，避开居民密集区；

(3) 使用多级进近飞行，尽可能晚一些降低高度；

(4) 起飞后快速爬升高度；

(5) 隔离机场飞机维修实验场；

(6) 不允许噪声超标的飞机起降。

消声飞行程序是飞机制造商、航空公司、驾驶员、机场当局和缔约国等的专家考虑了安全、运行、工作量等因素和消声效果的努力成果。一般认为，飞机起飞时的噪声影响比着陆时要大。用于减轻跑道末端噪声影响的起飞消声飞行程序如下：

(1) 飞机离地并爬升至 240m 以上；

(2) 减油门，但至少要保持在有一台发动机不工作情况下的最后起飞爬升梯度；

(3) 按规定收襟翼或缝翼；

(4) 高于机场地面 900m 后，增速至航路爬升速度，过渡到正常航路爬升程序。

6. 设置隔声措施

由于飞机维护、发动机试车、飞机起降滑跑等工作一般在地面进行，这个过程中产生的飞机噪声对机场邻近地区影响比较大，可以考虑设置隔音墙等隔声措施来限制机场噪声的传播，达到减小机场及邻近区域的机场噪声影响的目的。

根据《关于机场周围区域噪声环境标准有关条目解释的复函》(环函[2004]163 号) 和各

国对机场噪声控制的意见，可按表 3-26 对机场周围的建筑物采取相应的飞机噪声控制措施。WECPNL 在 70dB 以下时，任何建筑均可建设；70～75dB 范围内的土地用途和居住用房是共容的，但必须采取隔声措施，建筑物的插入损失应达到 20dB；大于 75dB 的区域，土地用途和居住用房已不共容，一般不应建设居住建筑，如果为已有建筑，应采取隔声措施，插入损失应达到 25dB、30dB、35dB。

由于插入损失大于 35dB 的隔声窗，目前存在实施的困难，因此建议大于 85dB 的居住用房和大于 80dB 的学校应予以拆迁，居住用房 75～85dB(学校 75～80dB)之间的过渡地区可采用隔声措施。

表 3-26　机场周围土地利用规划和相应飞机噪声隔声措施建议(单位：dB)

	WECPNL		>90	85～90	80～85	75～80	70～75	<70
土地使用	居住用房	原有	N	N[1]	N[1]	N[1]	Y[2]	Y
		新建	N	N	N	N[1]	Y[2]	Y
	学校、医院、幼儿园	原有	N	N	30	25	20	Y
		新建	N	N	N	25	20	Y
	政府机关	原有	N	30	25	Y	Y	Y
		新建	N	30	25	Y	Y	Y
	商业		30	25	Y	Y	Y	Y
	制造业		30	25	Y	Y	Y	Y
	牧畜牧养及繁殖		N	30	25	Y	Y	Y

注：N——否，土地用途和有关建筑物不共容，应予以限制；

Y——是，土地用途和有关建筑物共容，可不予限制；

1——如果必须作居住用地，应使建筑物对飞机噪声的插入损失达到 35dB、30dB、25dB；

2——建筑物对飞机噪声的插入损失达到 20dB，共容；

20、25 或 30——土地使用和有关建筑物通常共容，但建筑物对飞机噪声的插入损失应达到 20dB、25dB 或 30dB。

通过植物的遮挡也可以减轻噪声的影响。根据相关资料，每 10m 绿色植物带能够衰减噪声1.0～2.0dB。植物遮挡的降噪效果与所种植的植物种类有关。北方植物多为针叶林和落叶林，其降噪效果不明显，且对于飞机离开地面一定高度时产生的噪声，植被几乎起不到遮挡和降噪作用，但是树林等绿色植物能减轻人们对噪声的烦躁情绪，也有一定的美化景观环境的作用，可以作为降噪的辅助措施。

思　考　题

3-1　简述机场的特点。

3-2　机场噪声预测工作有哪些？

3-3　多事件累计声压级的评价指标有哪些？

3-4　机场建设初期以及机场建设完成后的飞机噪声控制措施分别有哪些？

3-5　查阅相关资料，简述我国与发达国家在机场噪声控制方面存在的差距。

第 4 章　机场大气污染及治理

我国民航业的快速发展势必造成机场废气的大量排放，机场大气污染物排放及其对空气质量的影响评估和治理越来越受到重视。本章将从机场大气污染、废气排放监测方法、飞机发动机污染物排放量、飞机排放污染物扩散分析、机场大气环境影响评价五个方面进行详细介绍。

4.1　机场大气污染

4.1.1　机场大气污染来源及防治方法

大气污染是由于人类或自然活动引起某些有害物质进入大气，达到一定浓度，危害人体或环境的现象。机场的大气污染物主要有一氧化碳、碳氢化合物、氮氧化物、二氧化硫和微粒物质。这些物质的产生与机场的建设和日常运营有关，具体包括飞机的运行(飞机发动机排放污染物)，油料溢漏，各种地面服务车辆、进出机场汽车的开动，锅炉、垃圾焚烧炉的燃烧，空调制冷，建筑施工等。

1. 飞机发动机排放污染物

飞机发动机的排放污染物要含有一氧化碳、二氧化碳、碳氢化合物、氮氧化物等气体和碳粒、灰分等粒子物质。另外，排放污染物中还可能含有强刺激性的有机酸以及碳和硫的化合物。飞机发动机污染物的排放量与发动机的类型、运行状态、运行时间、所用燃料等因素有关。减少飞机发动机排放污染物对大气的污染，关键在于飞机燃烧系统的改进和燃油品质的提高。

2. 油料溢漏

如果飞机和各种地面服务车辆使用的油料在装卸、输送、储存和加注时发生溢漏，或飞机在某些情况下在机场排放燃油，都会造成油料蒸发，产生大量的碳氢化合物气体，从而污染机场的大气环境。因此，维护好机场油料设施，完善供油作业程序，加强飞机排放油料的管理，对保护大气环境也是非常重要的。

3. 各种地面服务车辆、进出机场汽车的开动

机场地面服务车辆和进出机场的大量汽车所用的燃油大多为汽油或柴油，其排气中含有一氧化碳、碳氢化合物、醛、有机铅化合物、无机铅、苯并芘等有害物。大型机场里，地面服务车辆种类、数量繁多，活动频繁，其日常工作会对机场飞行区、航站区的大气产生污染。减少机场地面服务车辆的数量和活动次数，通过环保技术措施使地面服务车辆排气达到一定标准，这些做法无疑都对保护大气环境有很大帮助。现在，有些机场采用“无

车辆站坪”，即通过设在机坪位的设备，实现加油车、加水车、电源车、气源车、空调车、污水车等地面服务车辆的功能。“无车辆站坪”的采用可从根本上解决地面服务车辆的大气污染问题。

在与外界进行客货交流的过程中，每天都有大量的汽车进出机场，这些车辆的尾气含有大量污染物。对于改善进出机场的大量汽车所造成的大气污染，一方面有赖于燃油品质的改进、汽车环保技术(机内净化、机外净化)的提高和对尾气排放标准的严格管理，另一方面则有赖于机场陆侧交通系统的合理规划。机场采用公交客运工具，如地铁、电气化铁路、轻轨、捷运车辆等，将明显减少进出机场的汽车数量。另外，保证机场路通行顺畅，无交通堵塞，使车辆在机场的逗留时间减少，也能在一定程度上缓解汽车尾气造成的大气污染。

4. 锅炉、垃圾焚烧炉的燃烧

机场为了供电、供热、供冷，一般都配有容量较大的锅炉房。为了处理垃圾，有的机场建有垃圾焚烧炉。锅炉尤其是燃煤锅炉和垃圾焚烧炉运行时，烟气中含有烟尘、二氧化硫、氮氧化物、一氧化碳、碳氢化合物等污染物。其中，烟尘分为飘尘、降尘两种。飘尘粒径小于 10μm，会长期地飘浮在空中，其中粒径小于 0.1μm 的飘尘根本不沉降，危害极大。二氧化硫是无色、有臭味的强刺激性气体，接触人体后会刺激黏膜，造成严重的呼吸道疾病。当空气中烟尘较多且温度较高时，二氧化硫会与烟尘结合在一起，与空气中的水蒸气混合后发生化学反应，形成所谓的“伦敦型烟雾”。二氧化硫的大量排放还可能造成大面积酸雨现象。酸雨具有较强的腐蚀性，可以破坏动植物生长，腐蚀建筑物和金属制品等。

为了减少锅炉、垃圾焚烧炉等对大气的污染，应针对不同的污染物采取不同的处理措施。由于我国煤炭资源普遍含硫较高，为了减少硫的氧化物的产生，可采取燃煤脱硫或烟气脱硫技术；为了减少烟尘排放，可采取各种高效除尘器；为了减少氮氧化物形成，可采用低温、低氧燃烧设备；为了减少一氧化碳、碳氢化合物生成，可采用高效燃烧技术，等等。

5.空调制冷

机场的航站楼、办公建筑的冷负荷量是非常大的。航空食品的加工、储藏，以及货运站冷藏室等也都需要制冷。目前，我国的制冷设备还大都使用氟利昂作为制冷剂。氟利昂是饱和烃类的卤族衍生物，大多是无毒的，但容易泄漏，且泄漏后不容易发现。现已证实，氟利昂对大气臭氧层有消耗作用。因此，机场制冷设备中氟利昂的使用也会对大气环境造成破坏。

6. 建筑施工

机场建设过程中会产生扬尘污染。扬尘污染主要来自土方挖掘、装卸和运输过程产生的扬尘，以及管网布设、路面开挖产生的扬尘；建筑材料的现场搬运及堆放产生的扬尘；施工垃圾的清理及堆放产生的扬尘；运输车辆行驶在现场道路上产生的扬尘等。扬尘量的大小与砂土的粒度、湿度成反比，与地面风速及地面扬尘启动风速的三次方成正比。因此，在大风、天气干燥的气象条件下，施工场地的扬尘可能会对邻近的周边区域产生较大影响。可以采取如下几种方式进行综合防治。

(1) 进行充分的施工组织的准备。工程实践表明，充分有序的施工组织可以对现场施工工作带来事半功倍的效果，对施工现场的环境保护工作也是如此。

(2) 对运输路线进行硬化，并安排人员和设备定期进行洒水压尘，对堆放于现场的土方及有可能产生扬尘的粉料堆场进行必要的覆盖或堆放于固定设施内。

(3) 对现场使用的水泥罐、搅拌站设置布袋除尘器和喷淋除尘器等除尘设施。

(4) 对运输车辆进行管理。运输车辆不得超载，运输散装建材的车辆装载的物料不得超过车帮并采取有效的遮蔽措施，出场前对车帮、车轮等进行冲刷，防止物料的遗洒和夹卷。

(5) 建筑物的外围立面采用密目安全网，从而降低楼层内的风速，阻挡灰尘进入现场周围的环境。

(6) 采用新工艺、新技术，缩短工期，达到保护环境的目的。

(7) 对现场使用的茶炉、大灶等安装消烟除尘装置或采用电、液化气等清洁能源。

(8) 运输车辆经尾气检测合格后方可上岗使用，加强对机械设备的保养管理，减少烟气中颗粒物的排放。

4.1.2　飞机发动机污染物的生成

航空燃气涡轮发动机是目前飞机发动机的主要形式，也是民航客机发动机一般采用的主流动力装置。按空气流经发动机组成部分的顺序，航空燃气涡轮发动机一般由进气道、压气机、燃烧室、燃气涡轮、尾喷管五部分组成，如图 4-1 所示。其中，压气机、燃烧室、燃气涡轮是发动机的核心组成部分，称为核心机。发动机的工作主要由核心机完成。

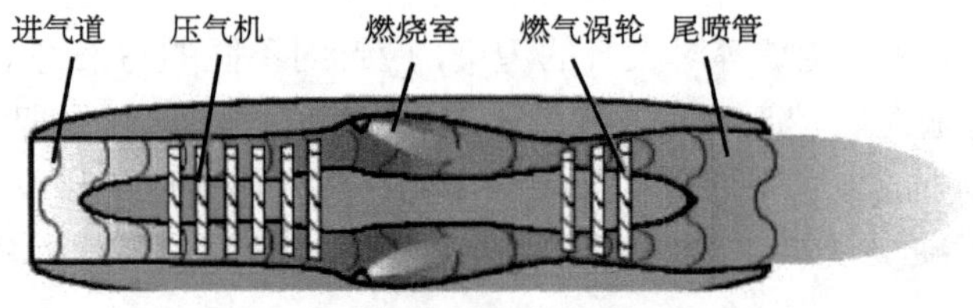

图 4-1　航空燃气涡轮发动机结构图

航空燃气涡轮发动机在燃烧室内，通过将燃料燃烧转变为燃气，产生推力，推动飞机飞行，同时产生排放产物。排放产物主要包括氧气、氮气、二氧化碳、水蒸气、硫氧化物、氮氧化物、未燃尽或部分燃烧的碳氢化合物、一氧化碳、微小碳烟颗粒以及其他微量化合物。可以将这些燃烧产物分为以下四类。

(1) 空气中没有参加燃烧的部分：氧气和氮气。

(2) 燃烧反应的副产品：氮氧化物。

(3) 理想燃烧过程的最终产品：二氧化碳、水及二氧化硫。

(4) 不完全燃烧的产物：碳氢化合物、一氧化碳和微小碳烟颗粒。

图 4-2 列举出了理想状态与实际燃烧状态下的主要燃烧产物，以及典型巡航状态下燃烧产物的大致比例。飞机发动机排气中公认对大气造成污染的物质有悬浮微粒、一氧化碳、碳氢化合物、氮氧化物、二氧化硫等。有一小部分的挥发性有机化合物和颗粒物被归类为有害性空气污染物。

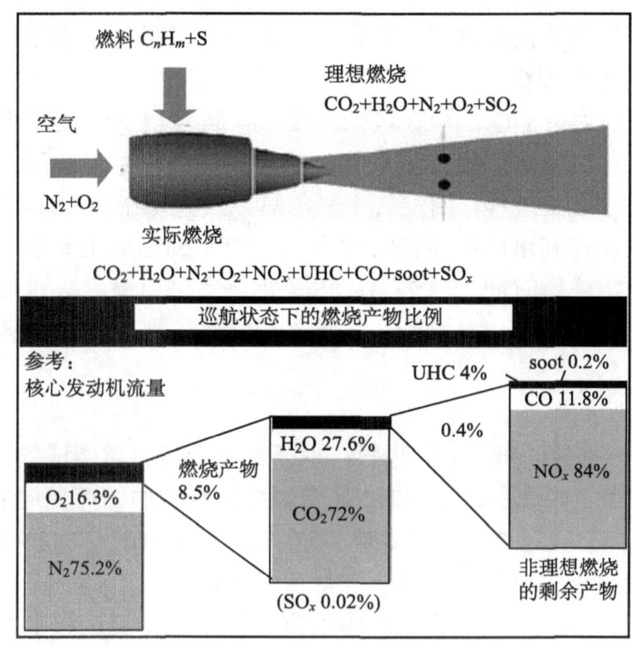

图 4-2　燃烧产物示意图

飞机发动机排放的污染物是飞机发动机燃烧过程的产物，其生成机理与燃烧过程密切相关。

1) 未燃碳氢燃料(UHC)

UHC 是典型的不完全燃烧的产物，由燃料中加热分解产生热退化反应的甲烷或乙炔等低分子物种组成。燃油中有一部分碳氢化合物只是蒸发，没有来得及参加燃烧反应就通过了燃烧室。因此，在燃烧室出口未燃碳氢燃料以油珠或油蒸汽形式出现。

2) 一氧化碳(CO)

CO 也是一种不完全燃烧产物，通常在燃烧室主燃区中大量形成，在中间区被氧化成 CO_2。在富油区，会因为氧的缺乏以至于无法形成 CO_2 而只生成 CO，在高温区，由于 CO_2 的热分解而形成大量 CO，然而这部分 CO 在下游冷却器富氧区燃烧尽，所以这样产生的 CO 意义不大。CO 的产生机理还是和 UHC 一样，在慢车和低推力下占绝对优势。

3) 氮氧化物(NO_x)

氮氧化物 NO 和 NO_2 比较特别，虽然它们是燃烧副产物，但是并没有参与实际的燃烧过程。氮氧化物的形成机理主要有以下四个方面。

(1) 热力型 NO_x：空气中的氮分子在高温下氧化生成 NO_x。

(2) 氮氧化机理(通过 N_2O 生成 NO)：这是一种燃烧机理，在 O 与 N_2 的反应过程中形成了 N_2O，再和其他物质，如 O、H、CO 反应生成 NO。

(3) 瞬发型 NO_x：在低温富油火焰下，NO 在火焰锋面区快速形成，相比较热力型 NO_x，其在燃烧过程中生成得较晚。碳氢化合物燃料高温裂解的 CH 或 C 与空气中的 N_2 反应生成 HCN，NO 在反应链的末端。

(4) 燃油 NO_x(燃料中氮的转化机理)：这部分来源于固化在燃料分子中的有机氮的转

化，产生的量取决于燃料中的氮含量。但由于飞机发动机燃料大都是航空煤油，燃料中含氮量低，这部分 NO_x 产生很少。

NO_x 排放主要是热力型 NO_x，而在较低温度下，瞬发型 NO_x 是主要来源。对于典型的发动机燃烧室，氮氧化物生成的最重要条件是相对高的火焰温度和压力，是在主燃区的高温火焰区域伴随着化学反应过程，由空气中氮与氧以及火焰中的 OH、H、O 之间的反应产生的，与气体反应物质在高温区的滞留时间有关。NO_x 的生成主要取决于发动机燃烧室主燃区内的混气当量比、停留时间、火焰温度以及燃烧室进口温度。通常在贫油区，NO_x 随当量比增加而增加，并随着进口温度和压力增加而增加，燃气在燃烧区内停留时间越长，NO_x 生成率也越大。

4）碳微粒

煤烟（soot）通常指排放的微粒。这些微粒主要是由含碳物质组成的，含碳物质不完全燃烧产生石墨碳和有机物。冒烟（smoke）指的是燃烧排放微粒中的可见尾羽部分，主要成分是含碳 97%～99%和含氢 1%～3%的固体微小粒子（尺寸在 0.01～0.069μm）。航空燃气涡轮发动机燃烧室中煤烟的形成及其氧化是非常复杂的过程。

煤烟主要产生在燃烧室的高温主燃区中的富油区，在掺混区和中间高温区被氧化。其生成主要与燃料性质、燃烧室压力、温度、油气比、燃油雾化质量和燃油喷嘴等有关。燃烧室压力增加，排气冒烟增加。燃烧室出口温度提高，排气冒烟减少。

4.1.3　飞机发动机排放污染物的危害

飞机发动机排放出大量的空气污染物。这些化学物质危害人们的健康，影响生活的环境。有害空气污染物包括被美国环保署（EPA）列为标准污染物的一氧化碳、氮氧化物、臭氧、颗粒物以及碳氢化合物的挥发物。

1）一氧化碳（CO）

CO 与血红蛋白结合引起人体组织缺氧，造成中毒。对健康人，可能会严重降低身体的生理功能，对慢性心脏病病人，会危及生命。大气中 CO 的存在会长达几周，这是一个相对长的生命周期，能够局部影响氢氧基浓度，结果导致臭氧浓度和甲烷浓度的改变。

2）氮氧化物（NO_x）

氮氧化物是高温燃烧下产生的副产品，主要是 NO 和 NO_2，NO 为无色无臭的气体，它与血红蛋白的结合能力比 CO 还强，容易造成人体缺氧。氮氧化物主要损害呼吸道，短时间（少于 4h）处于高浓度 NO_2 污染环境中会引发呼吸问题，导致儿童呼吸系统的发病率上升，降低呼吸系统免疫能力，引起传染病感染概率上升。患有哮喘疾病的人对 NO_2 尤其敏感。而长期处于低浓度 NO_2 污染环境中，会导致机体免疫功能下降，引起肺部组织结构上的病变。一般认为，飞机发动机排放物对人类环境的破坏主要来自排放物中的氮氧化物（NO_x）成分。

飞机发动机内燃油在高温下燃烧排出 NO 和 NO_2。在大气中阳光的作用下，它们和烃类化合物进行光化学反应，生成臭氧，形成光化学烟雾，同时间接增加了辐射强度。NO_x 还可以生成酸，酸会破坏陆地和水的生态系统，还促使空气中颗粒物的形成。空气中，大约 5%的 NO_x 会形成硝酸盐颗粒。另外，NO_2 本身是棕红色气体，也会降低排放烟雾的能见度。

3) 臭氧(O_3)

臭氧不属于飞机发动机直接排出的物质组分，但飞机发动机排出的 CO、CO_2 以及 VOCs(volatile organic compounds)等都会生成臭氧。短期(1～2h)处于臭氧浓度 0.12ppm 环境下，为中度或重度情形；持续 6～8h 处于臭氧浓度 0.08ppm 为中度情形，通常人们更多地处于中度情形。

短期处于高浓度臭氧环境中会造成急性肺功能障碍、呼吸系统障碍，同时增加呼吸疾病的传染率，引发肺炎等急症。长期处于臭氧环境中，会引发慢性肺炎，伤害肺部组织，加速肺功能的下降。敏感性人群，如经常在户外的儿童和工人或某些有哮喘慢性肺病的人，会比平常人出现更明显的征兆，产生更多功能性的障碍。

4) 颗粒物(PM)

颗粒物(PM)是大量化学物理性质多样、以离散微粒形式(包括液滴和固体)存在、尺寸范围很宽的一类物质的总称。PM 大量产生于自然、人为静止源和移动源。PM 是直接排放的，也可以是 NO_x、VOCs 和 SO_x 等气体排放混合物转化形成的。PM 的化学物理性质随时间、地点、气象状态以及源的类别而变化很大，因而它对健康影响的评价也十分复杂。大气环境科学常用 PM_{10} 来度量颗粒物。PM_{10} 是指空气动力学直径小于或等于 10μm 的微粒。航空燃气涡轮发动机排放的颗粒物几乎所有直径都小于 2.5μm，即 $PM_{2.5}$。

颗粒物的环境影响主要集中在两个方面：能见度和污染。在大城市的大雾天气里，颗粒物对能见度的影响是立竿见影的。美国环保署已经确定碳氢化合物、氨可以间接产生细颗粒物。直接排放或者间接生成的颗粒物都会造成能见度的降低。能见度的降低会导致安全问题，例如，飞机工作区域能见度的降低会增加飞机着陆事故和飞机相撞的发生率。

飞机排放的水蒸气具有直接的温室效应，但是它会因下落而很快消失，影响较小。然而在高空排放的水蒸气经常会导致凝结尾迹的形成，这会使地表温度上升，并且这种凝结尾迹可以发展成为卷云，具有明显的升温作用。煤烟颗粒因吸收热量，对温度的升高也具有一定的影响。要准确地设计航空减排方案，首先必须测算各种气体或颗粒物影响的严重程度。欧盟的研究表明，针对每一种气体或颗粒物设计减排方案是行不通的，特别是水蒸气、烟雾颗粒根本无法计算，只能在二氧化碳和其他气体之间测算平衡比率。1999 年联合国政府间气候变化专门委员会(Intergovernmental Panel on Climate Change，IPCC)估计航空对气候的总体影响是二氧化碳排放量的 2～4 倍。欧盟最近的一项研究用“全球温度指数(GTI)”代表上述平衡比率，该研究表明全球温度指数大约为 2，在 1.5～3.0 内。也就是说，二氧化碳排放总量乘以 2，即为飞机对气候的全部影响。

5) VOCs

VOCs 是碳氢化合物的挥发物。在一定条件下，它会在阳光下和周围空气中的 NO 反应生成臭氧。

人类长期暴露在与航空有关的 VOCs 空气污染物中，会引发癌症或非癌症类疾病。美国环保署经过对某些相关职业人员的长期观察，并结合实验室动物试验，对此进行了详尽、周密的研究与总结。与此相关的癌症类型主要是淋巴癌、白血病以及呼吸道癌症。已被 EPA 归类为致癌物质的有苯、乙醛、甲醛以及多环芳烃。

非癌症类疾病包括呼吸系统上皮细胞的病变、神经学上的影响、发育毒性、生殖毒性。对神经会产生多种影响的有苯乙烯、甲苯、二甲苯。乙苯和二甲苯与发育畸形有关。人类短期暴露在某些 VOCs 污染物的高浓度环境下，如丙烯醛和甲醛，会引起眼睛和呼吸道的过敏；又如甲苯和二甲苯，会引起头疼、恶心和头昏眼花。VOCs 产生的环境影响取决于它们的化学性质和空气中量的多少。

VOCs 首要产生的环境影响是形成臭氧，从而间接造成环境的改变。VOCs 还能形成颗粒物，其形成方式包括热排放物的冷却直接生成以及间接的化学反应。含有氯的 VOCs 会导致平流层臭氧的损耗。

4.1.4 飞机发动机的排放特性

通常用排放指数(emission index，EI)来表征飞机发动机排出尾气组分的量。排放指数是每千克燃油燃烧后产生物质组分的克数，即

$$EI=\frac{G_g}{G_f} \tag{4-1}$$

式中，G_g 表示排出每一种气态污染物的质量(g)；G_f 表示燃油质量(kg)。

飞机发动机排放的每种污染物的浓度均取决于燃烧室的工作条件和使用的技术。现代民航发动机中，燃烧室居于压气机和燃气涡轮的中间位置。燃烧过程中，高压空气以高达 170m/s 的速度进入燃烧室。由于速度太高，不适于燃烧，高压高速空气必须在减速并提高静压后才进入燃烧室内和燃油混合。燃烧室的设计要求是允许燃油和空气有足够充分的混合时间和空间，在进入燃气涡轮之前充分燃烧。这样，燃烧室的设计至关重要，其控制着复杂的燃烧过程，决定了化学反应的完全程度，也决定了发动机排放物的种类和数量。发动机燃烧过程是决定污染物排放特性的根本条件。

飞机发动机的排放特性还与所用燃料有关。飞机发动机的燃气涡轮燃烧的燃油是由多种碳氢化合物组成的航空煤油。航空煤油是从原油中提炼出来的，由于原油来源和提炼过程不同，航空燃油会有差别，其物理体积和化学性质有详细的规格说明。虽然二氧化碳和水是排放中不受欢迎的排放物，但是只要推进力使用的是矿物燃料能源，二氧化碳和水的产生就不可避免，二氧化碳和水出现在飞机飞行的所有状态中。

在理想条件下，煤油类燃料的燃烧产生二氧化碳和水蒸气，其比例取决于燃料中的碳氢比以及热力学循环的效率。由于碳氢比基本上是常数(基本是 1/2，分子式 $C_{12}H_{23}$ 的近似平均)，所以燃烧 1kg 燃油直接产生约 3150g 二氧化碳和 1240g 水。排气中二氧化硫的含量只与燃油中的含硫量有关，航空煤油中硫的全球平均含量是 0.3g。所以，SO_2 的排放指数大约为 0.6g/kg。而排放物，如 NO_x、CO、HC 以及烟尘除受特定的发动机推力设置以及发动机附近入口条件的影响外，还受很多其他因素的制约。

在飞机发动机滑行慢车或地面低推力工作条件下，由于燃烧室入口压力、温度、油气比和燃油雾化程度都低，燃烧效率低，燃油燃烧不完全，这时，碳氢化合物和一氧化碳排放量达到最大。随着推力的上升和燃烧效率的提高，排放量急剧降低。

NO_x 的最高排放量出现在最大起飞推力状态，即飞机在起飞、爬升和巡航等发动机高推力状态下，燃烧室入口压力和温度都很高时，氮氧化物排放显著。发动机燃烧室反应区温度的降低能够减少 NO_x 的排放，然而，这样的条件会影响燃烧稳定性，增加 CO、UHC 的排放量。NO_x 的排放规律与 CO、UHC 相反，排放指数随着推力的上升而上升。对于所

有的喷气式发动机，CO 排放量在低推力时相对高，NO_x 排放量在高推力时相对高。NO_x 的生成与控制问题常常与 CO、碳氢化合物的生成与控制问题相矛盾。因此，控制气体排放存在两个问题：一是在滑行和地面工作条件的低推力下提高燃烧效率，降低 HC 和 CO 的排放；二是在起飞、爬升和巡航推力下降低 NO_x 的排放。

图 4-3 表示了 CO、NO_x 的排放指数随发动机推力比的变化关系。图 4-4 表示了随发动机推力比变化的 UHC 排放指数和燃油流量的变化趋势。如果综合考虑排放指数、燃油流量和每种工作模式所用的时间，则排放气相有害空气污染物最多的运行状态是慢车。

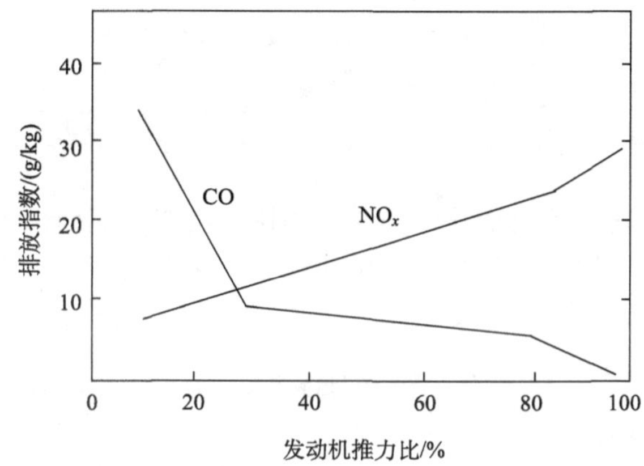

图 4-3　NO_x 和 CO 排放指数随发动机推力比的变化关系

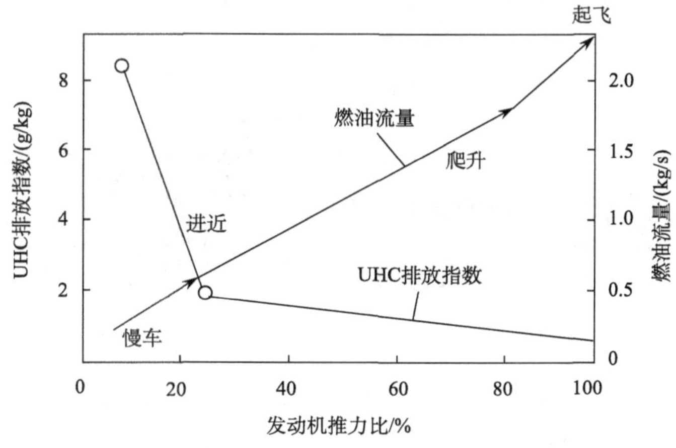

图 4-4　UHC 排放指数、燃油流量和发动机推力比的关系

航空发动机排放的颗粒物，根据不同的尺寸和组分可以分成一次颗粒物和二次颗粒物。一次颗粒物直接来源于燃烧、磨损以及腐蚀过程，而二次颗粒物是由 NO_x、SO_2、VOCs 等大气中的组分反应而来的。颗粒物也可以分为挥发性和非挥发性两种：非挥发性颗粒物不发生化学反应，而挥发性颗粒物是从气体转化得来的。飞机一次颗粒物几乎都是由 $PM_{2.5}$ 元素碳的非挥发性颗粒物以及硫酸盐和有机碳形成的挥发性颗粒物组成的。在发动机排放出口，可以直接测量的只有非挥发性一次颗粒物。因此从技术角度来说，挥发性颗粒物并不是一次颗粒物，但是 EPA 的排放清单中通常将其归类为一次颗粒物。

在最大起飞推力状态下，排气冒烟比慢车状态要严重，这主要与飞机起飞及爬升的发动机运行状态有关。排气冒烟是富油的主燃区生成多，而 NO_x 是贫油主燃区生成多，减少排气冒烟的措施会导致 NO_x 的增加。

飞机发动机排放的污染物除与飞机发动机的运行状态密切相关外，还与飞机发动机类型、实际运行条件(包括发动机速度、温度、油料、发动机老化程度、维修周期等)以及周围环境有紧密联系。NO 和 CO 的排放与燃烧过程及燃烧效率密切相关，其在很大程度上能反映出发动机的维修状态或老化程度，根据其排放特征还可推断出同种类型发动机的逐日变化。

4.1.5 废气排放的影响

1. 对大气的影响

飞机发动机的排放与其他燃烧化学类燃料的排放类似。然而，飞机发动机排放的特别之处在于它的排放高度，这些排放会引起全球气候变化以及产生对本地空气质量的影响，如图 4-5 所示。

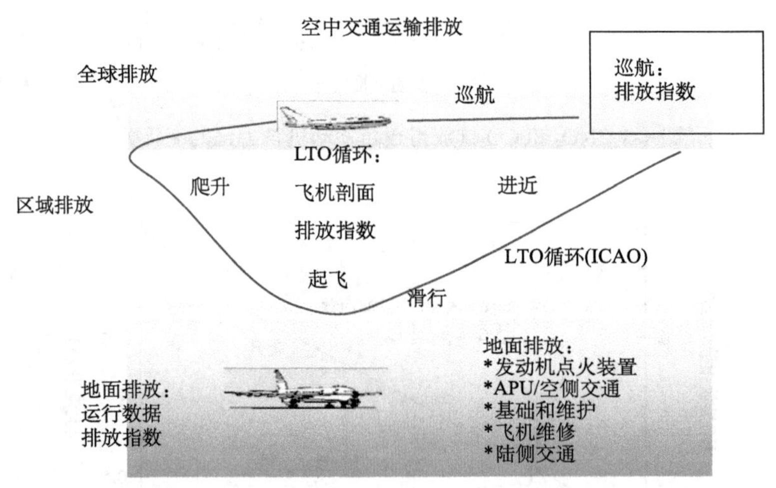

图 4-5 空中交通运输排放对大气环境的影响

从航空的角度，大气可以分成 3 个高度区域：边界层、对流层上部、平流层下部。

起飞和着陆阶段，飞机排放在边界层，在中纬度平均 1km 高度。在阳光作用下，排出的气体和其他空气成分反应生成臭氧和其他多种化合物，形成光化学烟雾。关于飞机在起飞和着陆阶段的排放，许多国家都制定了排放标准，如美国的清洁空气法令以及国际民航组织的发动机排放标准。目前，对巡航高度的排放没有规定。

飞机巡航飞行阶段，一般都在 8～13km 的对流层上部或平流层下部。在这一高度，飞机所排出的气体和颗粒物可以改变大气的构成，导致气候变化，改变大气、地球系统的能量平衡，而它排出的碳氢化合物所造成的温室效应更加明显。

事实上需要特别指出的是，来自飞机的 NO 排放是平流层下部和对流层上部的唯一直接来源，它是大气对流层出现光化学烟雾和臭氧的主要根源。因此，分析航空对气候的影响时，NO_x和 CO 同等重要。据估计，通过 20 年的生成臭氧的统计，NO_x产生的温室效应将是 CO_2的 150～160 倍。如果用综合温度反应来衡量，有迹象表明，与 NO_x相关的臭氧造成的升温在前 50 年更加重要，而从更长的时间来看，则是 CO_2的影响更为重要。因此，对于相对固定的 CO_2排放来说，减少 NO_x排放将有助于改善民航造成的短期温室效应。

IPCC 是关注全球气候变化的一个重要国际组织。应国际民航组织的要求 IPCC 出版了《航空与全球大气特别报告》，得出航空对大气的影响主要表现在以下几点。

(1) 飞机排放的气体和微粒改变了大气温室气体的浓度，促使凝结尾迹的形成，促进卷云的形成，所有这些都将促使气候改变。

(2) 民航排放的 CO_2大约占全球温室气体排放的 2%。

(3) 来自民航的 CO_2排放量每年以 3%～7%的比例在增长。

(4) 由于燃油效率的提高，来自民航的 CO_2排放量得到中期缓解。然而，这对民航 CO_2排放量的增长只能起到部分缓解的作用。

2. 大气污染的影响

飞机发动机排放的污染物对大气环境的影响加剧，一方面对人们的健康以及生活造成威胁，另一方面排放在空气中的污染物对气候、土地及水体都会产生负面影响。大气中含有的气溶胶物质通过影响大气辐射传输过程而使得地表能量处于非平衡状态，间接破坏气候的稳定性。

1) 大气污染对人体健康的影响

美国环保署曾选择了多个城市进行空气健康研究，分析人类死亡率与空气细微颗粒物浓度之间的联系，在合理的条件下验证了人类死亡率与空气细微颗粒物浓度之间呈线性相关的关系。细微颗粒物 $PM_{2.5}$是造成呼吸类疾病的患病率急剧增加的主要原因；硫氧化物、一氧化碳、氮氧化物等都会对人体产生毒化的效应；氮氧化物参与光化学反应形成光化学烟雾，通过影响人体细胞的新陈代谢加速人体衰老。

2) 大气污染对空气及气候的影响

飞机在起飞和着陆阶段排放的碳氢化合物、氮氧化物在紫外线作用下发生光化学反应形成了混合光化学烟雾。飞机在巡航阶段排放的气体污染物及颗粒物可能会由于改变了地球大气系统的能量平衡而导致全球气候变化。IPCC 曾发布了航空对大气环境的影响研究结果。结果表明，飞机发动机排放的气体及微粒由于改变了温室气体的浓度而促使地球表面温度升高以及高空中形成卷云；高空中排放的二氧化碳加剧了温室效应；氮氧化物削弱了臭氧层的能力；烟气及颗粒物等可反射太阳辐射，改变地球表面温度，从而影响了气候的变化。另外，污染物的排放扩散促使机场周边空气的能见度下降，机场飞机的正常起降需保证一定的能见度，因此低能见度的情况可能对飞机的安全运行造成威胁。

3) 大气污染对自然资源的影响

排放到空气中的污染物对土地、水体都会产生影响。污染物经过长时间的自然干湿沉降、降水地面吸收，从而造成土壤及水体的污化，在此过程中，大气污染可能会降低植物生长速率，干扰植物的繁殖过程；另外，气体污染物形成的酸雨会破坏土壤肥力及水质，影响植被生长。

4.1.6 排放标准

民用商业飞机提供的发动机排放数据是按照国际民航组织的规定实施的。飞机制造商取得适航证的前提是对飞机进行排放测试，要求在海平面静态条件下测试飞机处于起飞、爬升、进近、滑行 4 种状态下排放 CO、HC、NO_x 及烟气的值，其推力设定值分别为 100%、85%、30%、7%，结果公布于国际民航组织的发动机排放数据库。

1. 国际民航组织排放标准

根据国际民航组织 1981 年颁布的航空发动机的排气标准，即国际民用航空公约附件 16——环境保护，该附件中的第Ⅱ卷(飞机发动机的排出物)测定了 CO、HC、NO_x 和烟气四种尾气污染物的排放标准。飞机污染物排放标准的制定应着重考虑到污染物对机场及其周围环境形成的负面影响，该标准的制定仅仅考虑了飞机发动机从进场航线的标准高度(3000ft，1ft=0.3048m)处开始进近、着陆、滑行直至起飞爬升到标准高度这段时间内的排放量，即标准起飞着陆过程中的排放量。

国际标准中发动机排气污染的参数可用 D_p / F_∞ (g/kN)来表示，即标准 LTO 循环阶段发动机排放污染物的量与额定输出的比值。其计算公式为

$$D_p / F_\infty = \sum W_{fj} \cdot \mathrm{EI}_j t_j / F_\infty \approx K C_s \mathrm{EI} \tag{4-2}$$

式中，EI 为排放指数，表示发动机的燃烧水平；C_s 为燃油油率，取决于发动机的循环效率；D_p 表示在基准的着陆和起飞排放循环中所排出的任何气态污染物的质量(g)；F_∞ 表示在国际标准大气(International Standard Atmosphere，ISA)海平面静态条件和发动机不用喷水的正常工作条件下由审定当局批准的可用于起飞时的最大功率或者推力(即额定输出)，单位为 kN。

1) 飞机发动机的标准 LTO 循环参数

机场飞机的运行状态主要包括起飞、爬升、进近、滑行，飞机发动机在标准 LTO 循环下的运行状态、推力设定值以及各运行状态下的具体工作时间见表 4-1。

表 4-1 标准 LTO 循环下各阶段的推力设定值及工作时间

运行状态	推力设定值	工作时间/min
起飞	100% F_∞	0.7
爬升	85% F_∞	2.2
进近	30% F_∞	4.0
滑行	7% F_∞	26.0

2) 国际排放标准

ICAO 下的航空环境保护委员会(CAEP)制定了 CAEP 排放标准，要求排放物的测定值是在 ISA、绝对湿度为 0.00629kg 水/kg 干空气时的取值。

(1) CAEP1 的标准中，飞机发动机污染物排放的规定值如下。

①烟气。

若飞机发动机的出厂日期在 1983 年 1 月 1 日之后，则在任意推力设定值的作用下规定发烟值为 $SN = 83.6(F_\infty)^{-0.274}$ 或 $\leqslant 50$，最终设定的标准值是以最小值为准的。

②气体污染物。

若飞机发动机的出厂日期在 1986 年 1 月 1 日之后且发动机的额定输出 F_∞ 大于 26.7kN，则各污染物的取值标准如下：

$$\text{HC:} \quad D_p / F_\infty = 19.6$$

$$\text{CO:} \quad D_p / F_\infty = 118$$

$$\text{NO}_x\text{:} \quad D_p / F_\infty = 40 + 2\pi_\infty$$

式中，π_∞ 为基准增压比，即在 ISA 海平面静态条件下发动机发出起飞推力定额时，压气机最后一级出口平面处的平均总压与进口平面处的平均总压之比。

(2) 在 CAEP2、CAEP4 的标准中，CO、HC 及烟气规定的标准值保持不变，而标准 LTO 循环下 NO_x 排放规定的标准值可表示如下。

①CAEP2 的标准中，若飞机发动机的出厂日期在 1995 年 12 月 31 日之后，有

$$\text{NO}_x\text{:} \quad D_p / F_\infty = 32 + 1.6\pi_\infty$$

②CAEP4 的标准中，若飞机发动机的出厂日期在 2003 年 12 月 31 日之后，且当发动机的基准增压比满足 $30 < \pi_\infty < 62.5$，起飞推力满足 $26.7\text{kN} < F_\infty \leqslant 89\text{kN}$ 时，有

$$\text{NO}_x\text{:} \quad D_p / F_\infty = 42.71 + 1.4286\pi_\infty - 0.4013F_\infty + 0.00642F_\infty$$

当起飞推力满足 $F_\infty > 89\text{kN}$ 时，有

$$\text{NO}_x\text{:} \quad D_p / F_\infty = -1.04 + 2\pi_\infty$$

2. 中国民航排放标准

根据中国民用航空总局 2002 年发布的民用航空总局令第 108 号《涡轮发动机飞机燃油排泄和排气排出物规定》，做亚声速飞行的所有涡轮发动机污染物的规定排放值如下。

(1) 要求烟气排放的最大限值需满足：

$$SN = 83.6(F_\infty)^{-0.274} \text{ 或} \leqslant 50$$

(2) 若飞机发动机的出厂日期在 2002 年 4 月 19 日之后且发动机的额定输出大于或者等于 26.7kN，则各气体污染物排放的最大限值标准如下：

$$\text{HC:} \quad D_p / F_\infty = 19.6$$

$$\text{CO:} \quad D_p / F_\infty = 118$$

$$\text{NO}_x\text{:} \quad D_p / F_\infty^* = 32 + 1.6\pi_\infty$$

式中，F_∞^* 表示在 ISA 海平面静态条件和发动机使用加力燃烧的条件下由审定当局批准的可用于起飞时的最大功率或者推力（即使用加力燃烧时的额定输出）。

4.2　废气排放监测方法

飞机发动机尾气的排放与燃烧过程密切相关，对尾气进行成分分析能确定燃烧效率；

同时，尾气的排放能在一定程度上反映出发动机的维修状态或发动机的老化程度，这对发动机故障诊断技术意义重大。在航空业飞速发展的当今社会，飞机发动机排放尾气对环境的影响是全球关注的课题，对尾气的监测可以测量并控制发动机的污染物排放水平。因此，对飞机发动机尾气进行监测非常重要。

4.2.1 飞机发动机排放的传统测量分析技术

飞机发动机燃气排放的传统测量分析技术是插入式采样分析技术，利用固定的测试系统，对排气污染物进行地面测量，如图 4-6 所示。样气通过输送管路输送给分析仪器。输送管路要尽量短，以缩短样气到达分析仪器的时间。样气取出后，首先要冷却到适当温度，然后保温，以防止较重烃类化合物凝结并附着在输送管路内壁上而改变样气的成分。

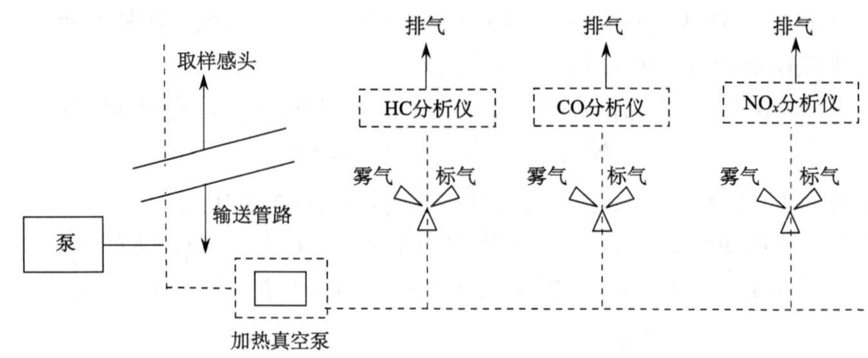

图 4-6 飞机发动机标准排放污染物分析测量系统图

常用的燃气成分分析仪器有气相色谱仪、气体红外线分析仪、氧分析仪、总烃测量仪、氮氧化物分析仪和烟碳测量仪等。气相色谱仪是燃气成分分析最常用、最主要的仪器。一台气相色谱仪可基本满足燃烧室中出口处各种燃气成分的测量。但是，气相色谱仪在正式投入分析运行之前，需要经过严格的标准样品标定、进样条件的制定和系统管路的密封检查等许多调试步骤。气体红外线分析仪通常能分析的气体成分有 CO、CO_2、CH_4、SO_2、NO 等。氧分析仪、总烃测量仪、氮氧化物分析仪是专门的气体测量仪器。烟碳测量仪测量的是排气冒烟。

传统的飞机发动机排放气体成分测试系统结构复杂；分析取样技术难度大；样气检测实时性差，分析结果受诸多因素影响，且只能在实验室进行。传统分析仪器中有的功能单一，不能对多种成分同时进行分析，也增加了分析成本。其中最常用的气相色谱仪尽管可以分析多种成分，但使用起来相对复杂。所用的气体采样系统要保证采出代表性的样本，必须根据专家的经验知识来设计不同的采样器，造价非常昂贵。测量浓度变化时需要发动机长时间运行，也导致测量成本居高不下。测量过程中排气回压的产生使得测量具有一定的危险性。

最关键的一点是采样技术不能用到飞行中，测试只能在实验室进行，对发动机测量不具有实时性，对飞行条件下的测试无能为力。为满足要求，必须使用快速、机动、低成本的测量方法来获取更多发动机排放组成的变化信息，实现动态实时的排放监测。

4.2.2　被动式遥感傅里叶变换红外光谱技术

1) 傅里叶变换红外光谱技术

傅里叶变换红外(Fourier transform infrared，FTIR)光谱技术是一种化学分析方法，可以测量化学成分的光谱信息。

遥感傅里叶变换红外光谱技术是近年来迅速发展起来的一门综合性探测技术。对气体的组分鉴定和定量测定，特别是对红外辐射光源的物理化学特性以及它们随时间变化特性的测定，是它最有潜力和有价值的研究领域之一。遥感傅里叶变换红外光谱系统是一台多功能的测量工具，它由望远镜系统、光谱仪、计算机数据采集和处理系统组成。

FTIR 光谱遥感测量大气中燃烧产物或工业排放气体的优点是：无须采样和样品前处理，可对待测气体的组成及其随时间的变化进行遥感监测。一般可以采取吸收光谱和发射光谱两种方法，在傅里叶变换红外光谱技术开发之前，由于仪器灵敏度等诸多原因，限制了红外发射光谱技术的应用，致使红外吸收光谱是应用的主要方法。

随着傅里叶变换红外光谱技术的发展，傅里叶变换红外发射光谱已经应用在多个领域。遥感傅里叶变换红外发射光谱技术可应用于飞机发动机排放气体组分分析与红外辐射测量方面，也可以测量各种燃烧条件下的排放气体组分。这种技术不需要光源和后向反射器，结构简单。

在红外分析技术的发展过程中，遥感傅里叶变换红外光谱测量分主动式和被动式两种。主动式多采用在待测气体的一端置一红外辐射光源，另一端为傅里叶变换红外光谱仪，由傅里叶变换红外光谱仪测量待测气体对红外辐射光源辐射的红外光的吸收光谱，来进行定性或定量分析。

被动式则由傅里叶变换红外光谱系统遥感测量待测气体自身辐射的红外光谱，来进行定性或定量分析。一般来说，主动式具有较高的灵敏度，受背景干扰比较小。被动式利用待测气体自身的发射或吸收，比较方便，便于测量。当两系统同时进行长时间测量时，获得的结果几乎相同。被动式依赖于待测气体与背景之间的温度差。

2) FTIR 被动式遥感测量应用的优点

FTIR 被动式遥感测量有扫描速度极快、分辨率高等优点。在缺乏背景信息的情况下，有对准任意方向收集数据的能力，不需采样和样品预处理，能够对目标进行全天候、连续、远距离实时监测，同时不存在传感器被污染的问题。测量结果能给出被测气体组分的所有相关信息，可同时对多组分进行快速分析。与主动式相比，被动式不需要额外的主动红外辐射光源，光谱仪直接接收进入它内部的红外辐射信号；测量时能随时改变探测地点，测量方便，且探测距离可达几公里。这样的探测方式对于飞机发动机排放尾气的监测具有重要的意义。

4.2.3　遥感测量原理及算法模型

在被动式遥感测量中，测量的是待测气体的发射光谱或发射率。发射率是指在一定温度下，待测辐射体的辐射通量密度与同样温度下的黑体辐射通量密度之比。由 Kirchhoff 定律可知：

$$\alpha = \varepsilon \tag{4-3}$$

式中，α 为吸收率；ε 为发射率。对于气体，其辐射亮度可以表示为

$$L = \varepsilon B = \alpha B = (1-\tau)B \tag{4-4}$$

式中，L 为待测气体的辐射亮度；B 为相同温度下黑体的辐射亮度；τ 为待测气体的透过率。

FTIR 被动式遥感测量基于背景与目标的温度差，只有背景与目标的温度差较大时，目标才会表现出较明显的发射或吸收特征，才便于对待测气体的定性、定量分析。图 4-7 是 FTIR 被动式遥感测量时的一个 3 层模型：大气层、目标层及背景层。要求目标充满望远镜视场，并假设各层之间是均匀的，这样仪器接收到的红外辐射信号包含了背景辐射、待测气体辐射以及光谱仪与待测气体之间的大气层辐射。这样，入射到光谱仪的光谱辐射亮度为

$$L_1 = (1-\tau_1)B_1 + \tau_1\left[(1-\tau_2)B_2 + \tau_2 L_3\right] \tag{4-5}$$

式中，τ_1、τ_2 为第 1、2 层的透过率；B_1、B_2 为第 1、2 层温度下的黑体辐射亮度；L_3 为背景的辐射亮度。模型忽略散射的影响，且一般采用近距离遥感测量，待测气体到光谱仪间大气的影响通常可忽略，即 $\tau_1 \approx 1$，得到

$$L_1 = (1-\tau_2)B_2 + \tau_2 L_3 \tag{4-6}$$

由此可以得出待测气体的透过率为

$$\tau_2 = (L_1 - B_2)/(L_3 - B_2) \tag{4-7}$$

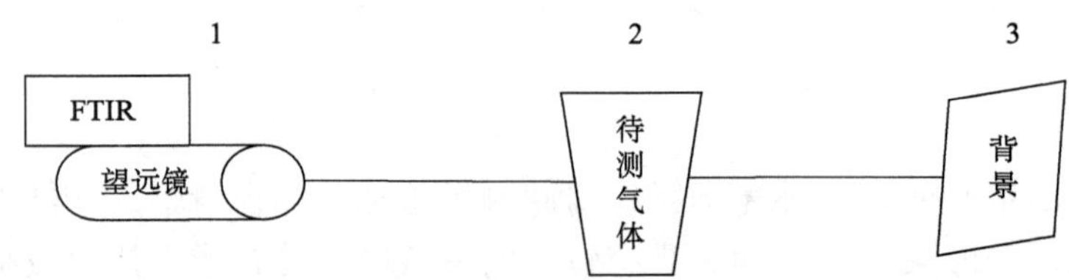

图 4-7　FTIR 被动式遥感测量原理

为获得红外辐射光源的绝对光谱能量分布，还必须对遥感 FTIR 光谱系统进行系统的校正，即测量系统的仪器响应函数(或称为仪器能量传递函数)，以获得红外辐射光源的绝对光谱能量。仪器响应函数的变化规律与绝对黑体的温度以及仪器接收到的信号大小直接相关，因此，校正时要密切注意待测气体的温度以及待测气体与背景光谱能量的大小。仪器响应函数的计算公式为

$$R(\nu,T) = (S'_{bb}(\nu,T) - S_b(\nu))/H(\nu,T) \tag{4-8}$$

式中，ν 为波数；T 为温度；$S'_{bb}(\nu,T)$ 为合体的单光束光谱；$S_b(\nu)$ 为合体的背景单光束光谱；$H(\nu,T)$ 为黑体的 Planck 函数。

用 FTIR 光谱仪所测得的目标单通道光谱除以仪器响应函数，即得到校正后的待测气体光谱辐射亮度分布。因此，在近距离遥感测量待测气体时，在背景基本没有变化的情况下，通过测量得到具有代表性的背景光谱以及待测气体的温度，从而得到待测气体的透过率，然后按照比尔定律计算气体的浓度，即

$$\tau(\nu,T) = \exp(-K_\lambda CL) \tag{4-9}$$

式中，λ为波长；K_λ、C 和 L 分别为气体在一定波长下的吸收系数、浓度和红外辐射光源的厚度。此时的气体浓度忽略了气体温度的影响。在实际测定中，考虑到待测燃烧源温度对浓度的影响，必须对气体浓度做如下校正：

$$C' = C(T_s / 273) \tag{4-10}$$

式中，C' 为考虑气体温度影响后待测气体的浓度；T_s 为待测气体的温度。

4.3　飞机发动机污染物排放量

飞机发动机污染物的排放量受多种因素的影响，通过综合分析污染物排放的影响因素，建立污染物排放量的计算模型，确定模型参数，计算出不同飞机在各运行状态下的排放清单，对比不同因素作用下排放量的差异，从而总结出减少污染物排放量的措施。

4.3.1　污染物排放评估模型

排放与扩散模型系统(emissions and dispersion modeling system，EDMS)是由美国联邦航空管理局联合美国空军(United States Air Force，USAF)共同研发的基于美国军用及民用机场的扩散评价系统，主要用于研究军用、民用机场及其周围的排放污染源对大气环境质量的影响，计算可得军用、民用机场排放清单以及污染物浓度值。

EDMS 自 1991 年开发后经过 8 次改进升级，从适用于飞机起飞羽流扩散的单纯形算法升级为适用于停车场及道路的污染物扩散分析算法，之后升级为图形输入微机模型(GIMM)，从而提升了软件的运行速度。为了更好地将 EDMS 应用于机场多污染源的大气质量研究，美国联邦航空管理局将环保署的 PAL2 和 CALINE3 算法纳入模型中来分析污染源扩散，在随后几年的不断升级中加入飞机性能基础数据，从而将 EDMS 发展为以大气模拟预测法规模式 AERMOD(AMS/EPA REGULATORY MODEL)为主体算法的排放扩散系统，后期慢慢增加了用于计算普通车辆排放污染物总量分析的 MOBILE 模型和 AERMAP 地形处理模型。现阶段 EDMS 可以同时应用于多机场、不同对象以及长时间段下的排放扩散分析。

EDMS 的基本构架如图 4-8 所示，表示该系统是不同组件之间综合作用的一个整体。EDMS 内部处理系统主要分为数据层及逻辑层，其中数据层包括机场、机队及性能、排放以及机场布局等多个数据；逻辑层的主体是飞机及非飞机的处理器，飞机的处理器分析飞机性能模型及飞机排放模型，逻辑层还包括气象模块及扩散模块。因此，EDMS 可以单独应用于计算排放量或者整体的扩散分析。因 EDMS 主要是基于美国机场的排放研究提出的，且本章以飞机发动机为主要对象，软件应用只涉及排放量计算的部分。

在绿色机场的发展过程中，为了整体评价飞机运行产生的影响，目前 FAA 将用于分析飞机噪声的 INM(integrated noise model)及分析排放量的 EDMS 合二为一，升级为航空环境设计工具(aviation environment design tool，AEDT)。

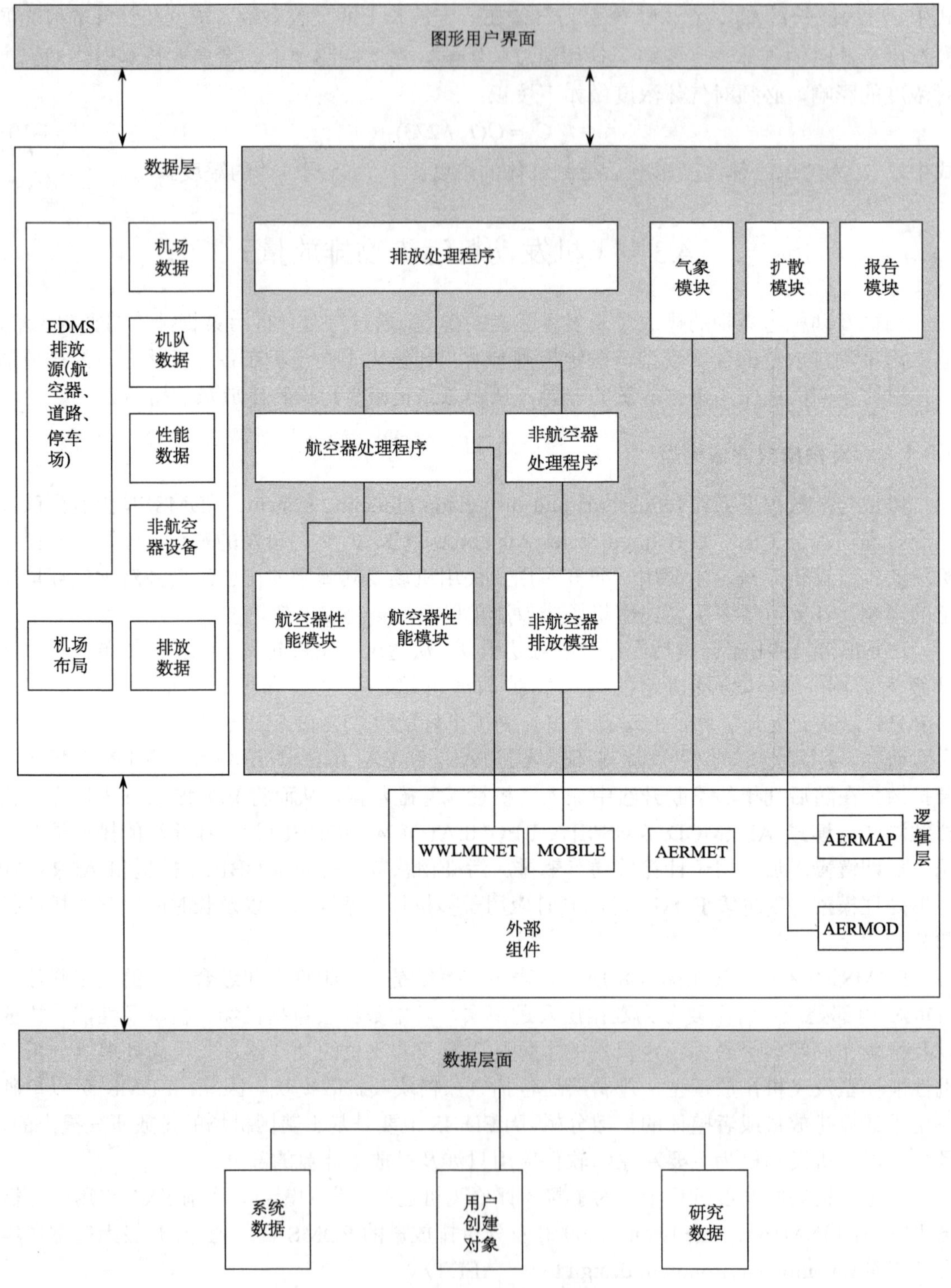

图 4-8　EDMS 的基本构架

4.3.2　飞机发动机排放污染物的影响因素

将飞机在机场的活动定义为标准起飞着陆(LTO)循环，根据国际民航组织(ICAO)的要求，将飞机整个运行过程中的着陆滑入及起飞前滑出统一设定为滑行状态，则标准 LTO 循环的顺序路线可简易视为进近、滑行、起飞和爬升的状态，图 4-9 为 ICAO 规定的标准 LTO 循环示意图。

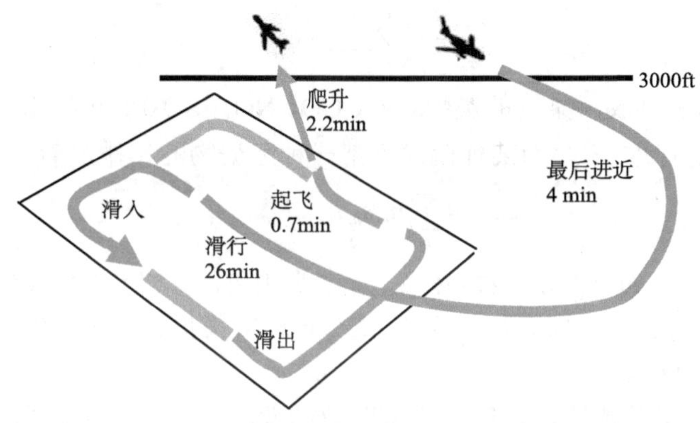

图 4-9　ICAO 规定的标准 LTO 循环示意图

飞机发动机排放污染物的测试设定在标准 LTO 循环下，即针对任意型号的发动机而言，任意运行状态下的发动机推力设定值都是相同的，在此条件下，影响飞机发动机排放总量的主要因素应为发动机类型、排放特性、工作时间。

1) 发动机类型

飞机发动机生成动力的同时排放污染气体，不同飞机的发动机类型可能不同，其中某种类型发动机测定排放量的多少直接由燃油燃烧效率及发动机自身的设计属性决定。为了验证相同条件下不同类型发动机的排放污染物类型及排放指数，ICAO 通过对不同类型的发动机进行测试建立了发动机排放数据库。

2) 排放特性

发动机排放的常规污染物主要包括一氧化碳(CO)、氮氧化物(NO_x)、碳氢化合物(HC)、二氧化硫(SO_2)及烟气等。影响污染物排放量的多个因素主要包括：不同运行状态下的排放指数测试值、燃油燃烧效率以及各运行状态下的工作时间。发动机在滑行阶段的碳氢化合物和一氧化碳排放指数高的原因是该状态下的飞机滑行速度小、运行效率低，且排放指数会随着推力增大而减少，因而分析机场飞机在滑行状态下的排放是研究污染物排放量的关键部分；另外，发动机在滑行阶段的氮氧化物排放指数低的原因是该状态下的飞机推力值小，燃烧效率低，且排放指数会随着推力增大而显著升高，表明飞机在起飞、爬升阶段的氮氧化物排放量较多。

3) 工作时间

不同模式下，飞机实际工作时间的取值大小依赖于飞机类型、飞机飞行性能、气象状况及相应机场的设计参数等。机场跑道设计参数、飞机飞行性能、运营时段地面的交通流量及机场设定的滑行路径等共同决定了飞机在机场滑行阶段需要的时间；同样地，起飞、爬升以及进近阶段需要的时间不仅受机场环境及飞机性能的影响，气象条件也会发挥较大的作用。

4.3.3 飞机发动机排放污染物的计算模型

1. 计算模型

假设国内某机场各污染物的年排放总量为$E_{总}$，则有

$$E_{总}=\sum_{x}\sum_{y}E_{x,y} \tag{4-11}$$

式中，x为飞机发动机排放污染物的类型(HC、CO、NO_x、SO_2)；y为飞机起降工作模式(起飞、爬升、进近、滑行)；$E_{x,y}$为某种模式下某一种污染物的年排放量：

$$E_{x,y}=\sum_{m}n_m s_m F_{m,y} E_{m,x,y} t_y \tag{4-12}$$

式中，m为飞机类型，如A320、B737；n_m为m类飞机的发动机数量(台)；s为标准LTO循环数；F为燃油消耗率(kg/s)；$E_{m,x,y}$为y模式下m类飞机x污染物的年排放量(g/kg)；t为特定模式的标准时间(s)。

不同机型的发动机数量不同，同一机型配置的发动机型号不同，为了保证计算的有效性，采用加权取平均值的方法求取燃油消耗率。

其中，某一机型的燃油消耗率为$F_{m,y}$，则有

$$F_{m,y}=\frac{1}{n_m}\sum_{z}L_z F_{z,x,y} \tag{4-13}$$

式中，n_m为m类飞机总的发动机数量(台)；z为发动机类型，如RB4056；L_z为安装有z类发动机的数量(个)；$F_{z,x,y}$为z类发动机的燃油消耗率(kg/s)，数据由发动机排放数据库测试值取定。

2. 确定计算参数

(1)统计机场现阶段所有飞机的类型、各机型在昼间/傍晚/夜间阶段的起降架次、日均起降架次及年总起降架次，同时获取未来年各类型飞机相应起降架次的预测值。

(2)查找各机型对应的所有发动机型号及相应数量，例如，Airbus A310-300通常配备有CF6-80C2A8及PW4156A两种发动机。

(3)根据发动机排放数据查找某发动机的燃油消耗率、各污染物在不同循环阶段下的排放指数，例如，Airbus A310-300的CF6-80C2A8发动机在滑行阶段的燃油消耗率为0.205kg/s，气体排放物HC、CO、NO_x的排放指数分别为1.755g/kg、20.81g/kg、4.740g/kg。

(4)确定飞机在机场的标准LTO循环数。

(5)选取各运行状态下推力设定值对应的各阶段工作时间，分别为起飞42s、爬升132s、进近240s和滑行1560s。

4.3.4　污染物排放量计算分析

1. 排放清单

以某机场为例进行计算，该机场 2012 年日均和年总起降架次见表 4-2，应用模型及软件可以进行现状评价。

表 4-2　机场飞机起降架次统计表

机型	2012 年各机型日均和年总起降架次	
	日均起降架次	年总起降架次
Airbus A300-600	2.5	912.5
Airbus A310-300	8.1	2956.5
Airbus A330-300	47.4	17301
Airbus A340-200	1.2	438
Airbus A340-600	1.1	401.5
Airbus A380-800	3.2	1168
Boeing B747-400	3.1	1131.5
Boeing B767-300	9.9	3613.5
Boeing B777-200	33	12045
Boeing B777-300	7.6	2774
Airbus A319-121	94	34310
Airbus A320-211	275.4	100521
Airbus A321-232	88.2	32193
Boeing B737-300	90.4	32996
Boeing B737-400	15.5	5657.5
Boeing B737-700	83.5	30477.5
Boeing B737-800	192.9	70408.5
Boeing B757-200	30.3	11059.5
Embraer E145	20.5	7482.5
合计	1007.8	367847

根据现有机型所对应的发动机型号建立相应的发动机燃油消耗率、HC、CO、NO_x 的排放数据统计表，为了保证计算结果的可靠性，若某种机型存在多种发动机型号，则应用加权取平均值的方法计算多种型号发动机在各阶段的标准排放指数，结果见表 4-3。通常假设发动机在燃烧过程中，燃油中含有的硫与氧气充分反应转化为二氧化硫，所以在计算中取 SO_2 排放指数为 1g/kg。

综合应用飞机发动机排放模型及软件进行分析，结合表 4-3 中的燃油消耗率及各污染物的排放指数等计算多因素共同作用下机场年排放各种污染物的总量，建立该机场飞机发动机排放的 HC、CO、NO_x、SO_2 污染物在各循环阶段不同运行状态下的年污染物排放清单、各个机型在不同循环阶段的年排放总量 Ⅰ 及各机型年排放总量 Ⅱ，结果见表 4-4。

表 4-3　机场飞机发动机排放指数表

机型	发动机型号	发动机数量	运行状态	燃油消耗率/(kg/s)	HC/(g/kg)	CO/(g/kg)	NO_x/(g/kg)
Airbus A300-600	CF6-80/ PW4158	2	起飞	2.313	0.190	0.700	30.000
			爬升	1.900	0.155	0.820	24.650
			进近	0.649	0.305	2.490	11.050
			滑行	0.181	4.035	24.595	4.100
Airbus A310-300	CF6-80C2A8/ PW4156A	2	起飞	2.398	0.055	0.245	27.325
			爬升	1.960	0.030	0.305	21.675
			进近	0.655	0.125	2.025	12.015
			滑行	0.205	1.755	20.81	4.740
Airbus A330-300	CF6-80E1	2	起飞	2.702	0.050	0.050	27.590
			爬升	2.199	0.040	0.040	21.440
			进近	0.714	0.110	1.920	12.610
			滑行	0.266	1.300	17.640	4.870
Airbus A340-200	CFM56-5C2	4	起飞	1.456	0.008	1.000	37.670
			爬升	1.195	0.008	0.850	29.050
			进近	0.386	0.065	1.400	10.670
			滑行	0.124	5.000	30.930	4.280
Airbus A340-600	Trent556	4	起飞	2.240	0.000	0.020	44.910
			爬升	1.830	0.000	0.460	11.780
			进近	0.620	0.000	0.460	11.780
			滑行	0.230	0.100	10.300	6.190
Airbus A380-800	Trent970/ Trent972	4	起飞	2.645	0.000	0.400	38.000
			爬升	2.215	0.000	0.250	29.350
			进近	0.725	0.000	1.400	11.600
			滑行	0.285	0.220	15.52	5.050
Boeing B747-400	RB211-524H/ PW4062/ CF6-80C2B5F	4	起飞	2.687	0.163	0.430	42.407
			爬升	2.139	0.137	0.310	30.923
			进近	0.703	0.203	1.533	11.667
			滑行	0.226	1.237	16.507	4.863
Boeing B767-300	RB211-524H/ JT9D-7R4E/ CF6-80A2	2	起飞	2.367	0.267	0.813	45.680
			爬升	1.926	0.277	0.670	35.703
			进近	0.668	0.313	1.673	10.487
			滑行	0.210	2.710	16.073	4.093
Boeing B777-200	PW4077/ PW4077/ GE90-77B	2	起飞	3.012	0.047	0.140	38.490
			爬升	2.471	0.043	0.137	30.727
			进近	0.828	0.087	0.917	12.360
			滑行	0.260	1.690	18.047	4.870
Boeing B777-300	PW4098/ RR892/ GE90-92B	2	起飞	3.854	0.017	0.197	50.963
			爬升	3.063	0.013	0.187	36.753
			进近	0.997	0.023	0.737	14.737
			滑行	0.308	0.357	10.633	6.343

续表

机型	发动机型号	发动机数量	运行状态	燃油消耗率/(kg/s)	HC/(g/kg)	CO/(g/kg)	NO_x/(g/kg)
Airbus A319-121	V2522-A5	2	起飞	0.971	0.041	0.570	24.500
			爬升	0.817	0.041	0.670	20.800
			进近	0.311	0.062	2.600	8.700
			滑行	0.118	0.103	13.420	4.500
Airbus A320-211	CFM-56-5A1	2	起飞	1.051	0.230	0.900	24.600
			爬升	0.862	0.230	0.900	19.600
			进近	0.291	0.400	2.500	8.000
			滑行	0.101	1.400	17.600	4.000
Airbus A321-232	V2530-A5	2	起飞	1.331	0.045	0.450	33.800
			爬升	1.077	0.041	0.520	27.100
			进近	0.377	0.056	1.810	10.100
			滑行	0.138	0.100	10.950	5.000
Boeing B737-300	CFM56-3B-1	2	起飞	0.946	0.040	0.900	17.700
			爬升	0.792	0.050	0.950	15.500
			进近	0.290	0.080	3.800	8.300
			滑行	0.114	2.280	34.400	3.900
Boeing B737-400	CFM56-3B-2	2	起飞	1.056	0.036	0.900	19.400
			爬升	0.878	0.047	0.900	16.700
			进近	0.314	0.073	3.400	8.700
			滑行	0.119	1.750	30.100	4.100
Boeing B737-700	CFM56-7B26	2	起飞	1.103	0.100	0.400	25.300
			爬升	0.910	0.100	0.600	25.300
			进近	0.316	0.100	2.200	10.100
			滑行	0.109	2.400	22.000	4.400
Boeing B737-800	CFM56-7B27	2	起飞	1.221	0.100	0.200	28.800
			爬升	0.999	0.100	0.600	22.500
			进近	0.338	0.100	1.600	10.800
			滑行	0.113	1.900	18.800	4.700
Boeing B757-200	PW2040/ RB211-535E4	2	起飞	1.682	0.055	0.570	42.680
			爬升	1.347	0.050	0.550	30.260
			进近	0.450	0.065	1.225	9.175
			滑行	0.153	0.990	14.830	4.160
Embraer E145	AE3007-A1	2	起飞	0.383	0.030	0.750	16.170
			爬升	0.318	0.030	0.560	14.070
			进近	0.113	0.030	4.720	7.130
			滑行	0.046	3.850	39.910	4.170

表 4-4　各机型年污染物排放清单

机型	运行状态	HC/kg	CO/kg	NO_x/kg	SO_2/kg	排放总量 I /kg	排放总量 II /t
Airbus A300-600	起飞	16.84	62.05	2659.37	88.65	2826.91	19.72
	爬升	35.47	187.66	5641.28	228.86	6093.27	
	进近	43.35	353.91	1570.55	142.13	2109.94	
	滑行	1039.63	6336.99	1056.38	257.65	8690.65	
Airbus A310-300	起飞	16.38	72.95	8136.48	297.77	8523.58	59.93
	爬升	22.95	233.30	16579.33	764.91	17600.49	
	进近	58.10	941.14	5584.11	464.76	7048.11	
	滑行	1659.33	19675.62	4481.62	945.49	26762.06	
Airbus A330-300	起飞	98.17	98.17	54169.84	1963.39	56329.57	393.91
	爬升	200.88	200.88	107670.11	5021.93	113093.80	
	进近	326.12	5692.22	37384.86	2964.70	46367.90	
	滑行	9332.99	126641.49	34962.82	7179.22	178116.52	
Airbus A340-200	起飞	0.43	53.57	2017.95	53.57	2125.52	14.45
	爬升	1.11	117.45	4014.14	138.18	4270.88	
	进近	5.27	113.61	865.90	81.15	1065.93	
	滑行	847.27	5241.19	725.26	169.45	6983.17	
Airbus A340-600	起飞	0.00	1.51	3392.78	75.55	3469.84	12.69
	爬升	0.00	89.23	2285.00	193.97	2568.20	
	进近	0.00	54.96	1407.55	119.49	1582.00	
	滑行	28.81	2967.60	1783.44	288.12	5067.97	
Airbus A380-800	起飞	0.00	103.80	9861.24	259.51	10224.55	59.45
	爬升	0.00	170.75	20046.04	683.00	20899.79	
	进近	0.00	569.05	4714.98	406.46	5690.49	
	滑行	228.49	16118.85	5244.86	1038.59	22630.79	
Boeing B747-400	起飞	41.63	109.82	10830.26	255.39	11237.10	56.25
	爬升	87.54	198.08	19758.36	638.95	20682.93	
	进近	77.51	585.32	4454.62	381.81	5499.26	
	滑行	986.93	13170.00	3879.91	797.84	18834.68	
Boeing B767-300	起飞	95.92	292.06	16409.74	359.23	17156.95	87.81
	爬升	254.47	615.51	32799.18	918.67	34587.83	
	进近	181.33	969.20	6075.29	579.32	7805.14	
	滑行	3208.05	19026.94	4845.22	1183.78	28263.99	
Boeing B777-200	起飞	71.62	213.32	58648.78	1523.74	60457.46	345.30
	爬升	168.94	538.24	120718.45	3928.74	125354.37	
	进近	208.24	2194.92	29584.68	2393.58	34381.42	
	滑行	8256.41	88167.75	23792.15	4885.45	125101.76	

续表

机型	运行状态	HC/kg	CO/kg	NO_x/kg	SO_2/kg	排放总量 I /kg	排放总量 II /t
Boeing B777-300	起飞	7.63	88.46	22883.50	449.02	23428.61	101.38
	爬升	14.58	209.73	41221.16	1121.57	42567.04	
	进近	15.27	489.19	9781.87	663.76	10950.09	
	滑行	475.83	14172.21	8454.28	1332.85	24435.17	
Airbus A319-121	起飞	57.37	292.22	16412.05	359.28	17120.92	85.14
	爬升	151.71	615.61	32805.16	918.83	34491.31	
	进近	158.78	969.34	6074.79	579.29	7782.20	
	滑行	650.53	19057.53	4853.31	1185.66	25747.03	
Airbus A320-211	起飞	1020.56	213.30	58642.28	1523.57	61399.71	365.36
	爬升	2630.67	536.93	120717.10	3928.74	127813.44	
	进近	2808.15	2194.12	29584.68	2393.58	36980.53	
	滑行	22173.32	88279.15	23822.65	4891.72	139166.84	
Airbus A321-232	起飞	80.98	88.32	22885.62	449.06	23503.98	102.02
	爬升	187.64	209.36	41221.53	1121.57	42740.10	
	进近	163.12	489.14	9784.92	663.99	11101.17	
	滑行	693.05	14187.99	8463.87	1334.29	24679.20	
Boeing B737-300	起飞	52.44	1179.90	23204.64	1311.00	25747.98	360.37
	爬升	172.48	3277.06	53467.77	3449.53	60366.84	
	进近	183.72	8726.78	19061.12	2296.52	30268.14	
	滑行	13379.06	201859.40	22885.23	5868.01	243991.70	
Boeing B737-400	起飞	9.03	225.83	4867.88	250.92	5353.66	62.00
	爬升	30.82	590.11	10949.88	655.68	12226.49	
	进近	31.12	1449.59	3709.24	426.35	5616.30	
	滑行	1837.95	31612.77	4306.06	1050.26	38807.04	
Boeing B737-700	起飞	141.19	564.76	35721.08	1411.90	37838.93	304.52
	爬升	366.10	2196.57	75049.62	3660.96	81273.25	
	进近	231.14	5085.11	23345.27	2311.41	30972.93	
	滑行	12437.75	114012.60	22802.53	5182.39	154435.27	
Boeing B737-800	起飞	361.07	722.14	103987.80	3610.69	108681.70	738.14
	爬升	928.46	5570.78	208904.10	9284.63	224687.97	
	进近	571.15	9138.46	61684.60	5711.54	77105.75	
	滑行	23582.06	233338.20	58334.56	12411.60	327666.42	
Boeing B757-200	起飞	42.97	445.33	33345.34	781.29	34614.93	166.30
	爬升	98.32	1081.13	59481.88	1965.69	62627.02	
	进近	77.64	1461.55	10946.68	1193.10	13678.97	
	滑行	2613.28	39146.47	10981.07	2639.68	55380.50	
Embraer E145	起飞	3.61	90.18	1944.25	120.24	2158.28	36.42
	爬升	9.42	175.89	4419.18	314.09	4918.58	
	进近	6.09	1363.66	1446.86	202.93	3019.54	
	滑行	2067.24	21476.02	2243.93	538.11	26325.30	

由表 4-4 的计算结果可得该机场所有机型在起飞、爬升、进近、滑行阶段相应 HC、CO、NO_x、SO_2 的年排放量以及各阶段的年排放总量III，在此基础上，分析各阶段年排放总量III占年总体排放量的阶段排放比例、各种污染物排放量占污染物排放总量的百分比及各污染物在所有循环过程中排放量的最大比重，结果见表 4-5。

表 4-5　机场污染物年排放总量

运行状态	HC/t	CO/t	NO_x/t	SO_2/t	年排放总量III/t	阶段排放比例/%
起飞	2.12	4.92	490.02	15.14	512.20	15.19
爬升	5.36	16.81	977.75	38.94	1038.86	30.82
进近	5.15	42.84	267.06	23.98	339.03	10.06
滑行	105.50	1074.49	247.92	53.18	1481.09	43.93
合计	118.13	1139.06	1982.75	131.24	3371.18	100.00
污染物/%	3.50	33.79	58.82	3.89	100.00	
最大比重/%	89.31	94.33	49.31	40.52		

为了验证现有阶段年污染物排放量以及排放结果与起降架次的关联性，以现有运行机型为参照，根据现有起降架次，计算 2012 年飞机在各阶段污染物的日均排放总量及年排放总量，结果见表 4-6 及表 4-5。

表 4-6　机场污染物的日均排放总量

系列	运行状态	HC/kg	CO/kg	NO_x/kg	SO_2/kg	日均排放总量III/kg
2012 年日均排放	起飞	5.802280609	13.47312576	1342.52296	41.4897384	1403.28811
	爬升	14.68914549	46.06646398	2678.76508	106.680809	2846.20149
	进近	14.0988865	117.3733505	731.678265	65.6873425	928.837844
	滑行	289.0355754	2943.804855	679.230528	145.699096	4057.77005
	总计	323.625888	3120.717796	5432.19683	359.556985	9236.0975

2. 综合分析

(1) 典型机型在标准 LTO 循环下的污染物排放总量变化。

通过选取多种机型，分析不同阶段污染物的排放总量变化趋势，可知随着飞机标准 LTO 循环的进行，在飞机起飞至爬升阶段与进近至滑行阶段，污染物排放总量呈逐渐增加的趋势，因此可得出，针对该机场任意型号的飞机，在爬升阶段及滑行阶段污染物排放量最多。

(2) 各阶段、各污染物的排放关系。

在任意飞机的标准 LTO 循环阶段，燃油消耗率随之缓慢逐渐降低，污染物排放量变化显著不同。

各个阶段总体排放量变化趋势为滑行>爬升>起飞>进近，滑行阶段排放量占总体的 43.93%，爬升阶段排放量占总体的 30.82%，其中 NO_x 排放量在起飞、爬升及进近阶段最大，分别占该阶段的比重为 95.67%、94.12%、78.77%，CO 排放量在滑行阶段最大，占该阶段的比重为 72.55%。

污染物总排放量变化趋势为 NO_x>CO>SO_2>HC，NO_x 排放量占总体的 58.82%，CO 排放量占总体的 33.79%，其中，HC 排放量随标准 LTO 循环的进行呈增大趋势，滑行阶段 HC 排放量占整个循环的 89.31%；CO 排放量随标准 LTO 循环逐渐增大，滑行阶段 CO 排放量占整个循环的 94.33%；NO_x 排放量随标准 LTO 循环的进行显著增加后再减小，爬升阶段 NO_x 排放量占整个循环的 49.31%；SO_2 排放量随标准 LTO 循环的进行呈增加趋势，滑行阶段 SO_2 排放量占整个循环的 40.52%。

(3) 各机型排放量的比较。

通过分析该机场飞机在整个标准 LTO 循环下的污染物年排放总量，可得该机场污染物年排放总量较多的机型为 Boeing B737-800、Airbus A330-300，其排放量分别占机场年排放总量的比例为 21.90%、11.68%，Airbus A320-211、Boeing B737-300、Boeing B777-200 与 Boeing B737-700 机型排放量较前者少，其排放量分别占机场年排放总量的比例为 10.84%、10.24%、10.26%、9.03%。

(4) 排放量与循环次数的关系。

同理，通过计算分析机场 2012 年各种污染物日均与年排放总量，建立机场各种污染物排放量与标准 LTO 循环数的函数关系，在机型、标准 LTO 循环工作时间不变的情况下，预测某新建机场污染物排放量。排放总量、NO_x 及 CO 排放量与标准 LTO 循环数趋势线关系如下。

$$\text{排放总量：}\quad y = 0.0239x - 8.9636 \tag{4-14}$$

$$NO_x\text{：}\quad y = 0.014x - 6.6011 \tag{4-15}$$

$$CO\text{：}\quad y = 0.0083x - 1.8473 \tag{4-16}$$

结果表明，飞机发动机污染物排放量与标准 LTO 循环之间具有线性函数关系，其参数可用于预测发动机排放各污染物的总量。

4.3.5 污染物减量措施

机场大气空气质量防治除采用改善排放性能、尽可能使用清洁能源、优化燃烧后排放物的净化技术等措施减少飞机发动机自身污染物的排放量之外，还应该从机场规划设计阶段及运营模式等多方面进行调整。

1. 优化机型

机场实际运营中可通过优化机型组合减少排放量，建议性措施如下。

(1) 鼓励航空公司引入节约燃油且低排放量的机型。例如，2010 年研制的波音梦幻客机 (Dreamliner) 采用了碳纤维复合材料机身，与传统的铝材料相比，大大减轻了飞机重量且航速不降低，也可节约燃油消耗 20%。

(2) 优化某航线上的机型组合，在确保起降架次及运输量的同时尽可能降低排放量。

2. 减少地面滑行等待时间

通过对比不同滑行时段下飞机的排放量，在机场规划设计阶段及运营阶段可采取多项措施尽可能减少滑行时间，提高运行效率。

1）规划设计阶段

（1）机场建设规模的大小直接影响飞机滑行时间，合理的布局能够减少滑行时间。

（2）分期规划滑行道系统，避免进出港飞机在滑入滑出时因“港湾效应”产生冲突。

2）运营阶段

滑行路径的优化。飞机起降循环过程中滑行阶段占据时间最多，机场应综合实际运行中航班到港、离港时间及空间使用情况，优化飞机滑行路径。例如，研究表明天津张贵庄机场依照传统实际操作的固定路径滑行需要时间为 34 分 55 秒，而根据安全-短时-高效-经济优化算法模型自动选择滑行道，考虑到飞机之间的安全间隔以及航班冲突，验证滑行时间可节约 3min。

4.4 飞机排放污染物扩散分析

飞机排放污染物受大气环境影响产生扩散现象，本节综合分析影响污染物扩散的多种因素，建立污染物浓度扩散预测模型，确定预测参数，以实例计算各污染物扩散至相应位置的浓度值以及利用软件编程绘制浓度扩散分布三维图，综合分析浓度扩散产生的影响。

4.4.1 飞机排放尾气扩散分析

污染物排入大气中后受大气环境作用发生扩散稀释，可能被传输、转化。其中污染物因大气的稀释作用而浓度降低，减少对一定范围内造成的危害。影响大气条件的主要因素有气温、气压、气体湿度、风向、风速、云状、云量以及能见度等，风向及风速直接影响污染物的传输，通常监测数据为距离地面 10m 高度处一段时间（2～10min）的平均值；云量表示天空被云所遮蔽的成数（例如，阴天云量为 10），云量的多少决定太阳对地面表层的辐射能力，从而影响大气稳定度，进一步影响污染物的扩散能力；空气中能见度的强弱代表着大气的清晰度，若空气中悬浮的烟雾等颗粒物较多则大气能见度较低，低能见度中的粒子活动影响着污染物的扩散。

飞机发动机排放污染物的扩散情况受机场所在区域的环境及飞机具体活动路线影响。污染物在大气湍流的作用下分散，气象条件不同，大气稀释扩散能力不同，相应地，污染物的影响范围及作用强度不同；飞机的飞行航迹关系着污染物排放扩散的初始位置及方向，为了保证飞机运行安全，实际设计中飞机的飞行程序较复杂，该阶段研究中将飞机活动路线理想化为直线标称航迹进行分析。

根据飞机在各阶段的飞行标准，结合机场实际规划设计情况建立空间坐标系，该坐标系满足以下条件。

（1）x 轴为沿跑道方向且轴线正向与主风向一致，y 轴为垂直于跑道方向且轴线方向与横向风一致，z 轴为高度方向。

（2）运行过程的主要四个阶段分别为起飞、爬升、进近及滑行。

(3) 进近端混合层高度为 915m，下滑角为 3°，起飞、爬升分阶段完成，起飞段高度为 305m，爬升段高度为 610m，爬升梯度为 3.3%，如图 4-10 所示。

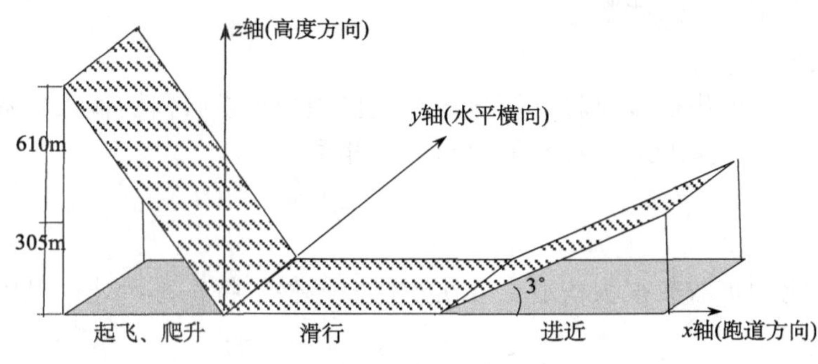

图 4-10　扩散计算坐标系

4.4.2　机场大气污染扩散影响因素

通过了解气象条件的影响因子及大气扩散机理，结合机场特性分析机场大气污染扩散的影响因素如下。

1. 排放源

扩散模型需要包含每种排放源的信息，包括排放源类型与研究的时间段内的每种污染物的排放量。根据排放源类型，扩散模型还需要以下一些关于污染排放源的附加信息。

1) 排放源的布局

排放源的布局包含排放源的位置和高度；对于烟气排放，需要知道的参数还包含烟气的温度、排放速率、烟气内径；对于移动源，需要知道周围区域的表面粗糙度。

2) 排放源的分类

类似机场这种复杂地点的扩散模型中，将排放源分成不同类别。因为在扩散模型中，对于不同的排放源，处理方法不同，所以分类是必需的。例如，将烟囱作为固定点源来仿真，而道路上的上升烟羽可以作为线源仿真，不是上升烟羽则要考虑扩散中表面粗糙度的影响。因此，排放源类型的确定是确定给定排放源仿真方法的关键。

3) 每种污染物的排放量

排放清单制定的主要目的是确定每种排放源的污染排放。机场关心的污染物主要是 CO、NO_x、SO_2、PM_{10} 和 HC。对某些排放源来说，如飞机发动机，这些污染物的排放指数均有可靠数据可查。某些排放源可能会仅仅排出一种污染物，例如，沙或盐堆仅有颗粒物空气污染问题。排放清单提供的是具有代表性的每种排放源每种污染物的平均排放。

4) 排放源的位置和高度

扩散模型需要排放源的自然布局，目的是提供不同区域位置的污染物浓度。为达到这个最终目的，所有的排放源都应该定位以便于扩散模型使用。另外，还需要每个排放源的排放点高度，以利于采用扩散模型计算下风向地面级别浓度。

5) 烟气特征

烟气排放在机场全部排放中占很小的百分比。一般在运用高斯方法近似估计之前，要先计算烟羽抬升高度。烟羽上升是烟气中热浮力和气体热动力作用的结果。计算烟羽抬升高度需要在排放清单中没有列出的三个参数：烟气温度、烟气排出的垂直速度、烟气内径。直接对烟气取样即可获得这些数据。

6）表面粗糙度

道路附近区域表面粗糙度是移动源排放扩散模型中经常必需的输入参数。表面粗糙度通常用米或厘米表示，是近地表对风阻力的一种度量。

2. 气象

大气中污染物的扩散在很大程度上取决于气象条件，特别是风速、风向、大气稳定度以及混合层高度。

1）风速和风向

风速和风向是大气污染扩散模型中最重要的参数。一般来说，随着风速的增大，浓度值迅速降低。风速通常测量的是20ft或10m高度处的值。随着高度增加，风速在模型中有可能被修正。对于那些风速为0或者说是静风条件的时间段内，模型一般会指定一个最小风速。如果指定的是最小风速，可以估计出一个极大的排放源污染浓度值。实际中，静风条件下的污染浓度扩散也是会发生的。

2）大气稳定度

大气稳定度和大气紊流一样，是决定空气污染传播速度的突出影响因素，由风速、云高和太阳辐射联合决定。在不稳定大气条件下，高紊流及垂直混合会导致排放源附近地面出现污染浓度的高峰。在稳定大气条件下，低级别垂直混合会导致排放源附近低级别稳定污染浓度。大多数不稳定大气条件出现在白天、低风速和高太阳辐射情况下。最稳定的大气条件出现在晚上、低风速、晴朗的天空。大气中有强烈垂直运动的区域促进了污染物的扩散。大气稳定度决定了垂直混合发生的范围，因而决定了污染物与气团的混合程度。大气稳定度受垂直温度分布的强力影响。大气的水平混合，通过风速和紊流，影响空气污染物的传播路径。总的来说，大气稳定度是温度分布、高度、太阳辐射、云量和风速变化的函数。

3）混合层高度

由于地表受热，促使大气增温，引起对流，从下而上，下层空气强烈混合，此层大气称为混合层。混合层高度通常在1000～4000ft，取决于一天中的时间和天气条件。两层之间的分界线很明显是积云底部。

混合层上部稳定层的出现限制了污染物的垂直扩散。这层“盖子”的出现，使得在大于排放源下风向几公里的地方，运用高斯方法近似计算时会出现误差，要保持精确则需要修正。然而，在机场应用中，如果主要污染物以高浓度大范围传播的可能性不大，混合层高度变化对下风向污染物浓度的影响可以忽略，不会过多影响精确度。

3. 地形

很多扩散模型需要该地区的地形资料。简单的高斯扩散模型近似计算在复杂地形情况下是不可靠的。因为飞机跑道、进近及爬升域的需要，机场附近的地形通常十分平坦。扩散模型会利用机场的这种特点将地形简化为平地。这种假设允许模型使用时不进行修正，以免增加计算机的计算量。某些排放源，如消防训练、烟囱以及刷油漆，会产生排放。由于机场周围的平坦地形会沿着下风向对空气质量影响很远，这种情况下，地形的改变对下风向扩散的影响，要被考虑进扩散分析。

4. 汇点

汇点是由用户定义的，需要计算大气中污染浓度的地点或区域。要想预测点和点外的所有污染浓度，则应该定义一个网格状汇点。然而，许多情况下，通常仅仅计算那些敏感地点的浓度，即只考虑公众可能会与排放的大气污染物密切接触的地点，以减少计算量。在机场这样的复杂排放地点，减少汇点的计算数量是必需的，每个汇点的增加都会引起计算时间的成倍增加。

4.4.3　污染物浓度扩散预测模型

目前，大气环境影响评价中针对大气扩散分析的主要方法为高斯扩散模型。首先，高斯扩散模型定义的基础是污染物处于均匀、稳定的湍流大气中，此时污染物扩散浓度分布服从正态分布，实际飞行过程中飞机处在非定常的大气环境中，则高斯扩散模型适用于下垫面平坦且小范围气流稳定的环境。其次，不同排放源的排放形式存在差异，大致可分为点源、线源、面源排放，如烟囱等污染物持续且强度相对稳定的排放源属于点源，如图 4-11 所示，道路、机场跑道等这类排放率不随时间、地点发生变化的线性排放源属于线源，固体废弃物堆放处产生燃烧等这类无组织排放源属于面源。在此基础上，根据受地面限制的半无限空间高架点源建立排放扩散模型如下。

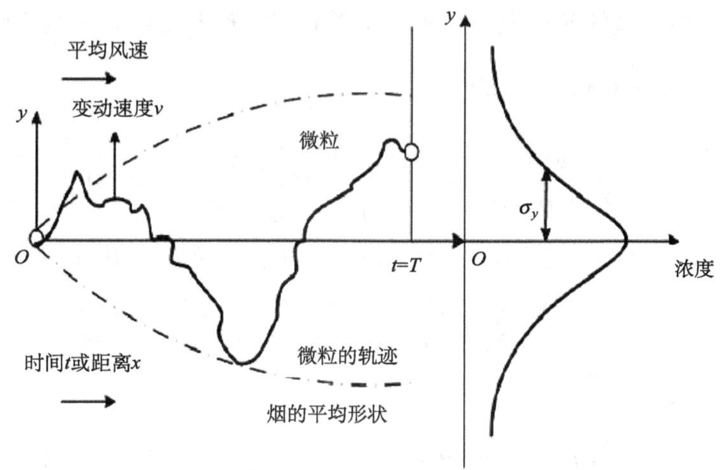

图 4-11　点源扩散模型

1）连续点源的烟流扩散模型（$u \geqslant 1.5\text{m/s}$）

$$\text{con}(x,y,z) = \frac{\text{ER}_i}{2\pi\sigma_y\sigma_z\bar{v}}\exp\left\{-\frac{y^2}{2\sigma_y^2}\right\}\cdot\left\{\exp\left[-\frac{(z-h)^2}{2\sigma_y^2}\right]+\exp\left[-\frac{(z+h)^2}{2\sigma_z^2}\right]\right\} \tag{4-17}$$

式中，$\text{con}(x,y,z)$ 为预测点 (x,y,z) 的污染物浓度值（mg/m^3）；x 为预测点离下风向的距离

(m)；y为预测点离横向风的长度(m)；z为预测点离地面的长度(m)；ER_i为污染物i的排放率(mg/s)；$\bar{v}$为排放源在相应位置上的平均风速(m/s)；σ_y为污染物水平方向扩散系数；σ_z为污染物垂直方向扩散系数；h为排放源的有效高度(m)。

若$z=0$，则得到地面污染物浓度c_1：

$$c_1 = c(x,y,0,h) = \frac{ER_i}{2\pi\sigma_y\sigma_z\bar{v}}\exp\left\{-\frac{y^2}{2\sigma_y^2}\right\}\cdot\left\{\exp\left[-\frac{(z-h)^2}{2\sigma_y^2}\right]+\exp\left[-\frac{h^2}{2\sigma_z^2}\right]\right\} \tag{4-18}$$

若$z=0$且$y=0$，则得到地面轴线方向污染物浓度c_2：

$$c_2 = c(x,0,0,h) = \frac{ER_i}{2\pi\sigma_y\sigma_z\bar{v}}\left\{\exp\left[-\frac{(z-h)^2}{2\sigma_y^2}\right]+\exp\left[-\frac{h^2}{2\sigma_z^2}\right]\right\} \tag{4-19}$$

推导上述公式，在$\sigma_z/\sigma_y=$常数的情况下得到污染物在地面扩散的最大浓度$c_{\max}$及相应距离$x_{\max}$：

$$c_{\max} = \frac{2ER_i}{\pi\theta\bar{v}h^2}\cdot\frac{\sigma_z}{\sigma_y} \tag{4-20}$$

$$x_{\max} = \left(\frac{h}{\sqrt{2}\gamma_2}\right)^{1/\alpha_2} \tag{4-21}$$

单个飞机在固定位置的尾气排放属于点源排放，实际飞机运行过程中，飞机活动近似为持续稳定长线源，因此构建连续线源扩散模型。

2) 连续线源的扩散模型

在建立点源扩散模型的基础上，定积分可得到有限长连续线源扩散浓度。

$$\begin{aligned} c(x,y,z) &= \frac{ER_{i,l}}{\bar{v}}\int_0^l \mathrm{con}(x,y,z)\mathrm{d}l \\ &= \frac{ER_{i,l}}{\bar{v}}\int_0^l \frac{ER_i}{2\pi\sigma_y\sigma_z\bar{v}}\exp\left\{-\frac{y^2}{2\sigma_y^2}\right\}\cdot\left\{\exp\left[-\frac{(z-h)^2}{2\sigma_y^2}\right]+\exp\left[-\frac{(z+h)^2}{2\sigma_z^2}\right]\right\}\mathrm{d}l \end{aligned} \tag{4-22}$$

式中，$ER_{i,l}$为线源强度，即污染物i在单位时间、单位长度l上的排放率。

受横风作用影响，有限长连续线源排放污染物的扩散浓度变化随距离不断增加而出现递减效果，如图4-11所示，通过对有限范围($y_1 \sim y_2$)的线源进行定积分求取连续线源的地面浓度c_3：

$$\begin{aligned} c_3 = c(x,h) &= \sqrt{\frac{2}{\pi}}\frac{ER_i}{\sigma_z\bar{v}}\exp\left(-\frac{h^2}{2\sigma_z^2}\right)\int_{\varphi_1}^{\varphi_2}\sqrt{\frac{1}{2\pi}}\exp\left(-\frac{\varphi^2}{2}\right)\mathrm{d}\varphi \\ &= \frac{ER_i}{\pi\sigma_z\bar{v}}\exp\left(-\frac{h^2}{2\sigma_z^2}\right)\int_{\varphi_1}^{\varphi_2}\exp\left(-\frac{\varphi^2}{2}\right)\mathrm{d}\varphi \end{aligned} \tag{4-23}$$

式中，$\varphi_1 = \frac{y_1}{\sigma_y}$；$\varphi_2 = \frac{y_2}{\sigma_y}$。

3) 长期平均浓度模型

若需要分析某一段时间内污染物扩散的平均变化，受不同风速、风向及大气稳定度作用，月、年等长时间段的浓度分布应采用联合频率方法求解。通过对不同风向、风速、大气稳定度的统计频率进行加权取平均值，可建立模型如下：

$$c_i = \sum_m \sum_n \sum_j \delta_{m,n,j} c_{i,m,n,j} \tag{4-24}$$

式中，m,n,j 表示当地风向、风速及大气稳定度；$c_{i,m,n,j}$ 为污染物 i 在相应 m,n,j 下的浓度；$\delta_{m,n,j}$ 表示当地风向、风速及大气稳定度的联合分布率。

4.4.4　污染物扩散控制措施

除通过减少排放量而降低污染物扩散之外，还包括如下措施。

1) 大气稀释控制

在机场规划建设阶段分析该区域历年气象条件，根据风频率及大气稳定度选取有利于污染物扩散的气象条件，根据气流运动特点选取有利于污染物稀释的均匀地形及下垫面作为机场选址。选址应考虑到机场周边生产生活区的位置，避免飞机起降方向位于该区域主导方向的下风向，周边工作区及生活区要同机场保持合理间距，以缓解污染物产生的危害。

2) 调整运行时段

飞机在不同时段起降，受大气环境作用，污染物浓度不同。通常白天较夜晚受太阳辐射强而处于不稳定大气状态，不利于污染物迅速扩散稀释，因此可适当调整运行时段以促进污染物浓度散布。

3) 植被净化作用

结合大气的稀释控制及植被的净化作用，应加强机场周边的绿化建设，树木植被可以有效调节气候，阻挡、过滤、吸收尘土以及大气中排放的污染气体，有效弱化大气污染，提升空气质量。

4.5　机场大气环境影响评价

为了强化大气环境管理，机场建设期及运营期对大气产生的影响必须要满足环境空气质量标准。以机场飞机产生的大气影响为研究目标，结合国家环境影响评价体系制定出符合机场特性的评价流程、评价因子及相应的标准，为新建机场或改扩建机场的大气环境影响评价提供方法。

4.5.1　总则

1. 评价原则

按照一定的原则进行评价工作，能够有效保证评价过程及评价内容的完整性、科学性。

(1) 主导性，确立评价工作的重点。对环境影响较大的排放源应重点考察，区别排放源类型及影响因子等。例如，飞机发动机排放作为机场污染物排放的主要对象，研究阶段对发动机类型、循环阶段、污染物类型等分别进行计算，便于分析各阶段各机型排放各气体污染物的规律及程度。

(2) 相关性，保证研究的全面性和影响性。在满足项目整体性研究的基础上，充分考虑各排放源之间的联系和影响传递性，研究阶段将相关排放源类型区分考虑，并确定相关排放源间的变化关系。例如，飞机停靠在机位进行保障工作时，各供给保障车辆在运行过程中排放尾气污染物，因供给保障车辆和飞机的关联，研究中不仅要将飞机同供给保障车辆区分预测，还应考虑到供给保障车辆排放结果受飞机起降量的影响。

(3)时段性，因排放源的动态性和时间的季节性，评价工作应充分考虑到多个不同时间长度的环境影响。

2. 评价任务

通过调查、预测等手段，对机场项目在建设、生产运行和服务期满后(可根据项目情况选择)所排放的大气污染物对空气质量影响的程度、范围和频率进行分析、预测和评估，为项目的选址选线，排放方案、大气污染治理设施与预防措施的制定，排放量核算，以及其他有关的工程设计、项目实施环境监测等提供科学依据或指导性意见。

3. 评价工作程序

大气环境影响评价工作程序见图 4-12，基本内容可参见《环境影响评价技术导则 大气环境》(HJ 2.2—2018)，具体可主要分为以下三个阶段。

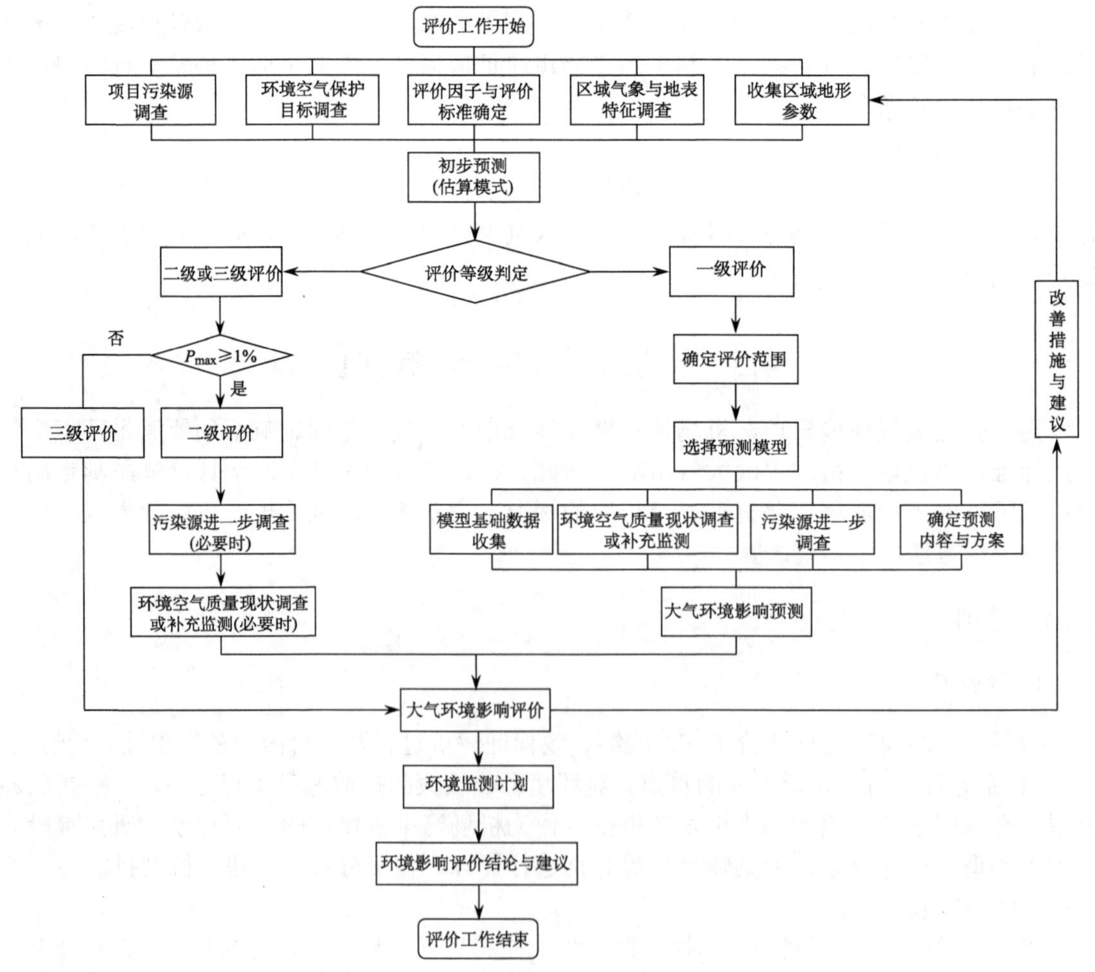

图 4-12　大气环境影响评价工作程序

第一阶段的主要工作包括研究有关文件，进行项目污染源、环境空气保护目标、区域气象与地表特征等调查，确定评价因子与评价标准，收集区域地形参数，确定评价等级和评价范围等。

第二阶段的主要工作是依据评价等级要求开展项目评价相关污染源调查与核实，选择合适的预测模型，对环境空气质量现状进行调查或补充监测，收集建立模型所需的气象、地表参数等基础数据，确定预测内容与预测方案，开展大气环境影响预测与评价工作等。

第三阶段的主要工作包括制定环境监测计划，明确大气环境影响评价结论与建议，完成大气环境影响评价文件的编写等。

4.5.2　评价等级及评价范围确定

1. 大气环境影响识别与评价因子筛选

根据《环境影响评价技术导则 大气环境》(HJ 2.2—2018)或《规划环境影响评价技术导则 总纲》(HJ 130—2019)的要求，大气环境影响因素，并筛选出大气环境影响评价因子。当建设项目排放的 SO_2 和 NO_x 排放量大于或等于 500t/a 时，评价因子应增加二次污染物 $PM_{2.5}$，见表 4-7。当规划项目排放的 SO_2、NO_x 及 VOCs 年排放量达到表 4-7 规定的量时，评价因子应相应增加二次污染物 $PM_{2.5}$ 及 O_3。

表 4-7　二次污染物评价因子筛选

类别	污染物排放量/(t/a)	二次污染物评价因子
建设项目	$SO_2+NO_x \geqslant 500$	$PM_{2.5}$
规划项目	$SO_2+NO_x \geqslant 500$	$PM_{2.5}$
	$NO_x+VOCs \geqslant 2000$	O_3

2. 评价标准确定

各评价因子的评价标准参照相关的环境质量标准及相应的污染物排放标准，其中环境质量标准选用《环境空气质量标准》(GB 3095—2012)中的环境空气质量浓度限值，若已有地方环境质量标准，应选用地方环境质量标准中的浓度限值。对于《环境空气质量标准》(GB 3095—2012)及地方环境质量标准中未包含的污染物，可参照《环境影响评价技术导则 大气环境》(HJ 2.2—2018)附录 D 中的浓度限值。对上述标准中都未包含的污染物，可参照选用其他国家、国际组织发布的环境质量浓度限值或基准值，但应作出说明，经生态环境主管部门同意后执行。常见的机场大气污染物的国家环境空气质量标准限值见表 4-8。

表 4-8　国家环境空气质量标准限值(单位：mg/m^3)

污染物名称	平均时间	一级标准	二级标准
一氧化碳(CO)	1h 平均	10.00	10.00
	24h 平均	4.00	4.00

续表

污染物名称	平均时间	一级标准	二级标准
氮氧化物(NO_x)	1h 平均	0.25	0.25
	24h 平均	0.10	0.10
	年平均	0.05	0.05
二氧化氮(NO_2)	1h 平均	0.20	0.20
	24h 平均	0.08	0.08
	年平均	0.04	0.04
二氧化硫(SO_2)	1h 平均	0.15	0.50
	24h 平均	0.05	0.15
	年平均	0.02	0.06
PM_{10}	24h 平均	0.05	0.15
	年平均	0.04	0.07
$PM_{2.5}$	24h 平均	0.035	0.075
	年平均	0.015	0.035

3. 评价等级判定

大气环境影响评价工作需要根据项目性质按照不同等级进行划分等级评价，评价项目的工程性质、排放污染物类型等特性决定了评价工作等级。

根据项目污染源初步调查结果，分别计算项目排放主要污染物的最大地面空气质量浓度占标率 P_i(i 表示污染物 i，简称“最大浓度占标率”)及污染物 i 的地面空气质量浓度达到标准值的 10%时所对应的最远距离 $D_{10\%}$。其中 P_i 的定义为

$$P_i = \frac{C_i}{C_{0i}} \times 100\% \tag{4-25}$$

式中，P_i 为污染物 i 的最大地面空气质量浓度占标率(%)；C_i 为采用估算模型计算出的污染物 i 的最大 1h 地面空气质量浓度(μg/m^3)；C_{0i} 为污染物 i 的环境空气质量浓度标准(μg/m^3)。一般选用《环境空气质量标准》(GB 3095—2012)中 1h 平均质量浓度的二级浓度限值，若项目位于一类环境空气功能区，应选择相应的一级浓度限值；对该标准中未包含的污染物，使用地方环境标准或参照选用其他国家、国际组织发布的环境质量浓度或基准值(应作出说明，经生态环境部门同意后执行)确定，各评价因子 1h 平均质量浓度限值。对仅有 8h 平均质量浓度限值、日平均质量浓度限值或年平均质量浓度限值的，可分别按 2 倍、3 倍、6 倍折算为 1h 平均质量浓度限值。

考虑到机场排放源的多样性及特殊性，评价等级的确立需满足整体性的原则，该原则要保证最终评价结果的科学性。建设项目环境影响评价前期应充分调查项目中可能存在的排放源，研究阶段应将各部分排放源视为一个整体，根据管理学中的“木桶效应”，最终效应往往取决于最短的那块板，同等思想下建设项目最终评价等级的确定应是综合比选出对环境产生较严重影响部分的评价等级作为项目等级。现阶段项目评价主要分为三个等级：一级评价、二级评价和三级评价，评价等级划分依据见表 4-9。一级评价和二级评价划分标

准不同但评价内容相同，三级评价是调查污染源的排污情况，适用于日常检查中核查污染物是否符合排污标准，其中一级评价和二级评价的评价内容主要包括：评价区域设定，环境调查及数据收集，确定评价模型，空气质量影响预测，大气环境影响评价及改善建议。

表 4-9　项目评价等级判别表

项目评价等级	评价工作分级判据
一级评价	$P_{max} \geqslant 10\%$
二级评价	$1\% \leqslant P_{max} < 10\%$
三级评价	$P_{max} < 1\%$

机场大气环境影响评价中因具有飞机、锅炉、油库等多种排放源，实际评价工作中应该充分考虑到飞机排放的阶段性及动态性，结合机场后期运营规模将其列为一级评价或二级评价；考虑到锅炉及油库排放持续稳定的特点，在日常工作或改建中做单独空气质量影响评价时，可视为三级评价；因此在新建机场的整体项目评价中，应该整体根据飞机的评价等级，最低将其列为二级评价等级；对于新建、迁建及飞行区扩建的枢纽及干线机场项目，应考虑机场飞机起降及相关辅助设施排放源对周边城市的环境影响，评价等级取一级。

4. 评价范围确定

一级评价项目需根据机场项目排放污染物的最远影响距离($D_{10\%}$)确定大气环境影响评价范围。即以机场为中心区域，自场界外延 $D_{10\%}$的矩形区域作为大气环境影响评价范围。当 $D_{10\%}$超过 25km 时，确定评价范围为边长 50km 的矩形区域；当 $D_{10\%}$小于 2.5km 时，评价范围边长取 5km。

二级评价项目的大气环境影响评价范围边长取 5km。

三级评价项目不需设置大气环境影响评价范围。

对于新建、迁建及飞行区扩建的枢纽及干线机场项目，评价范围还应考虑受影响的周边城市，最大取边长 50km。

规划的大气环境影响评价范围是以规划区边界为起点、外延规划项目排放污染物的最远影响距离($D_{10\%}$)的区域。

5. 基准年筛选

依据评价所需的环境空气质量现状、气象资料等数据的可获得性、数据质量、代表性等因素，选择近 3 年中数据相对完整的 1 个日历年作为评价基准年。

6. 空气保护目标调查

调查项目大气环境影响评价范围内主要环境空气保护目标。在带有地理信息的底图中标注，并列表给出环境空气保护目标内主要保护对象的名称、保护内容、所在大气环境功能区划以及与机场选址的相对距离、方位、坐标等信息。

4.5.3 环境空气质量现状调查与评价

1. 调查内容与目的

1）一级评价项目

调查项目所在区域环境质量达标情况，以此作为项目所在区域是否为达标区的判断依据。

调查评价范围内有环境质量标准的评价因子的环境质量监测数据或进行补充监测，用于评价项目所在区域污染物环境空气质量现状，计算环境空气保护目标和网格点的环境空气质量现状浓度。

2）二级评价项目

调查项目所在区域环境质量达标情况。

调查评价范围内有环境质量标准的评价因子的环境质量监测数据或进行补充监测，用于评价项目所在区域污染物环境空气质量现状。

3）三级评价项目

只调查项目所在区域环境质量达标情况。

2. 来源

1）基本污染物环境空气质量现状数据

项目所在区域达标判断时，优先采用国家或地方生态环境主管部门公开发布的评价基准年环境质量公告或环境质量报告中的数据或结论。

采用评价范围内国家或地方环境空气质量监测网中评价基准年连续 1 年的监测数据，或采用生态环境主管部门公开发布的环境空气质量现状数据。

评价范围内没有环境空气质量监测网数据或公开发布的环境空气质量现状数据的，可选择符合《环境空气质量监测点位布设技术规范（试行）》（HJ 664—2013）规定，并且与评价范围地理位置邻近，地形、气候条件相近的环境空气质量城市点或区域点监测数据。

对于位于环境空气质量一类区的环境空气保护目标或网格点，各污染物环境空气质量现状浓度可取符合《环境空气质量监测点位布设技术规范（试行）》（HJ 664—2013）规定，并且与评价范围地理位置邻近，地形、气候条件相近的环境空气质量区域点或背景点监测数据。

2）其他污染物环境空气质量现状数据

优先采用评价范围内国家或地方环境空气质量监测网中评价基准年连续 1 年的监测数据。

评价范围内没有环境空气质量监测网数据或公开发布的环境空气质量现状数据的，可收集评价范围内近 3 年与项目排放的其他污染物有关的历史监测资料。

在没有以上相关监测数据时应按“监测”部分要求进行补充监测。

3. 监测

1）监测时段

根据监测因子的污染特征，选择污染较重的季节进行现状监测。补充监测应至少取得

7d 有效数据。对于部分无法进行连续监测的其他污染物，可监测其一次空气质量浓度，监测时段应满足所用评价标准的取值时间要求。

2) 监测布点

以近 20 年统计的当地主导风向为轴向，在机场选址及主导风向下风向 5km 范围内设置 1～2 个监测点。如果需在一类区进行补充监测，监测点应设置在不受人为活动影响的区域。

3) 监测方法

应选择符合监测因子对应环境质量标准或参考标准所推荐的监测方法，并在评价报告中注明。

4) 监测采样

环境空气监测中的采样点、采样环境、采样高度及采样频率按《环境空气质量监测点位布设技术规范（试行）》（HJ 664—2013）及相关评价标准规定的环境监测技术规范执行。

4. 评价内容与方法

1) 项目所在区域达标判断

城市环境空气质量达标情况评价指标为 SO_2、NO_2、PM_{10}、$PM_{2.5}$、CO 和 O_3，六项污染物全部达标即为城市环境空气质量达标。

根据国家或地方生态环境主管部门公开发布的城市环境空气质量达标情况，判断项目所在区域是否属于达标区。若项目评价范围涉及多个行政区（县级或以上，下同），需分别评价各行政区的达标情况，若存在不达标行政区，则判定项目所在评价区域为不达标区。

国家或地方生态环境主管部门未发布城市环境空气质量达标情况的，可按照《环境空气质量评价技术规范（试行）》（HJ 663—2013）中各评价项目的年评价指标进行判定。年评价指标中的年均浓度和相应百分位数 24h 平均或 8h 平均质量浓度满足《环境空气质量标准》（GB 3095—2012）中浓度限值要求的即为达标。

2) 各污染物的环境空气质量现状评价

按《环境空气质量评价技术规范（试行）》（HJ 663—2013）中的统计方法对各污染物的年评价指标进行环境空气质量现状评价。对于超标的污染物，计算其超标倍数和超标率。补充监测数据的现状评价内容，分别对各监测点位不同污染物的短期浓度进行环境空气质量现状评价。

3) 环境空气保护目标及网格点环境空气质量现状浓度

对采用多个长期监测点位数据进行现状评价的，取各污染物相同时刻各监测点位的浓度平均值，作为评价范围内环境空气保护目标及网格点环境空气质量现状浓度，计算方法如下：

$$C_{现状(x,y,t)}=\frac{1}{n}\sum_{j=1}^{n}C_{现状(j,t)} \tag{4-26}$$

式中，$C_{现状(x,y,t)}$ 为环境空气保护目标及网格点 (x,y) 在 t 时刻的环境空气质量现状浓度（$\mu g/m^3$）；$C_{现状(j,t)}$ 为第 j 个监测点位在 t 时刻的环境空气质量现状浓度（包括短期浓度和长期浓度）（$\mu g/m^3$）；n 为长期监测点位数。

对采用补充监测数据进行现状评价的，取各污染物不同评价时段监测浓度的最大值，作为评价范围内环境空气保护目标及网格点环境空气质量现状浓度。对于有多个监测点位数据的，先计算相同时刻各监测点位的平均值，再取各监测时段平均值中的最大值。计算方法如下：

$$C_{现状(x,y)} = \max\left[\frac{1}{n}\sum_{j=1}^{n} C_{监测(j,t)}\right] \tag{4-27}$$

式中，$C_{现状(x,y)}$ 为环境空气保护目标及网格点 (x,y) 环境空气质量现状浓度 $(\mu g/m^3)$；$C_{监测(j,t)}$ 为第 j 个监测点位在 t 时刻的环境空气质量现状浓度(包括 1h 平均、8h 平均或日平均质量浓度) $(\mu g/m^3)$。

4.5.4　机场大气环境影响评价流程

根据大气环境影响评价工作程序建立适用于飞机排放的机场大气环境影响评价的基本流程，流程主要包括资料收集—预测评估—对比分析—措施调控，各阶段主要内容如下。

(1)资料收集工作是获取机场的气象、地形条件、大气扩散参数、评价期大气环境监测浓度、机场飞机运营计划及排放数据，尽可能使调查资料满足数据的时效性及准确性。

(2)预测评估工作主要是结合前期调查数据，应用排放计算模型及高斯扩散模型，模拟新建机场或改扩建机场的后期运营规模，预测短期及未来年机场排放污染物的数量及浓度值，以现阶段大气环境监测浓度为基准同样模拟短期及未来年周边浓度预测值，将两者浓度叠加得到实际机场评价期的浓度预测值。

(3)对比分析工作是机场大气评价的审定过程，通过选择合适的评价标准或定义的评价量，将评价结果与评价标准进行比较，验证机场建设项目是否满足排污量及环境空气质量要求，满足则项目可实施。

(4)措施调控工作是当评价结果不符合标准时，提出削减排放量等措施改善当前境况或另选建设地址，具体流程关系如图 4-13 所示。

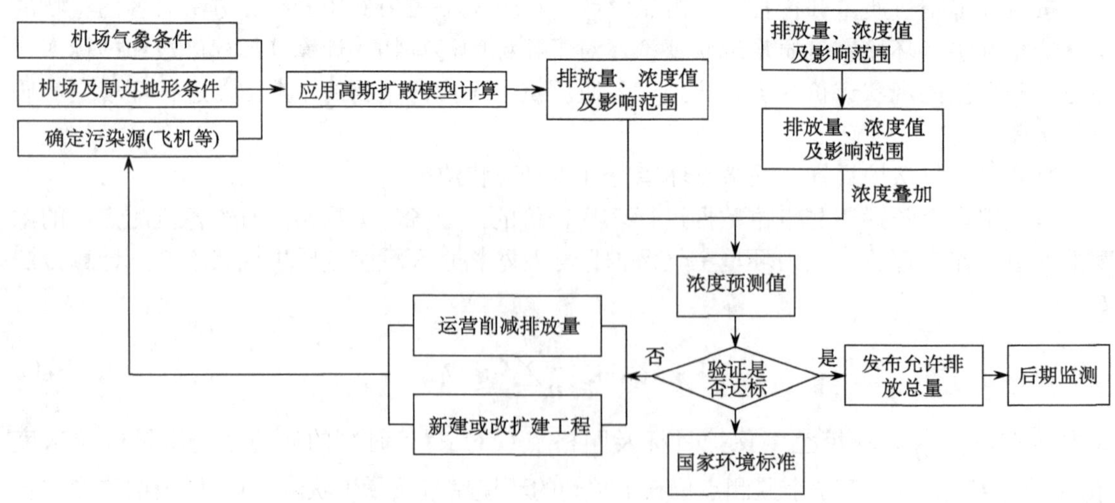

图 4-13　机场大气环境影响评价的基本流程

4.5.5　机场污染物排放量评价因子及评价标准

1. 评价因子

(1) 各污染物小时排放量。
(2) 各污染物日均排放总量。
(3) 各污染物年均排放总量。
(4) 各机型小时、日均、年均排放各污染物总量。
(5) 各机型小时、日均、年均在各阶段排放各污染物总量。
(6) 所有机型在各阶段排放各污染物的量及阶段排放总量。
(7) 各机型昼间、傍晚、夜间小时、日均、年均在各阶段排放各污染物总量。

2. 评价标准

1) 设定评价区域排放总量控制值

通常我们将一定区域范围内的工业、交通及生活污染源所产生的污染物排放总量定义为该区域的排放总值。同样地，据此我们可以制定出符合机场排放特性的机场区域污染物排放控制总量设定的基本过程，流程图如图 4-14 所示。

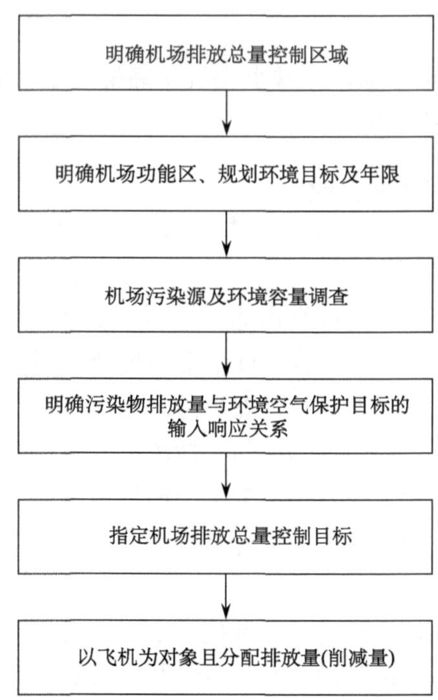

图 4-14　机场区域污染物排放控制总量设定流程图

2) 容量总量控制评价方法

采用容量总量控制法属于非标准规定下的机场官方的人为定义排放值域，通常是指将机场允许排放的污染物总量控制在机场区域可容纳的环境标准限制值内。该方法的主要思想是将机场区域污染物控制的管理目标与环境目标相结合，用周边环境的承载能力推算出机场所允许的纳污量，之后根据机场污染源的调查，将控制排放总量额度分配至各污染源。针对飞机而言，预测拟扩建机场或者新建机场未来年飞机排放量，根据机场现阶段环境承载能力及同规模下其他机场的排放总量(为参考值)定义该机场的控制容量。

判定其排放总量是否在控制容量范围内的表达式如下。

(1)新建机场。

$$g_i \leqslant \mathrm{eg}_i \tag{4-28}$$

$$g_i = g_{i1} + g_{i2} \tag{4-29}$$

(2)改扩建机场。

$$g_i \geqslant \mathrm{eg}_i \tag{4-30}$$

$$\Delta g_i = \Delta g_{i1} + g_{i2} = g_i - \mathrm{eg}_i + g_{i2} \tag{4-31}$$

式中，g_i为机场区域中i类污染物的允许总量；eg_i为机场区域中i类污染物的环境承载容量；g_{i1}为拟排放i类污染物的总量；g_{i2}为拟排放i类污染物的预留量值；Δg_i为机场区域中所有污染源排放i类污染物的削减总量；Δg_{i1}为机场区域中飞机排放i类污染物的削减量；i为污染物类型。

综上，若机场飞机排放量超标，则减少飞机起降架次或者采取调整机场滑行路径、缩短滑行时间等措施降低飞机排放量。

4.5.6 污染物扩散评价因子及评价标准

1. 评价因子

(1)高峰小时取样时间下的各种污染物地面扩散浓度值及最大浓度出现位置。

(2)高峰日取样时间下的各种污染物地面扩散浓度值及最大浓度出现位置。

(3)各季节取样时间下的各种污染物地面扩散浓度值及最大浓度出现位置。

(4)运营年取样时间下的各种污染物地面扩散浓度值及最大浓度出现位置。

(5)往年不利气象取样条件下的各种污染物地面扩散浓度值及最大浓度出现位置。

(6)评价区域周边重要敏感点在高峰小时、高峰日、各季节、运营年的污染物地面扩散浓度值。

(7)绘制各种污染物在某评价时段下三维扩散浓度分布图，确定扩散波及范围。

(8)绘制各种污染物在某评价时段下的等值线图，确定各等值污染物的覆盖面积。

2. 评价标准

1)污染物浓度的标准比判定

根据飞机发动机排放效率，结合污染物扩散模型，计算飞机排放每一种污染物的地面浓度极大值的标准比γ_i：

$$\gamma_i = \frac{c_i}{c_{gb}} \times 100\% \tag{4-32}$$

式中，γ_i 为污染物 i 的地面浓度极大值的标准比(%)；c_i 为应用模型求解或监测所得的污染物 i 的地面浓度极大值(mg/m^3)；c_{gb} 为污染物 i 的国家环境空气质量标准限值。将实际计算所得浓度值或者监测浓度值与国家环境空气质量标准限值进行对比分析，判定该类型污染物在机场区域及机场周边敏感点的浓度值是否超标，超出则不满足国家空气质量标准，项目需进行建设调整以满足要求。

除此之外，根据计算所得污染物 i 的地面浓度极大值的标准比 γ_i 对比当前评价等级下的浓度标准比 γ_i'，若该等级下所求的污染物 i 的地面浓度极大值的标准比 γ_i 不满足当前评价等级，则当前项目不符合当前评价等级，需重新选择评价等级。

2)污染物扩散范围判定

综合机场跑道、滑行道、航站楼的规划参数，机场实际占地面积大小，以及预测污染物的浓度值，确立实际评价机场的大气环境影响评价范围，其范围应不小于半径 $R = 2.5\text{km}$ 的圆或者边长 $L = 5\text{km}$ 的正方形，对比已规划的污染物评价区域面积是否满足现阶段或者未来年标准值等值线的覆盖面积，若评价区域面积 s_{p} > 标准面积 s_{b}，则判定该机场污染物扩散已超出标准浓度下的范围，不符合大气质量要求。

综上，大气污染评价因子及评价标准适用于评价不同机场总体污染水平。其中，通过比较各项污染物浓度大小及浓度扩散影响范围可以判断出机场评价等级是否合理以及机场所在区域评价范围内污染物排放是否符合标准，从而衡量有利于机场大气质量的机场规划设计方案。

4.5.7　江苏新沂通用机场大气环境影响预测

1. 大气污染气象特征

1)气温

评价地区年(2012 年 1 月 1 日～2012 年 12 月 31 日，下同)平均温度的月变化情况见表 4-10。

表 4-10　年平均温度的月变化表

月份	1 月	2 月	3 月	4 月	5 月	6 月	7 月	8 月	9 月	10 月	11 月	12 月
温度/℃	0.8	2.0	7.7	16.3	22.7	26.1	29.2	27.1	21.9	17.3	7.7	1.4

2)风速

评价地区年平均风速的月变化情况见图 4-15，季小时平均风速的日变化情况见图 4-16。

2. 预测内容

预测内容包括如下几项。

(1)污染物最大地面落地浓度及其占标率、出现距离。

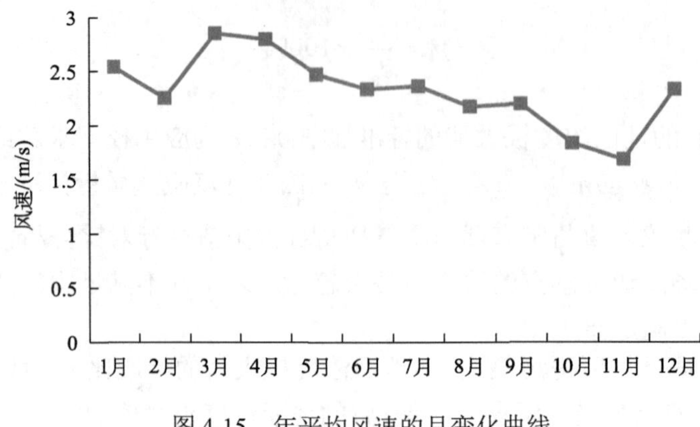

图 4-15　年平均风速的月变化曲线

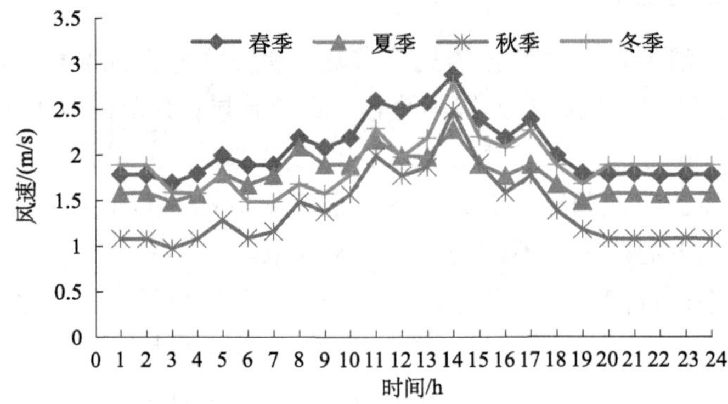

图 4-16　季小时平均风速的日变化曲线

(2)污染物对保护目标处的影响分析。

(3)大气环境防护距离及卫生防护距离的计算及分析。

3. 预测结果

根据《环境影响评价技术导则 大气环境》(HJ 2.2—2008)推荐的估算模式的估算结果，本项目的大气环境影响评价等级为三级。评价范围为以点源为中心、半径为 2.5km 的圆。

采用 AERSREEN 估算模型，考虑岸线熏烟等条件，根据污染物排放特征，面源排放地取 SO_2、NO_2、CO、VOCs 进行预测分析。跑道范围内飞机尾气排放量按飞机尾气排放量的 10%计算，根据飞机抬升过程将跑道分为两段；油车棚的排放源参照工程分析。具体面源大气污染物排放情况见表 4-11。相应估算模式结果见表 4-12。

表 4-11　项目大气污染物排放情况

名称		长度	宽度	高度	SO_2/(t/a)	NO_2/(t/a)	CO/(t/a)	C_mH_n/(t/a)
机场跑道	1	300	30	10	0.0418	0.1798	0.32	0.0824
	2	300	30	20	0.0418	0.1798	0.32	0.0824
油车棚		25	12	3	0	0	0	0.044

表 4-12　估算模式计算结果

距点源中心下风向距离 D/m	机场跑道 1								机场跑道 2								油车棚	
	SO_2		NO_2		CO		非甲烷总烃		SO_2		NO_2		CO		非甲烷总烃			
	下风向预测浓度/(mg/m^3)	浓度占标率/%	下风向预测浓度/(mg/m^3)	浓度占标率/%	下风向预测浓度/(mg/m^3)	浓度占标率/%	下风向预测浓度/(mg/m^3)	浓度占标率/%	下风向预测浓度/(mg/m^3)	浓度占标率/%	下风向预测浓度/(mg/m^3)	浓度占标率/%	下风向预测浓度/(mg/m^3)	浓度占标率/%	下风向预测浓度/(mg/m^3)	浓度占标率/%	下风向预测浓度/(mg/m^3)	浓度占标率/%
100	0.00074	0.15	0.003168	1.32	0.005637	1.41	0.000913	0.02	0.000113	0.02	0.000832	0.35	0.001481	0.37	0.000381	0.01	0.01103	0.55
200	0.001016	0.2	0.00437	1.82	0.007777	1.94	0.001452	0.04	0.000193	0.04	0.001204	0.5	0.002142	0.54	0.000552	0.01	0.02334	1.17
300	0.001191	0.24	0.005122	2.13	0.009116	2.28	0.001452	0.04	0.000193	0.04	0.001391	0.58	0.002476	0.62	0.000638	0.02	0.02334	1.17
400	0.001174	0.23	0.005048	2.1	0.008985	2.25	0.002003	0.05	0.00028	0.06	0.001392	0.58	0.002477	0.62	0.000638	0.02	0.02342	1.17
500	0.00121	0.24	0.005206	2.17	0.009265	2.32	0.002347	0.06	0.000324	0.06	0.001393	0.58	0.002479	0.62	0.000638	0.02	0.01537	0.77
600	0.001199	0.24	0.005156	2.15	0.009176	2.29	0.002314	0.06	0.000324	0.06	0.001308	0.55	0.002328	0.58	0.0006	0.01	0.009176	0.46
700	0.001105	0.22	0.004752	1.98	0.008457	2.11	0.002386	0.06	0.000324	0.06	0.00114	0.47	0.002029	0.51	0.000522	0.01	0.006035	0.3
800	0.000981	0.2	0.004221	1.76	0.007513	1.88	0.002363	0.06	0.000304	0.06	0.001086	0.45	0.001933	0.48	0.000498	0.01	0.004274	0.21
900	0.000863	0.17	0.003714	1.55	0.006609	1.65	0.002178	0.05	0.000265	0.05	0.001006	0.42	0.001791	0.45	0.000461	0.01	0.003201	0.16
1000	0.000761	0.15	0.003271	1.36	0.005822	1.64	0.001935	0.05	0.000253	0.05	0.000918	0.38	0.001634	0.41	0.000421	0.01	0.002497	0.12
1100	0.000674	0.13	0.002892	1.21	0.005159	1.29	0.001702	0.04	0.000234	0.05	0.000901	0.38	0.001603	0.4	0.000413	0.01	0.002034	0.1
1200	0.000601	0.12	0.002585	1.08	0.0046	1.15	0.001499	0.04	0.000214	0.04	0.000882	0.37	0.00157	0.39	0.000404	0.01	0.001697	0.08
1300	0.00054	0.11	0.002321	0.97	0.004132	1.03	0.001328	0.03	0.000209	0.04	0.000853	0.36	0.001518	0.38	0.000391	0.01	0.00144	0.07
1400	0.000488	0.1	0.002097	0.87	0.003732	0.93	0.001185	0.03	0.000205	0.04	0.000819	0.34	0.001457	0.36	0.000375	0.01	0.001246	0.06
1500	0.000443	0.09	0.001905	0.79	0.003391	0.85	0.001064	0.03	0.000198	0.04	0.000783	0.33	0.001393	0.35	0.000359	0.01	0.001092	0.05
1600	0.000371	0.08	0.00174	0.73	0.003097	0.77	0.000961	0.02	0.00019	0.04	0.000746	0.31	0.001328	0.33	0.000342	0.01	0.000967	0.05
1700	0.000342	0.07	0.001597	0.67	0.002841	0.71	0.000873	0.02	0.000182	0.04	0.0071	0.3	0.001264	0.32	0.000326	0.01	0.000864	0.04

续表

距点源中心下风向距离 D/m	机场跑道 1								机场跑道 2								油车棚	
	SO_2		NO_2		CO		非甲烷总烃		SO_2		NO_2		CO		非甲烷总烃			
	下风向预测浓度/(mg/m^3)	浓度占标率/%	下风向预测浓度/(mg/m^3)	浓度占标率/%	下风向预测浓度/(mg/m^3)	浓度占标率/%	下风向预测浓度/(mg/m^3)	浓度占标率/%	下风向预测浓度/(mg/m^3)	浓度占标率/%	下风向预测浓度/(mg/m^3)	浓度占标率/%	下风向预测浓度/(mg/m^3)	浓度占标率/%	下风向预测浓度/(mg/m^3)	浓度占标率/%	下风向预测浓度/(mg/m^3)	浓度占标率/%
1800	0.000316	0.07	0.001471	0.61	0.002617	0.65	0.000798	0.02	0.000174	0.03	0.000676	0.28	0.001202	0.3	0.00031	0.01	0.000778	0.04
1900	0.000294	0.06	0.00136	0.57	0.00242	0.6	0.000732	0.02	0.000165	0.03	0.000642	0.27	0.001143	0.29	0.000294	0.01	0.000706	0.04
2000	0.000294	0.06	0.001263	0.53	0.002247	0.56	0.000674	0.02	0.000157	0.03	0.000611	0.25	0.001088	0.27	0.00028	0.01	0.000644	0.03
2100	0.000274	0.05	0.001177	0.49	0.002095	0.52	0.000623	0.02	0.000149	0.03	0.000582	0.24	0.001036	0.26	0.000267	0.01	0.00059	0.03
2200	0.000256	0.05	0.001102	0.46	0.001962	0.49	0.000579	0.01	0.000142	0.03	0.000555	0.23	0.000987	0.25	0.000254	0.01	0.000543	0.03
2300	0.000241	0.05	0.001036	0.43	0.001844	0.46	0.00054	0.01	0.000135	0.03	0.00053	0.22	0.000942	0.24	0.000243	0.01	0.000503	0.03
2400	0.000227	0.05	0.000977	0.41	0.001738	0.43	0.000505	0.01	0.000129	0.03	0.000506	0.21	0.000901	0.23	0.000232	0.01	0.000468	0.02
2500	0.000214	0.04	0.000922	0.38	0.001642	0.41	0.000475	0.01	0.000123	0.03	0.000484	0.2	0.000861	0.22	0.000222	0.01	0.000438	0.02
下风向最大浓度/(mg/m^3)	0.00121	0.24	0.005206	2.17	0.009265	2.32	0.002386	0.06	0.000324	0.06	0.001393	0.58	0.002479	0.62	0.000638	0.02	0.02342	1.17
下风向最大距离/m	459		459		459		459		409		409		409		409		105	

4. 大气污染物对敏感保护目标的影响预测

大气污染物对敏感保护目标的影响预测结果见表 4-13。根据预测结果：项目废气对各环境敏感点的影响预测值较小，均符合相关评价标准的要求。

5. 大气环境防护距离

依据《环境影响评价技术导则 大气环境》(HJ 2.2—2018)，采用推荐模式中的大气环境防护距离模式计算无组织源的大气环境防护距离。计算结果见表 4-14。

6. 卫生防护距离

卫生防护距离计算公式(选自《制定地方大气污染物排放标准的技术方法》(GB/T 3840—1991))为

$$Q_c / C_m = (1/A)(BL^C + 0.25r^2)^{0.50} L^D$$

式中，C_m 为标准浓度限值(mg/m_N^3)；Q_c 为工业企业有害气体排放量可以达到的控制水平(kg/h)；L 为工业企业所需卫生防护距离(m)；r 为有害气体排放源所在生产单元的等效半径(m)；A、B、C、D 为计算系数。

根据项目无组织排放的污染物情况，按上述公式计算卫生防护距离，计算结果见表 4-14。

表 4-13　大气污染物对敏感保护目标的影响预测结果

敏感点	SO_2		NO_2		CO		非甲烷总烃	
	下风向预测浓度/(mg/m^3)	浓度占标率/%	下风向预测浓度/(mg/m^3)	浓度占标率/%	下风向预测浓度/(mg/m^3)	浓度占标率/%	下风向预测浓度/(mg/m^3)	浓度占标率/%
东金庄	0.000274	0.05	0.001177	0.49	0.002095	0.52	0.000623	0.02
小李庄	0.000316	0.06	0.00136	0.57	0.00242	0.6	0.000732	0.02
高李村	0.000443	0.09	0.001905	0.79	0.003391	0.85	0.001064	0.03
孟庄	0.000405	0.08	0.00174	0.73	0.003097	0.77	0.000961	0.02
佃富村	0.000981	0.2	0.004221	1.76	0.007513	1.88	0.002363	0.06
孙老庄	0.000371	0.07	0.001597	0.67	0.002841	0.71	0.000873	0.02
魏庄	0.000405	0.08	0.00174	0.73	0.003097	0.77	0.000961	0.02
夏庄	0.001105	0.22	0.004752	1.98	0.008457	2.11	0.002386	0.06
牛庄	0.000294	0.06	0.001263	0.53	0.002247	0.56	0.000674	0.02
张庄	0.000294	0.06	0.001263	0.53	0.002247	0.56	0.000674	0.02
小新村	0.000371	0.07	0.001597	0.67	0.002841	0.71	0.000873	0.02
大新村	0.000443	0.09	0.001905	0.79	0.003391	0.85	0.001064	0.03
沈庄	0.000227	0.05	0.000977	0.41	0.001738	0.43	0.000505	0.000227

表 4-14　大气环境防护距离和卫生防护距离计算参数及计算结果

污染源位置	污染物名称	排放量/(kg/h)	面源面积/m^2	面源高度/m	卫生防护距离/m	大气环境防护距离/m
油车棚	VOCs	0.008	300	3	0.223(无超标点)	无超标点

思　考　题

4-1　机场废气分为几种？是如何产生的？有什么危害？

4-2　目前监测飞机废气的方法有哪些？各有什么缺点？

4-3　简述飞机发动机污染物排放量的评估方法。

4-4　影响排放污染物扩散的因素有哪些？目前污染物排放浓度有哪几种？

4-5　简述机场大气环境影响评价方法。

第 5 章　机场污水污油污染及防治

随着城市化进程的加快和经济建设的腾飞，城市污水排放量也迅速增长，大量未经处理的污水被直接排放，造成城市及水环境的污染，更加危害了居民的身体健康，同时也制约了城市各方面的发展速度。

机场建设是城市化进程发展的必然结果，在提供给人们便捷交通的同时，机场建设及运营中会产生大量的污水污油，造成环境污染。随着国内机场建设的加速，污水处理问题亟须解决，本章将对机场水污染进行讨论，并总结机场水污染防治和处理方法。

5.1　概　　述

5.1.1　水资源

水是地球上最常见、最重要、构成生命的最基本要素之一。地球上的水是由海洋咸水、陆地淡水(包括湖泊、河流、冰川的地表水和地下水)、大气蕴含着的水分组成的。地球上水分布的数量和占比见表 5-1。

表 5-1　地球上水分布的数量和占比

分布	估量/km^3	占比/%
海洋咸水	13.5×10^8	97.40
陆地淡水	3.6×10^7	2.60
大气水(气态)	1.3×10^4	约为 0

对人类而言，水资源是指淡水资源，它是重要的自然资源组成部分，各洲自然经济区取水总量见表 5-2。

表 5-2　各洲自然经济区取水总量(单位：km^3/a)

洲	评估										预测
	1900 年	1940 年	1950 年	1960 年	1970 年	1980 年	1990 年	1995 年	2000 年	2010 年	2025 年
欧洲	37.5	96.1	136	226	325	449	482	155	163	535	559
北美洲	69.6	221	287	410	555	676	653	686	705	744	786
非洲	40.7	49.2	55.8	89.2	123	166	203	219	235	275	337
亚洲	414	682	843	1163	1417	1742	2114	2231	2357	2628	3254
南美洲	15.1	32.6	49.3	65.6	87.0	117	152	167	182	213	260
大洋洲	1.60	6.83	10.4	14.5	19.9	23.5	28.5	30.4	32.5	35.7	39.5

水资源分为地表水资源和地下水资源两部分。地表水资源包括河川径流、冰川雪融水、

湖泊沼泽水等地球表面上的水体，其中河川径流占 90%以上。地下水资源是指埋藏在地表以下岩层中的水，由于岩层吸附过滤和微生物净化等原因，其水质一般比地表水要好。我国的水资源绝对量居于世界前列，但人均占有量低于世界水平，数据见表 5-3 和表 5-4。

表 5-3　我国的水资源

项目	种类	占有量
绝对	河川径流	2.7 万亿 m^3
	地下水	8300 亿 m^3
人均	—	$2600m^3/a$

表 5-4　世界各洲的水资源

洲	总量/(km^3/a)	人均/(m^3/a)
欧洲	2900	4230
北美洲	7890	17400
非洲	4050	5720
亚洲	13510	3920
南美洲	12030	38200
大洋洲	2400	83700
全球	42780	7600

5.1.2　水环境

自然界的水是不断循环的，从海洋蒸发的水蒸气随大气流动而在陆地降水形成地表水和地下水，陆地水在重力作用下随着江河又返回海洋，这样周而复始的循环造就了地球上千姿百态的生态系统和环境，形成了地球的一个“水圈”，如图 5-1 所示。

图 5-1　自然界的水循环

水体是海洋、河流、湖泊、水库、地下水等“储水体”的总称，指的是以相对稳定的陆地为边界的天然水域，包括有一定流速的沟渠、江河和相对静止的塘堰、水库、湖泊、沼泽，以及受潮汐影响的三角洲与海洋。把水体当作完整的生态系统或综合自然体来看待，其中包括水中的悬浮物质、溶解物质、底泥和水生生物等。按照类型划分，水体分为海洋水体和陆地水体。水环境是指自然界中水的循环、分布和转化所处的空间环境。

5.1.3　水环境承载能力

水环境承载能力的影响因素主要有如下几种：

(1) 水环境质量标准；

(2) 水环境容量；

(3) 水环境自净能力；

(4) 流域水资源量；

(5) 社会生产力水平；

(6) 科学技术水平；

(7) 人类生活水平；

(8) 政策法规与规划。

水资源承载力采用承压度进行计算，方法如式(5-1)所示：

$$\text{水资源承载力}=\frac{\text{项目区总用水量}(\mathrm{m}^3)}{\text{项目区水资源可供给量}(\mathrm{m}^3)} \tag{5-1}$$

从水资源利用的角度，流域或区域中由降水形成的当地水资源量可划分为三部分：一部分是由于技术手段或经济因素等原因尚难以被利用的水量(主要是汛期洪水下泄量和不具备开发利用价值的地下水)；另一部分是维系生态系统功能而应保持在河道内和保持一定的地下水合理水位所需要的相应水量(主要指维系河道生态环境的最小河道内用水量和维护地下水系统采补基本平衡而不宜开采的地下水补给量)；剩余的部分为水资源可利用量，即可供人类经济社会活动消耗利用的河道外一次性最大水量。

1. 河流对污水的自净能力

河流作为最终的陆源污染物排放途径，具有一定的自然净化功能。它可以通过稀释、降解、转化和运移，使一部分污染物无害化或降低负荷，对保护陆地生态环境和减少人类治污压力有积极作用。

1) 影响水体自净能力的因素

水体自净是一个较复杂的过程，影响自净能力的因素很多且相互联系，主要有以下几个方面。

(1) 污染物的种类与性质。

有些污染物易于分解，有的则难以分解。有的易被微生物分解，有的不易被微生物分解，有的在好氧条件下易分解，有的在厌氧条件下易分解。如合成洗涤剂、有机农药(双对氯苯基三氯乙烷、六氯环己烷)、多氯联苯等合成有机化合物，化学稳定性极高，在自然界需要十年以上时间才能完成分解，可以成为环境中长期存在的污染物，它们可以随着水的循环过程在地球上漫延、积累。

(2) 水体性质。

水体的温度、流量、流速、含沙浓度都对水体自净作用有很大影响。流量大、流速高易于稀释扩散。含沙浓度与污染物有一定关系。

(3) 水生生物。

水生生物的种类和数量与水体自净有密切关系，若能分解污染物的微生物多，则自净速度快。

(4) 水中的溶解氧。

(5) 其他环境因素。

太阳光照条件也是一个影响因素，紫外线能使水中污染物迅速分解，太阳光可以促使浮游植物与水生植物的光合作用，改变溶解氧条件。不同的水底底质影响底栖生物的种类与数量，从而影响污染物的分解。

水体的自净作用常以生物自净过程为主，生物体在水体自净作用中是最活跃、最积极的因素。但是，水对有机农药、合成洗涤剂、多氯联苯等物质以及其他难以降解的有机化合物、重金属、放射性物质等的自净能力是极有限的。

2) 河流水体自净能力定性分析

(1) 物理自净能力。

物理自净是指污染物在水体中通过混合、稀释、扩散、挥发、沉淀等作用，使水体得到一定程度净化的过程。物理自净能力的强弱取决于污染物自身的物理性质和水体的水文条件。

(2) 化学自净能力。

化学自净是指水体中的污染物通过氧化、还原、中和、吸附、凝聚等反应，使其浓度降低的过程。影响这种自净能力的因素有污染物的形态和化学性质、水体的温度、氧化还原电位、酸碱度等。水体中化学自净能力的强弱主要从以下三个方面反映出来。

一是溶解氧的含量水平。

二是有机污染物的氧化分解能力。

三是营养盐的形态转化和消减程度。

(3) 生物自净能力。

生物自净是指进入水体的污染物，经过水生生物降解和吸收作用，使其浓度降低或转变为无害物质的过程。生物自净过程进行的速度和程度与污染物的性质和数量、微生物种类及水体温度、供氧状况等条件有关。

2. 土壤对污水的自净能力

土壤受水污染后，在多种因素作用下，经过一定时间病原体可以死灭，各种有害物质可以转化到无害的程度，土壤可逐步恢复到正常状态，这一过程称为土壤的自净。

1) 土壤的吸附作用和滤过作用

土壤颗粒有吸附和滤过作用。所以，各种污染物绝大部分被阻留和吸附在土壤的表层。土壤颗粒越细，吸附和滤过作用越强，腐殖质的吸附作用最强。土壤还可吸附和阻留各种化合物、有机质、细菌、毒气以及重金属等。

2) 有机物的净化

土壤微生物可以使有机物逐步无机化或腐殖质化。

(1) 有机物的无机化。

含氮有机物在土壤微生物的作用下，首先分解成氨或铵盐，称为氨化阶段。如果氧气充足，在亚硝酸菌的作用下，氨就被氧化成亚硝酸盐，并且进一步在硝酸菌的作用下氧化成硝酸盐，这称为硝化阶段。如果氧气不足，在厌氧条件下，就不能完成硝化阶段。

含硫和磷的有机质，在氧气充足的条件下可最终转化为硫酸盐或磷酸盐而达到彻底无机化。在厌氧条件下则产生硫醇、硫化氢或磷化氢等恶臭物质，和含氮有机物产生的氨等一起以恶臭污染环境。

含碳有机物在氧气充足的条件下最终被分解、氧化成二氧化碳和水，在厌氧条件下则产生甲烷。

(2) 有机物的腐殖质化。

有机物在微生物的作用下分解成为简单的化合物的同时，又重新合成复杂的高分子化合物，称为腐殖质。腐殖质是一种质地疏松、暗褐色的、含氮量很高的有机化合物，它的成分很复杂，其中含有木质素、蛋白质、碳水化合物、脂肪和腐殖酸。所以，人工堆肥法处理有机污染物，就是使大量有机污染物在短时间内转化为腐殖质而达到无害化的目的。

3) 病原体的死灭

土壤中的病原体会由于环境的不利、生物间的拮抗以及噬菌体的作用等而死亡。一般病原菌进入土壤后，在几小时至几个月内死亡，有芽孢的细菌可存活数年，蛔虫卵可存活一年左右，这与土壤类型和气候条件等有关。

4) 有害化学物质的迁移和转化

(1) 土壤腐殖质的吸附和螯合作用。土壤腐殖质能大量吸附金属离子，使金属通过螯合作用而稳定地留在土壤腐殖质中。从而使金属毒物不易迁移到水中或植物体中，减轻其危害。

(2) 土壤 pH 低时，酸性土壤中金属离子多数变成易溶于水的化合物，容易被作物吸收或迁移；而土壤 pH 高时，碱性土壤中多数金属离子成为难溶的氢氧化物而沉淀。所以，土壤受镉污染后用石灰调节土壤，可显著降低土壤中的镉含量。实验表明：当土壤 pH 为 5.3 时，土壤镉含量为 0.33mg/kg，而 pH 为 8.0 时镉含量仅为 0.06mg/kg。

(3) 土壤的氧化还原状态。在氧气充足的氧化条件下砷为五价，而在还原条件下则为三价(亚砷酸盐)，毒性比前者大；六价铬比三价铬毒性大得多。另外，在还原条件下，许多重金属形成硫化物(难溶解)而被固定于土壤中。

(4) 重金属和农药的残留。进入土壤中的重金属，如果不迁移出去，几乎可以长期以不同形式存在于土壤中。农药虽能降解，但有的半减期也很长。例如，含有铅、砷、铜、汞等农药的半减期为 10～30 年，有机氯农药为 2～4 年，有机磷农药为 2 周到数周。化学毒物在土壤或农作物中的残留情况与化学毒物本身的特性有关，也和土壤的理化特点有关。残留情况的表示方法有两种：半减期，表示减少 50%所需的时间；残留期，表示减少 75%～100%所需的时间。

5.1.4 水污染

随着人类文明的不断发展，水污染问题也开始暴露出来。人类的活动会使大量的工业、农业和生活废弃物排入水中，使水受到污染。目前，全世界每年约有4200多亿m^3的污水排入江、河、湖、海，污染了5.5万亿m^3的淡水，这相当于全球径流总量的14%以上。

自然界中的天然水在循环过程中，不断与周围物质进行接触，溶解了大量的化学物质，根据俄国学者 Алекин(阿列金)的分类法，可将天然水中的化学成分大致分为5类，如表5-5所示。

表5-5　天然水的化学成分分类

种类	成分
溶解性气体	O_2、CO_2等
离子	Na^+、Ca^{2+}、Cl^-、CO_3^{2-}等
无机化合物	氮氧化合物
微量元素	F^-、Br^-、I^-等
有机物	碳氧化合物、腐殖质等

《中华人民共和国水污染防治法》中已经为“水污染”下了明确的定义，即水体因某种物质的介入，而导致其化学、物理、生物或者放射性等方面特征的改变，从而影响水的有效利用，危害人体健康或者破坏生态环境，造成水质恶化的现象。

1. 水污染的分类和来源

造成水污染的因素很多，具体归纳如下。

1)工业污染源

工业污染源是工业用水排放的污染。部分污水未经处理直接排放到江、河、湖泊之中，造成水污染。工业废水具有面广、量大、成分复杂、毒性大、不易净化、难处理的特点。

2)生活污染源

生活污染源主要是城市生活中使用的各种洗涤剂和污水、垃圾、粪便等，多为无毒的无机盐类，生活污水中含氮、磷、硫多，致病细菌多。生活污水中含有大量的有机物(占70%)、病原菌、寄生虫等，排入水体或渗入地下将造成严重污染。

3)人为污染源

围湖造田、建设大坝水闸等人为活动，也对某些水域生态系统的影响和破坏有很大的影响，还可能加重污染的程度，有时这种影响甚至超过污水排放造成的影响。

4)其他污染源

雨、雪水淋洗大气中的有毒物质、冲刷地面污染物后进入水体，农田施用的化肥以及牲畜粪便等农村污水流失到水体中均会造成水体的严重污染。此类污水具有面广、分散、难以收集和难以治理的特点。大量农药、化肥、有毒物质随表土流入江、河、湖、库，随之流失的氮、磷、钾营养元素，使湖泊受到不同程度富营养化污染的危害，造成藻类以及其他生物异常繁殖，引起水体透明度和溶解氧的变化，从而致使水质恶化。

造成水污染的污染物包括物理、化学和生物三大类。物理污染物包括固体悬浮物、热排放废水、放射性物质等；化学污染物主要包括一般无毒好氧有机物、农药、重金属、有毒有机物、生物营养盐类、酸碱物质、油脂和合成洗涤剂等几大类；生物污染物包括各种病原菌、寄生虫、藻类等。目前人们关注的水污染问题主要有以下几种。

(1) 病原体污染：生活污水、畜禽饲养场污水及制革、洗毛、屠宰业和医院等排出的废水常含有各种病原体，容易传播疾病。

(2) 好氧物质污染：生活污水、食品加工厂污水和造纸污水等工业废水中含有碳水化合物、蛋白质、油脂、木质素等有机物，这些物质通过好氧微生物的分解作用而消耗氧气，使水中的溶解氧减少，影响鱼类及其他水生生物的生长。当水中溶解氧耗尽时，有机物将在厌氧菌的作用下进行厌氧分解，产生硫化氢、氨和硫醇等具有难闻气味的物质，使水质进一步恶化。

(3) 植物营养物质污染：生活污水和某些工业废水中含有一定量的磷、氮等植物营养物质，这些物质排入水中后，引起水体富营养化，水质恶化。

(4) 石油污染：石油类物质在水面形成油膜，阻碍水体复氧作用，威胁鱼类和浮游生物的生存，并使水质恶化。

(5) 热污染：由工矿企业向水体排放高温废水造成，使水中物质反应速度加快，溶解氧减少，破坏水生生物正常的繁殖和生存环境。

(6) 放射性污染：由放射性物质进入水体造成，使生物受到伤害，并可在生物的体内蓄积，通过食物链最终危害人体健康。

(7) 有毒化学物质污染：有毒化学物质主要指重金属和微生物难以降解的有机物，不少属于致癌物质，可通过食物链富集，危害极大。

(8) 酸、碱、盐污染：各种酸、碱、盐等无机化合物进入水体，使淡水的矿化度增高，降低了水的使用功能。

2. 水污染的危害

1) 对人体健康的危害

人体在新陈代谢过程中，把水中的各种元素通过消化道带入身体的各个部分。如果长期饮用劣质水，必然会导致体质不佳、抵抗力减弱，引发疾病。据世界卫生组织调查，人类 80%的疾病和 50%的儿童死亡率都与饮水水质不良有关。当水中含有有害物质时，对人体的危害就更大，水污染对人体健康的危害主要有 3 个方面。

(1) 水体受病原体微生物的污染，会引起各种传染病。例如，饮入被各种细菌、病毒和寄生虫污染的水，会引起肠胃炎、菌痢、甲型肝炎、霍乱、伤寒、脊髓灰质炎等。水污染直接威胁民众的健康和生命安全。

(2) 水体受重金属及其他无机物污染，会引起各种中毒性疾病。

(3) 水体受有机物污染，会引起各种中毒、癌症等疾病。

2) 对工农业生产的危害

工农业生产不仅需要充足的水量，而且不同行业对水质都有一定的要求。如果水质污染，工业用水势必要投入更多的处理费用，必然造成资源、能源的浪费，甚至导致产品质量下降，构成明显的经济损失，尤其是食品工业对用水要求更为严格，若水质不合格，生产的食品会影响到消费者的利益，危及人体健康。在农业上，如果长期使用污水灌溉，会使土壤的化学成分改变，导致土壤板结、龟裂、土质变硬、盐碱化等，影响农作物产量与质量，甚至在农作物中积累重金属等有害物质，通过食物链危害人体健康。水环境质量对于渔业的影响更为直接，受污染的水改变了水生生物的原有环境，使水域生态系统发生了变化，必然会影响到鱼类等水生生物的生长、繁殖乃至生存；另外，人如果食用了受污染的鱼类，也会有损健康或中毒。

3) 对生态环境的危害

水污染会对生态环境造成严重的影响。当含有氮、磷、钾的大量生活污水、工业废水、有毒污染物进入河流或湖泊等水体后，超过了水体的自净能力。有机物在水中降解放出营养元素，再加上过量的氮、磷促进了水中藻类丛生、植物疯长，从而使水中溶解氧下降。溶解氧不仅是水生生物赖以生存的条件，而且参加水中各种氧化还原反应，促进污染物氧化降解，是天然水体具体自净能力的重要原因。溶解氧的降低，使水中大量生物死亡，导致水面发黑、水体发臭，不仅严重破坏了河流或湖泊的水生生态平衡，而且会影响到周围空气及环境等的质量。

5.2 机场水环境污染

5.2.1 机场水环境

机场是大型的人工构造物，其水环境既受到自然界水循环的影响，又受到人类社会活动的影响。若将机场单独作为一个系统来看，其水体中的物质来源和种类由于受到人类活动和污染的影响，与天然水体中的物质来源和种类是不同的。

机场的水环境主要包括两个方面。

(1) 机场周边河流、湖泊、饮用水源等地表水。

(2) 机场周边的地下水。

机场用水具有以下几个特点。

(1) 耗水量大，除生活用水外，主要用于冷却系统、消防、机械和道面清洗。

(2) 水的来源主要是雨雪水、地下水和人工排水。

(3) 污水来源主要是生活污水、含油和除冰液等有毒化学品污水，还有少量生产污水。

以广州白云机场为例，其项目周边地表水系及水环境功能情况见表 5-6。

表 5-6 广州白云机场周边水环境功能情况表

名称	水环境功能情况	方位	与项目最近距离/m
流溪河(李溪坝-广州鸦岗村)	二类水	东面	约 200
流溪河右灌渠(从化区大坳坝-花都区梨园)	三类水	项目东面穿过	0
白坭河(小塘村-广州鸦岗村)	三类水	西面	约 13000
新街河(田美村-五和村)	三类水	西北面	约 2500
雅瑶河	四类水	西南面	0
江村水厂	饮用水源一级保护区	西南面	约 10000

5.2.2　机场水污染源和污染物

机场作为大型交通设施，有大量的人工作、生活和过往停留，每天都会产生很多的生活污水和一定数量的工业污水。每天在机场降落的飞机也会卸下相当数量的生活污水。机场日常运营、维护、机务维修中产生或散落在地上的有害物质经水或雨水冲刷，也会形成污水。如果这些污水未经任何处理，就直接或间接地排放到机场或机场附近的水体中，必然会使水体的物理、化学、生物等特征发生不良变化，破坏水中固有的生态系统，威胁水中生物生存，从而降低水的使用价值，造成水污染。有些污水的产生是不可避免的，如生活污水；有些污水的质和量通过采用一定的技术和管理措施是可以改变的，如生产和运营、维护、维修过程中产生的污水。对这类污水首先还是应该设法减少其产生量，降低其污染性。

在机场建设过程中，场地开挖、平整回填等土石方工程会产生高浊度施工废水；施工机械在维护冲洗时，将产生含硫类和含石油类的废水。除此之外还有施工现场带来的生活污水及地面径流产生的高浊度雨水。这些废水若不处理直接排放，有害的化学物质通过不同的方法和途径溶于水中，进入地表水体后会导致地表水体污染、水质恶化，对人类、鱼类、植物、地下建筑材料产生不同的危害。

在机场运营中，时常会发生对道面和土地的污染。这些污染，由于使用水清洗冲刷等原因而进入机场水体环境，必须加以控制和治理。

常见的机场道面污染有飞机橡胶轮迹污染，燃油、润滑油污染，油漆污染，也有为除胶、除油、除漆、除冰等目的而使用的各种化学药剂造成的污染。

当着陆飞机轮子高速接地时，剧烈摩擦产生的高温使机轮表面橡胶熔化，熔化的橡胶涂抹在道面上就形成了橡胶轮迹污染。道面上的胶层破坏了道面的宏观粗糙度，降低了道面的摩擦系数。据测定，在繁忙机场，一年内胶层厚度累积可达 3mm 左右。在雨天，当飞机在被橡胶污染的道面行驶时，很容易因飘滑而发生事故，所以必须定期清除跑道上的污染胶层。目前，有三种除胶方法，即化学方法、机械研磨方法和高压水冲方法。采用化学方法时，清除水泥混凝土道面橡胶用甲酚基及苯的混合物；沥青混凝土道面除胶用碱性药剂。由于上述化学药剂都具有一定的挥发性和毒性，故操作时对环境有一定程度的污染，且对道面本身也有破坏作用。

在跑道、滑行道，尤其是机坪上，由于滴漏、排放或加油操作不当，经常发生道面被燃油、润滑油污染的情况。油料不仅会因蒸发污染大气，使标志线变得模糊不清，更为严重的是破坏道面。沥青混凝土道面被污染后，沥青会被溶解，造成骨料散碎，进而形成空洞，所以污染后必须立即清污。清污时应先用粉末或粒状吸油材料将表面的油覆盖、吸干，然后喷洒油脂溶剂清洗道面，最后喷水冲洗。对于反复受到深层油浸的水泥混凝土或沥青混凝土道面，目前尚没有经济可靠的清洗方法，严重时只能翻修。使用油脂溶剂等化学物品时，应采取必要的环保措施。

常见的机场土地污染发生在飞行区升降带土质区，其可能因多种原因而受到污染、侵蚀。例如，道面维护、施工、除胶、除冰、除油时采用的有害化学药剂，以及为控制草高、鸟害而喷施的缓生剂、麻醉剂、杀虫剂等，可能随雨水、冲洗水而流入土地。

在严寒地区的机场，冬季清除飞机、跑道和机坪上的冰是十分重要的工作。除冰、防结冰时常常使用化学物品。例如，为飞机除冰采用乙二醇，道面除冰用除冰液、尿素、细盐等，在操作中应采取必要的环保措施。若任其散落，既可能破坏道面，还可能造成水体和土壤污染。

机场水环境的主要污染源及污染物列于表 5-7。由表 5-7 可见，机场建设期和运营期排放的污水均以含油污水和生活污水为主，另外，运营期还有除冰液及有毒化学品污水。

表 5-7　机场主要水污染源和污染物

时期	主要污染源	主要污染物
建设期	机场土石方及各种结构物施工	颗粒物、石灰、水泥砂浆
	施工机械及运输车辆	石油类
	施工人员宿舍、食堂及诊所	需氧有机物、富营养化物质、病原体和寄生物
运营期	站坪	石油类
	汽车加油站	石油类
	油库	石油类
	飞机事故溢油	石油类
	机场道面除橡胶轮迹	有机有毒化合物
	飞机及机场道面除冰	有机有毒化合物
	飞机修理厂	氰化物、重金属等
	航站楼、宾馆、行政办公楼、生活区等	需氧有机物、富营养化物质、病原体和寄生物
	机场种植	磷、氮、农药、颗粒物等

5.2.3　机场污水分类及其危害

1. 建设施工污水

机场建筑工程和道面工程等在实施过程中，施工方法往往因地而异，因此造成水污染的途径和形式也各有差异。

施工期间场地开挖、平整回填等土石方工程不可避免地产生高浊度施工废水，这种高浊度施工废水多携带了石灰、水泥砂浆，这类废水含有易溶化学物品，对环境的影响比较明显。含有大量泥沙、杂物、建材粉末等污染物的施工废水和施工人员的生活污水直接经城市下水道进入周围水体，不仅直接污染了城市水环境，而且极易造成城市地下排水管网系统淤积，影响城市排水防涝。

2. 生活污水

机场生活污水是机场污水的主要来源，与一般生活污水类似，机场生活污水是一种水量不稳定、污染程度较低的有机废水，废水中含有大量的油脂、胶体粒子和悬浮物，主要成分为动植物油脂、无机盐分、表面活性剂、蛋白质和氨基酸等，且发酵后产生臭味。这些废水若不经处理直接外排，将严重污染周围水域及地下水，给周围环境造成严重污染。

3. 含油污水

机场的含油污水量大，且涉及的范围广，如油品储运、飞机溢油事故、车辆清洗、机械制造等过程均会产生含油污水。

4. 除冰液污水

为了保证飞行安全，机场都会采取物理或化学手段除去飞机表面的冰、霜、积雪等。作为一种有效除去飞机表面冰、霜、积雪的航空化学品，除冰液在机场得到了广泛的应用。

机场除冰液污水具有以下特性。

1) 排放量大

据调研，一架大型商用飞机除冰需要 2～4t 除冰液，根据我国机场冬季吞吐量推算，一座中型国际机场飞机除冰液年用量在 1000～10000t，其中大部分飞机除冰液会流失到机场的周边环境，会在短时间内排放出耗氧量极高的大量除冰废水。

2) 成分复杂

目前，国际民航业普遍采用的机场除冰液以乙二醇、丙二醇和碱金属/碱土金属的低级有机酸盐等为主要原料，并添加一些能提高除冰效率的阻蚀剂、表面活性剂和增稠剂。研究表明，飞机除冰液中的缓蚀剂和表面活性剂可在生物体内蓄积，能干扰水生生物的再生和生长。飞机除冰废水主要包含醇类化合物、水、表面活性剂、缓蚀剂、增稠剂、飞机燃油、沙子以及通过管道收集的部分垃圾等，污染物种类繁多，成分复杂。其中，废水中的醇类化合物和水是主要成分，占 99%～99.9%，而其余的杂质在废水中的比例很少，占 0.1%～1%。

3) 污染物浓度高

飞机除冰废水中含有高浓度的乙二醇、丙二醇等物质，可大量消耗水体中的溶解氧，属于高浓度有机废水。如果未经处理，如此高浓度的除冰废水直接排放，将极大地消耗水体中的溶解氧，从而造成水生生物的大量死亡，致使水体变黑、发臭，严重影响水体环境质量和水生安全，进而影响人体健康。

5. 其他有毒化学品污水

在机场运营期，除了除冰液污水，还有种植草木使用的农药产生的农业污水以及生产维修过程中产生的氰化物、重金属等有毒化学品污水。这些有毒化学品污水的特点类似于除冰液污水，具有浓度高、成分复杂等特点。

5.2.4　机场水环境污染实例

巫家坝机场位于昆明，随着地方经济、商贸旅游和航空运输的发展，机场已越来越不能满足发展要求，规模不能满足航空业务量增长的需要，且已没有足够的发展空间。2008 年，昆明长水国际机场开始动工。本节以昆明长水国际机场水污染影响报告为例，具体阐述机场水环境污染及影响。

1. 机场建设期污水

机场建设期水污染源主要有如下几种。

(1) 施工机械跑、冒、滴、漏的污油及露天机械被雨水等冲刷后产生一定量的含油污水。

(2) 堆放的建筑材料被雨水冲刷对周围水体的污染。

(3) 施工工人产生的生活污水。生活污水主要来源于施工营地，其中主要是施工人员就餐和洗涤产生的污水及粪便水(旱厕)，主要含动植物油脂、食物残渣、洗涤剂等各种有机物。本项目建设期为3年，分不同时段进行不同区域作业。以每一时期进驻施工人员1000人考虑，人均生活用水标准为50L/d，则施工生活区污水排放量见表5-8。

表 5-8　机场施工人员生活污水排放表

施工人数	每人每天生活污水量	排污系数 K	污水排放总量/(t/d)
1000	50L	0.8	40

2. 机场运营期污水

机场运营期水污染源主要有如下几种。

(1) 生活污水。机场内生活污水主要来自机场内航站区、工作办公区、旅客过夜宾馆、餐饮食堂、职工宿舍等，见表5-9。

由表5-9可以看出，机场排放的生活污水污染物浓度偏低。

表 5-9　机场运营期间生活污水排放表

项目	水质/(mg/L)						
	悬浮物	COD_{Cr}	BOD_5	总氮	总磷	动植物油	阴离子表面活性剂
平均值	115	105	31.2	17.6	1.45	4.01	1.06
规范范围	36.0～276	56.7～135	17.2～45.8	10.5～22.5	1.25～1.59	0.31～9.61	0.595～1.55
典型生活污水	300	400	200	25	8	10	10

(2) 生产废水。生产废水主要来自机务维修区、货运区、飞机冲洗等，水质比较稳定，但水量变化大，水质指标见表5-10。可以看出：废水中阴离子表面活性剂和磷污染物含量超标较多，其他污染物含量较低，推测与含磷洗涤剂的使用有关。

表 5-10　机场运营期间生产废水排放表

时间	水质/(mg/L)						
	悬浮物	COD_{Cr}	BOD_5	总氮	总磷	石油类	阴离子表面活性剂
8:00	9.2	65.1	25.7	8.88	13.7	7.05	14.68
12:00	7.2	50.4	32.0	7.39	13.0	6.83	13.94
平均值	8.2	57.8	28.9	8.14	13.4	6.94	14.31

(3) 油料库废水。机场航空油料库的废水来自油罐区冲洗废水及航煤污油罐内油水分离器产生的废水。其中油罐区冲洗废水需经油罐区内独立管网收集后进入油水分离池预处理后才能汇入机场污水管网；航煤污油罐油水分离器中废水含量在 200～5000mg/L，这部分废水必须经过油水分离器处理，航煤中水分含量较少，分离后的航煤经过检测回用到储罐内，少部分废水含油量降低到 10mg/L 以下进入机场污水管网。

(4) 机场跑道、滑行道、机坪、道路等降雨初期的雨水及冲洗车辆、地面的少量冲洗水。这些水均含有少量油类，需要对这部分水进行收集处理后外排。

5.3　机场水环境污染监测技术

5.3.1　监测概况

为了治理被污染的水环境和防止水资源的进一步污染，人们在对水环境污染的治理和控制过程中，必须及时地了解引起水环境变化的原因和程度，尤其必须对危害性较大的水中污染物的性质、来源、含量及其分布状态进行分析和检测。

机场水环境污染监测实际上应包括对地表水质、地下水质和海水水质的监测。除此之外，还包括对机场水污染源的监测。

本书中所述的机场水环境污染监测包括机场地表水质的监测、机场地下水质监测，以及机场水污染源的监测。机场周边海洋水质监测在本书不作叙述。

5.3.2　监测的作用

机场水环境污染监测的作用可概括为以下五个方面。

(1) 对机场周边进入江、河、湖、海等地表水体的污染物及渗透到地下水中的污染物进行经常性的监测，以掌握水质现状，判断污染程度、污染趋势、污染速率、污染途径和污染路线。为开展水环境质量评价、预测预报及进行环境科学研究提供基础数据和手段。

(2) 可以作为设计和制定机场环境工程方案的方法和依据。

(3) 对机场生产过程、生活设施及其他排放源排放的各类废水进行监视性监测，为污染源管理和排污收费提供依据。

(4) 对机场水环境污染事故进行应急监测，确定污染物种类、污染程度及危害范围，以便找出原因并采取有效措施降低和消除危害。

(5) 为国家政府部门制定机场环境保护法规、标准和规划，全面开展机场环境保护管理工作提供数据和资料。

5.3.3　监测项目依据标准

机场水污染环境监测依据《城镇污水处理厂污染物排放标准》(GB 18918—2002) 和《水污染物排放总量监测技术规范》(HJ/T 92—2002) 来确定。

5.3.4 监测方案

进行机场水环境污染监测前，能否制定出符合实际的监测方案是决定监测成败的关键。因此，首先必须根据水质监测的目的要求，对监测对象进行实地踏勘和污染调查，在掌握污染源和水污染资料的基础上，结合分析测定条件来确定监测项目和选择适当的分析方法，再进行布点、采样和测定。

1. 地表水(河流、湖泊、饮用水源)

1)基础资料的调查和收集

在制定机场地表水监测方案之前，应尽可能完备地收集机场水体及所在区域的以下资料。

(1)水体分布区的地质、水文和气象资料，主要包括水位、水量、流速及流向的变化，以及降水量、蒸发量及历史上的水情。

(2)水体沿岸城市分布、工业布局、污染源及其排污情况、城市给排水情况等。

(3)水体沿岸的资源现状和水资源的用途，饮用水源分布和重点水源保护区，水体流域土地功能及近期使用计划等。还包括水体沿岸周围资源现状(特别是对植被破坏情况应详细了解)、水体功能区划情况、各类用水功能区的分布(特别是饮用水源分布和重点水源保护区)。

(4)野外调查交通情况，包括河宽、水深、河床结构、河床比降、河岸标志等，对湖泊还要了解生物、沉积物特点，间温层分布，容积，平均深度，作等深线图，了解水的更新时间等。

(5)历年的水质资料。

2)监测断面的设置

监测断面即为采样断面，一般分为四种类型，即背景断面、对照断面、控制断面和消减断面，如图 5-2 所示。对于地表水的监测来说，并非所有的水体都必须设置这四种断面。采样点的设置应在调查研究、收集有关资料、进行理论计算的基础上，根据监测目的、监测项目以及人力、物力等因素来确定。

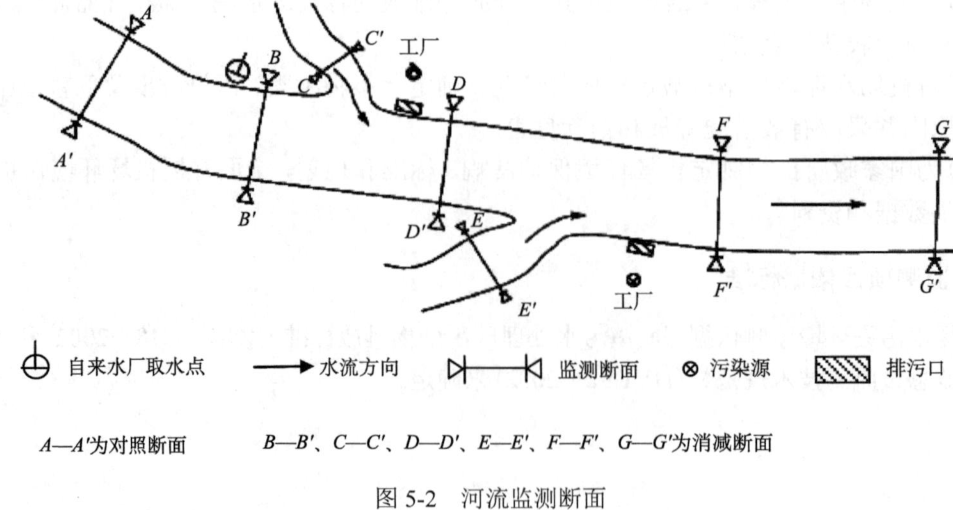

图 5-2 河流监测断面

(1) 河流监测断面的设置。

对于江、河水系或某一个河段，水系两岸的城市、工厂、企业排放的生活污水和工业污水是该水系污染物的主要来源，因此，要求设置背景断面、对照断面、控制断面和消减断面等几种断面。

①背景断面。

背景断面是指为评价某一完整水系的污染程度，在未受人类生活和生产活动影响的情况下，能够提供水环境背景值的断面。

②对照断面。

对照断面是指在具体判断某一区域水环境污染程度时，位于该区域所有污染源上游处，能够提供这一区域水环境背景值的断面。

③控制断面。

控制断面是为了了解水环境受污染程度及变化情况而设的断面。一般应设在排污区的下游 500～1000m 处，即污水与河水基本混合均匀处。控制断面的数量、控制断面与排污区距离的设置需要考虑污染区的数量及其之间的距离、各污染源的实际情况、主要污染物的迁移转化规律和其他水文特征等众多因素。

④消减断面。

消减断面是指工业废水或污水在水体内流经一定距离而达到最大程度混合，污染物受到稀释、降解，其主要污染物浓度有明显降低的断面。它主要反映河流对污染物稀释净化的情况，应设置在控制断面下游、主要污染物浓度显著下降处。

(2) 湖泊、水库监测断面的设置。

湖泊、水库监测断面设置前，应先判断湖泊、水库是单一水体还是复杂水体，考虑汇入湖泊、水库的河流数量、水体径流量、季节变化及动态变化、沿岸污染源分布等，然后按以下原则设置监测断面。

①在考虑其特殊性的前提下，断面位置一般按不同水体类型，进水区、出水区、深水区、浅水区、湖心区、岸边区设置监测断面。

②受污染影响较大的重要湖泊、水库，应在污染物扩散途径上设置监测断面。

③渔业作业区、水生生物经济区等布设监测断面。

④以湖泊、水库的各功能区为中心，在其辐射线上布置弧形监测断面。

⑤湖(库)区若无明显功能区别，可用网格法均匀设置监测垂线。

⑥监测垂线上采样点的布设一般与河流的规定相同，但有可能出现温度分层现象时，应做水温、溶解氧的探索性试验后再定。

⑦受污染物影响较大的重要湖泊、水库，应在污染物主要输送路线上设置控制断面。

图 5-3 是一个湖泊监测断面。

3) 采样点的设置

在一个监测断面上设置的采样垂线数与各垂线上的采样点数应符合表 5-11 和表 5-12 的规定，湖(库)监测垂线上采样点的布设应符合表 5-13 的规定。

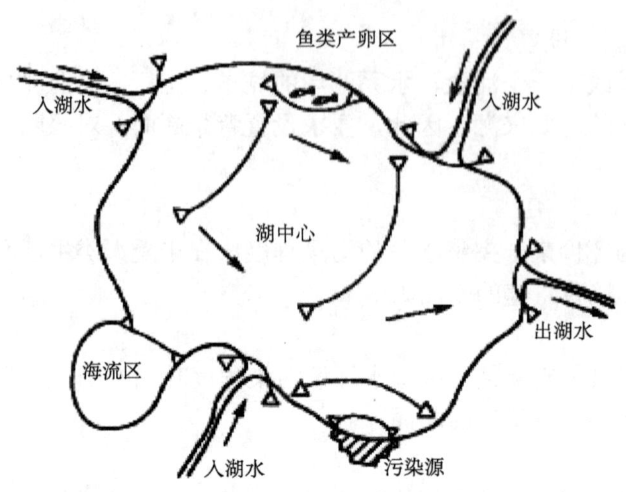

图 5-3　湖泊监测断面

表 5-11　采样垂线的设置

水面宽	垂线数	说明
≤50m	一条(中泓)	1.垂线布设应避开污染带，要测污染带应另加垂线
50～100m	两条(近左、右岸有明显水流处)	2.能证明该断面水质均匀时，可仅设中泓垂线
>100m	三条(左、中、右)	3.凡在该断面计算污染物通量时，必须按本表设置垂线

表 5-12　采样垂线上采样点数的设置

水面宽	采样点数	说明
≤5m	上层一点	1.上层指水面下 0.5m 处，水深不到 0.5m 时，在 1/2 水深处
5～10m	上、下层两点	2.下层指河底以上 0.5m 处
>10m	上、中、下层三点	3.中层指 1/2 水深处 4.封冻时在冰下 0.5m 处采样，水深不到 0.5m 处时，在 1/2 水深处采样 5.凡在该断面计算污染物通量时，必须按本表设置采样点

表 5-13　湖(库)监测垂线上采样点的设置

水面宽	分层情况	采样点数	说明
≤5m	—	一点(水面下 0.5m)	1.分层是指湖水温度分层情况
5～10m	不分层	二点(水面下 0.5m，水底上 0.5m)	2.水深不足 1m 处，在 1/2 水深处设置采样点
5～10m	分层	三点(水面下 0.5m，1/2 斜温层，水底上 0.5m)	3.有充分数据证实垂线水质均匀时，可酌情减少采样点
>10m	—	除水面下 0.5m、水底上 0.5m，按每一斜温分层 1/2 处设置	

4)采样时间和采样频率的确定

依据不同的水体功能、水文要素和污染源、污染物排放等实际情况，力求以最低的采样频率，取得最有时间代表性的样品，既要满足反映水质状况的要求，又要切实可行。

2. 地下水

地下水相对地表水而言，其流动性和水质参数的变化比较缓慢。地下水质监测方案的制定过程与地表水基本相同。制定方案前需要收集、汇总监测区域的水文地质、气象等方面的有关资料和以往的监测资料。

1）采样点的设置

背景值监测点应设在污染区的外围不受或少受污染的地方。

监测布点时，应考虑机场水文地质条件、地下水开采情况、污染物的分布和扩散形式，以及区域水化学特征等因素。对于重点污染源所在地的监测井（点）布设，主要根据污染物在地下水中的扩散形式确定。一般监测井在液面下 0.3～0.5m 处采样。若有温跃层（间温层）或多含水层分布，可按具体情况分层采样。

2）采样时间和采样频率的确定

每年应在丰水期和枯水期分别采样测定；有条件的地方按地区特点分四季采样；已建立长期观测点的地方可按月采样监测。通常每一采样期至少采样监测 1 次；对饮用水源监测点，要求每一采样期采样监测两次，其间隔至少 10 天，对有异常情况的井点，应适当增加采样监测次数。

3. 机场水污染源

在制定机场水污染源监测方案时，首先也要进行调查研究，收集有关资料，然后进行综合分析，确定监测项目、监测点位，选定采样时间和采样频率、采样和监测方法及技术，制定质量保证程序、措施和实施计划等。

1）采样点的设置

机场水污染源一般经管道或渠、沟排放，截面积比较小，不需设置监测断面，可直接确定采样点位。

在机场污水处理厂房或设备废水排放口设置采样点监测一类污染物。这类污染物主要有汞、镉、砷、铅的无机化合物，六价铬的无机化合物，以及有机氯化合物和强致癌物质等。在工厂废水总排放口布设采样点监测二类污染物。这类污染物主要有悬浮物、硫化物、挥发酚、氰化物、有机化合物、石油类、铜、锌、氟的无机化合物、硝基苯类、苯胺类等。对于已有废水处理设施的工厂，在处理设施的排放口布设采样点。为了解废水处理效果，可在进、出口分别设置采样点。

在排污渠道上，采样点应设在渠道较直、水量稳定、上游无污水汇入的地方。

生活污水采样点设在污水总排放口。对污水处理厂，应在进、出口分别设置采样点监测。

2）采样时间和采样频率的确定

机场废水的污染物和排放量常随工艺条件及开工率的不同而有很大差异，故采样时间、采样频率的选择是一个较复杂的问题。

一般说来，采样次数越多的混合水样，结果越准确，即真实代表性越好。为了使水样有代表性，就要根据分析目的和现场实际情况来选定采样的方式。通常，水样采集的方式有瞬时水样、平均混合水样、平均比例混合水样等。

5.3.5 监测项目

依据监测标准，机场水环境污染监测项目如下。

1. 地表水(河流、湖泊、水库、饮用水源)

1)河流

机场周边河流监测项目见表 5-14。

表 5-14 机场周边河流监测项目表

依据规范标准	必测项目	选测项目
《地表水环境质量标准》(GB 3838—2002)	水温、pH、悬浮物、总硬度、电导率、溶解氧、耗氧量、生化需氧量、氨氮、亚硝酸盐氮、硝酸盐氮、挥发酚、氰化物、砷、汞、六价铬、铅、镉、石油类	硫化物、氟化物、氯化物、有机氯农药、有机磷农药、总铬、铜、锌、粪大肠菌群、铀、镭、钍

2)湖泊、水库

机场周边湖泊、水库监测项目见表 5-15。

表 5-15 机场周边湖泊、水库监测项目表

依据规范标准	必测项目	选测项目
《地表水环境质量标准》(GB 3838—2002)	水温、pH、悬浮物、总硬度、溶解氧、透明度、总氮、总磷、耗氧量、生化需氧量、挥发酚、氰化物、砷、汞、六价铬、铅、镉	钾、钠、藻类、浮游藻、可溶性固体总量、铜、粪大肠菌群

3)饮用水源

机场周边饮用水源监测项目见表 5-16。

表 5-16 机场周边饮用水源监测项目表

依据规范标准	必测项目	选测项目
《生活饮用水卫生标准》(GB 5749—2006)	水温、pH、浑浊度、总硬度、溶解氧、耗氧量、生化需氧量、氨氮、亚硝酸盐氮、硝酸盐氮、挥发酚、氰化物、砷、汞、六价铬、铅、镉、氟化物、细菌总数、粪大肠菌群	锰、铁、锌、阴离子洗涤剂、硒、石油类、有机氯农药、有机磷农药、硫酸盐、碳酸盐

2. 地下水

机场地下水监测项目见表 5-17。

表 5-17 机场地下水监测项目表

依据规范标准	必测项目	选测项目
《地下水质量标准》(GB/T 14848—2017)	pH、总硬度、溶解性总固体、氨氮、硝酸盐氮、亚硝酸盐氮、挥发酚、总氰化物、氟化物、高锰酸盐指数、砷、汞、镉、六价铬、铁、锰、类大肠菌群	色、嗅和味、浑浊度、氯化物、硫酸盐、碳酸氢盐、石油类、细菌总数、硒、铍、钡、镍、六氯环己烷、双对氯苯基三氯乙烷、总α放射性、铅、铜、锌、阴离子表面活性剂

3. 机场水污染源

机场生活污水及其他污水监测项目分别见表 5-18 和表 5-19。

表 5-18　机场生活污水监测项目表

依据规范标准	必测项目	选测项目
《城镇污水处理厂污染物排放标准》(GB 18918—2002)	化学需氧量、生化需氧量、悬浮物、动植物油、pH、石油类、阴离子表面活性剂、总氮、氨氮、总磷、色度、粪大肠菌群	挥发酚、总氰化物、硫化物、甲醛、有机磷农药、苯胺类、总硝基化合物等

表 5-19　机场其他污水监测项目表

依据规范标准	必测项目	选测项目
《水污染物排放总量监测技术规范》(HJ/T 92—2002)	化学需氧量、重金属、砷、氰化物、石油类、氨氮	悬浮物、五日生化需氧量、总氮、总磷、阴离子表面活性剂

5.3.6　监测水样分类

水样是指为检验水体中的各种规定特征，不连续或连续地从特定水体中取出有代表性的一部分。根据不同水体及监测目的需要，水样可分为瞬时水样、综合水样和混合水样三大类。

1. 瞬时水样

瞬时水样是指在某一时间和地点从水体中随机采集的分散水样。需要采集瞬时水样的情况有如下几种。

(1) 流量不固定、监测参数不恒定时。

(2) 不连续流动的水流，如分批排放的水。

(3) 水或废水特性相对稳定时。

(4) 需要考察可能存在的污染物，或要确定污染物出现的时间时。

(5) 需要污染物最高值、最低值或变化的数据时。

(6) 需要根据较短一段时间内的数据确定水质的变化规律时。

(7) 需要测定参数的空间变化时，如某参数在水流不同断面和深度处的变化情况。

(8) 在制定较大范围的采样方案前。

(9) 测某些参数，如溶解气体、余氯、可溶硫化物、微生物、油脂、有机物和 pH 时。

2. 综合水样

综合水样是指把从不同采样点同时采集的各个瞬时水样混合起来所得到的样品。下列情况适于采集综合水样。

(1) 为了评价出平均组分或总的负荷，如一条江河或河川上水的成分沿着江河的宽度和深度而变化时，采用能代表整个横断面上各点和它们的相对流量成比例的混合样品。

(2) 几条废水渠道分别进入综合处理厂时。因为几股废水相互反应，可能对可处理性及其成分产生明显的作用。对其相互作用的数学预测可能不正确或不可能时，综合水样能提供更加有用的资料。

3. 混合水样

混合水样是指在同一采样点上于不同时间所采集的瞬时水样的混合样，又称“时间混合水样”，以与其他混合水样相区别。这种水样在观察平均浓度时非常有用，但不适用于被测组分在储存过程中发生明显变化的水样。

5.3.7　监测水样的采集和保存

机场污水水样的采集和保存是水质分析的重要环节。所采集的样品必须具有代表性和可靠性。即水样要能代表要分析的污水的组成，同时水样在保存时不受污染。因此，对采样方法、采样器、储存水样的容器和水样的保存等都必须严格要求。否则，采样方法不当，会导致分析结果失去意义，并可能因此对水质做出不正确的评价。为此，国家环保部门先后颁布了我国统一的水质采样标准。这些标准有《水质 采样方案设计技术规定》(HJ 495—2009)、《水质 采样技术指导》(HJ 494—2009)、《水质采样 样品的保存和管理技术规定》(HJ 493—2009)、《水质 湖泊和水库采样技术指导》(GB/T 14581—1993)、《生活饮用水标准检验方法》(GB/T 5750—2006)。

1. 水样采集

1) 采样的准备工作

在采样之前，根据监测项目和采样方法的本质需求，选择合适的水样容器和采样器。储存水样的容器一般使用塑料容器和玻璃容器。塑料容器主要用在放射性元素测定、无机化合物的测定、重金属的测定。玻璃容器主要用在有机物的测定、生物的测定。

2) 采样方法

(1) 用水冲洗采样瓶 2～3 次是取样之前的必备工作，取水样时瓶塞与水面的距离大于 2cm。

(2) 在采集河流、湖泊、海洋的水样时，距离岸边的距离一般为 1～2m，采样器距离水面的距离一般在 20～50cm。

(3) 调查污染水源，应在整个流域内采取必要数量的水样，并重点检测生活污水和工业废水的排污口。

3) 采样器

采样器的材料要求：容易洗涤、密封简便、化学性质稳定。采样器可用水桶或无色硬质玻璃瓶和聚乙烯瓶。当采集的水样在深水区时，根据要求，需要使用专门的采样器。图 5-4 为不同类型的采样器。

4) 采样量

日常监测项目中，一般 2L 水样足够，如分析物理性质、化学成分等。特殊情况下，需要 5～10L 或者更多的水样，如全项目分析或其他特殊要求的分析。

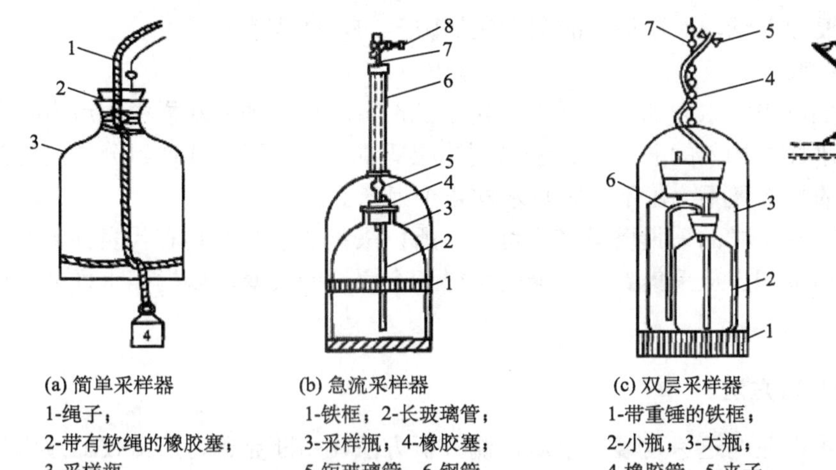

(a) 简单采样器
1-绳子；
2-带有软绳的橡胶塞；
3-采样瓶；
4-铅锤

(b) 急流采样器
1-铁框；2-长玻璃管；
3-采样瓶；4-橡胶塞；
5-短玻璃管；6-钢管；
7-橡胶管；8-夹子

(c) 双层采样器
1-带重锤的铁框；
2-小瓶；3-大瓶；
4-橡胶管；5-夹子；
6-塑料管；7-绳子

(d) 深层采样器
1-叶片；
2-杠杆(闭口位置)；
3-杠杆(开口位置)；
4-玻璃塞(关闭位置)；
5-玻璃塞；
6-悬挂绳；
7-金属架

图 5-4　不同类型的采样器

2. 水样保存

样本收集完成后，应抓紧时间开展分析检测工作。但由于条件有限，往往只有少量的项目可以当时进行测定，大多数的项目仍然需要发送到实验室进行检测。因此，从水样采集完成到分析测试的这段时间，水样的保存直接影响到检测成果的可靠性，因为水样采集之后，如果保存的方法不正确，水样的物理、化学、生物属性发生变化是不可避免的，这些变化通常与水的属性、环境温度、盛水容器有着直接的关联。如果想完全停止水样的物理、化学和生物属性发生变化是非常困难的。水样保存的基本要求是应该最小化改变各种各样的待测属性。

1) 冷藏或冰冻保存法

工作中，从采样到检测的时间间隔应尽可能缩短。受条件限制无法及时分析时，一般应存放在低于 5℃的无光线室内。这就降低了生化效应，抑制住了生物活性。如果想大大提高一些监测项目的稳定性，如化学需氧量、磷、氮、硅化物，可将水样保存在–18～22℃的环境中。

2) 化学法

(1) 加上生物抑制剂。

加上生物抑制剂可以防止生物效应。常用试剂为氯化汞，加氯化汞的范围在每升水 20～60mL。当然，当检测项目中包括汞时，就不能加氯化汞了，可加入苯、甲苯、氯仿，加入量为每升水 0.5～1mL。

(2) 酸、碱化法。

为了防止水样中的金属元素沉底或被容器吸附，可以添加酸至 pH<2，一般情况下加入硝酸，也可加硫酸保存。加入的这些酸可以使水中的金属呈溶解状态，这种状态会保持几

个星期。一些样品需要加入碱，如氰化物的测定应加碱至 pH=11 保存。

(3) 加一般化学试剂。

添加一些化学试剂以稳定水样的各种属性。化学试剂可取样后加入水样中，或者加入准备采样的空瓶中。水样中加入的酸、碱、杀虫剂等应适量，以不影响其他组分的测定为原则，一般化学试剂的加入量不大，不会影响水样各个组分的测定。

水质监测成果的质量与样品采集质量密不可分，所以采集的水样要具有代表性，并应采取尽可能的手段，尽量减少从采集到检测期间水样各个属性的改变，以提高水样分析的准确性。

5.3.8　监测水样项目分析方法

随着我国环境保护事业的迅速发展，水质监测分析方法在不断完善，监测仪器逐渐向自动化更新。虽然目前新的监测分析方法不能全部替代旧的方法，但不常用的旧监测分析方法从少用逐渐可以过渡到不使用。

根据国家计量部门要求，环境监测实验室监测方法选择原则是首选国家标准分析方法、环境行业标准方法、地方规定方法或其他方法。监测方法主要思路如下。

(1) 选项以水环境质量监测项目为准，基本涵盖了必选指标的现有水质环境监测分析方法。

(2) 分析方法选择来源：中国生态环境部发布的相关水质监测分析方法及国家环境保护标准、《生活饮用水标准检验方法》、《水和废水监测分析方法(第四版)》(国家环境保护总局 2002 年) 以及其他监测方法。

(3) 每个指标的监测分析方法尽量包括不同监测手段的方法，如经典化学分析法、仪器分析法和自动化仪器分析法。

(4) 按照选择方法的原则 (国标、行标、地标) 顺序，建议同一种分析方法尽量使用最新版本，不具备新方法条件的可以使用另外一种分析方法 (两种方法灵敏度一致) 的较新方法。

一些主要水质监测项目分析方法见表 5-20。

表 5-20　机场水环境质量监测项目分析方法(部分)

监测项目	分析方法标准名称及编号
水温	《水质 水温的测定 温度计或颠倒温度计测定法》(GB 13195—1991)
pH	1.《水质 pH 值的测定 玻璃电极法》(GB 6920—1986) 2. pH 便携式 pH 计法《水和废水监测分析方法(第四版)》
溶解氧	1.《水质 溶解氧的测定 碘量法》(GB 7489—1987) 2.溶解氧便携式溶解氧仪法《水和废水监测分析方法(第四版)》 3.《水质 溶解氧的测定 电化学探头法》(HJ 506—2009)
总氮	1.《水质 总氮的测定 碱性过硫酸钾消解紫外分光光度法》(HJ 636—2012) 2.《水质 总氮的测定 气相分子吸收光谱法》(HJ/T 199—2005)
高锰酸盐指数	《水质 高锰酸盐指数的测定》(GB 11892—1989)

续表

监测项目	分析方法标准名称及编号
化学需氧量	1.《水质 化学需氧量的测定 重铬酸盐法》(HJ 828—2017) 2.化学需氧量快速密闭催化消解法《水和废水监测分析方法(第四版)》 3.《水质 化学需氧量的测定 快速消解分光光度法》(HJ/T 399—2007)
五日生化需氧量	1.《水质 五日生化需氧量(BOD_5)的测定 稀释与接种法》(HJ 505—2009) 2.《水质 生化需氧量(BOD)的测定 微生物传感器快速测定法》(HJ/T 86—2002)
氨氮	1.《水质 氨氮的测定 纳氏试剂分光光度法》(HJ 535—2009) 2.《水质 氨氮的测定 水杨酸分光光度法》(HJ 536—2009) 3.《水质 氨氮的测定 蒸馏-中和滴定法》(HJ 537—2009) 4.《水质 氨氮的测定 气相分子吸收光谱法》(HJ/T 195—2005)
氟化物	1.《水质 氟化物的测定 离子选择电极法》(GB/T 7484—1987) 2.《水质 氟化物的测定 氟试剂分光光度法》(HJ 488—2009) 3.《水质 氟化物的测定 茜素磺酸锆目视比色法》(HJ 487—2009) 4.无机非金属指标(氟化物离子色谱法)、《生活饮用水标准检验方法 无机非金属指标》(GB/T 5750.5—2006)
砷	1.《水质 总砷的测定 二乙基二硫代氨基甲酸银分光光度法》(GB 7485—1987) 2.砷、硒、锑、铋原子荧光法《水和废水监测分析方法(第四版)》 3.金属指标(砷电感耦合等离子体发射光谱法) 4.金属指标(砷电感耦合等离子体质谱法) 5.《生活饮用水标准检验方法 金属指标》(GB/T 5750.6—2006)
汞	1.《水质 总汞的测定 高锰酸钾-过硫酸钾消解法双硫腙分光光度法》(GB 7469—1987) 2.汞原子荧光法《水和废水监测分析方法(第四版)》 3.《水质 总汞的测定 冷原子吸收分光光度法》(HJ 597—2011) 4.《水质 汞的测定 冷原子荧光法(试行)》(HJ/T 341—2007) 5.金属指标(汞电感耦合等离子体质谱法) 6.《生活饮用水标准检验方法 金属指标》(GB/T 5750.6—2006)
镉	1.《水质 铜、锌、铅、镉的测定 原子吸收分光光度法》(GB 7475—1987) 2.铜、铅、镉石墨炉原子吸收分光光度法《水和废水监测分析方法(第四版)》 3.金属指标(镉电感耦合等离子体原子发射光谱法) 4.金属指标(镉电感耦合等离子体质谱法) 5.金属指标(镉催化示波极谱法)、《生活饮用水标准检验方法 金属指标》(GB/T 5750.6—2006)
氰化物	1.《水质 氰化物的测定 容量法和分光光度法》(HJ 484—2009)(硝酸银滴定法) 2.《水质 氰化物的测定 容量法和分光光度法》(HJ 484—2009)(异烟酸-吡唑啉酮比色法) 3.《水质 氰化物的测定 容量法和分光光度法》(HJ 484—2009)(异烟酸-巴比妥酸光度法) 4.《水质 氰化物的测定 容量法和分光光度法》(HJ 484—2009)(吡啶-巴比妥酸比色法) 5.《食品安全国家标准 食品中氰化物的测定》(GB 5009.36—2016)
石油类	1.石油类重量法《水和废水监测分析方法(第四版)》 2.《水质 石油类和动植物油类的测定 红外分光光度法》(HJ 637—2018)
粪大肠菌群	1.《水质 粪大肠菌群的测定 滤膜法》(HJ 347.1—2018) 2.《水质 粪大肠菌群的测定 多管发酵法》(HJ 347.2—2018)

续表

监测项目	分析方法标准名称及编号
硫化物	1.《水质 硫化物的测定 亚甲基蓝分光光度法》(GB/T 16489—1996) 2.《水质 硫化物的测定 气相分子吸收光谱法》(HJ/T 200—2005) 3.《水质 硫化物的测定 碘量法》(HJ/T 60—2000) 4.无机非金属指标(N,N-二乙基对苯二胺分光光度法)
硫酸盐	1.《水质 硫酸盐的测定 重量法》(GB 11899—1989) 2.《水质 硫酸盐的测定 铬酸钡分光光度法(试行)》(HJ/T 342—2007) 3.无机非金属指标(硫酸盐离子色谱法) 4.《生活饮用水标准检验方法 无机非金属指标》(GB/T 5750.5—2006)
氯化物	1.《水质 氯化物的测定 硝酸银滴定法》(GB 11896—1989) 2.《水质 氯化物的测定 硝酸汞滴定法(试行)》(HJ/T 343—2007) 3.氯化物离子选择电极流动注射法《水和废水监测分析方法(第四版)》 4.无机非金属指标(氯化物离子色谱法)、《生活饮用水标准检验方法 无机非金属指标》(GB/T 5750.5—2006)
挥发酚	1.《水质 挥发酚的测定 4-氨基安替比林分光光度法》(HJ 503—2009) 2.《水质 挥发酚的测定 溴化容量法》(HJ 502—2009) 3.《食品安全国家标准 饮用天然矿泉水检验方法》(GB 8538—2016)
硝酸盐	1.《水质 硝酸盐氮的测定 酚二磺酸分光光度法》(GB/T 7480—1987) 2.《水质 硝酸盐氮的测定 紫外分光光度法(试行)》(HJ/T 346—2007) 3.《水质 硝酸盐氮的测定 气相分子吸收光谱法》(HJ/T 198—2005) 4.硝酸盐氮离子色谱法《水和废水监测分析方法(第四版)》 5.硝酸盐氮离子选择电极流动注射法《水和废水监测分析方法(第四版)》
总磷	1.《水质 总磷的测定 钼酸铵分光光度法》(GB 11893—1989) 2.总磷、溶解性磷酸盐和溶解性总磷离子色谱法《水和废水监测分析方法(第四版)》 3.磷孔雀绿磷钼杂多酸分光光度法《水和废水监测分析方法(第四版)》
阴离子表面活性剂	1.《水质 阴离子表面活性剂的测定 亚甲蓝分光光度法》(GB/T 7494—1987)

5.3.9 机场水环境污染监测工程实例

以广州白云机场前期地表水环境污染监测为例，具体阐述机场水环境污染监测的过程。

1) 监测布点与监测因子

共布设 10 个监测断面，监测因子包括 pH、溶解氧、高锰酸盐指数、化学需氧量、五日生化需氧量、氨氮、总磷、氟化物、石油类、阴离子表面活性剂、悬浮物。水环境质量现状监测断面及监测因子见表 5-21。

2) 监测周期和采样频率

W1～W9 的监测时间为 2015 年 7 月 1 日，监测一天，采样一次；W10 的监测时间为 2015 年 7 月 21 日～23 日，连续监测 3 天，每天采样一次。

表 5-21　白云机场水环境污染监测布点

序号	河流名称	监测点位	监测内容	监测数据出处
W1	流溪河	李溪坝	溶解氧、高锰酸盐指数、化学需氧量、五日生化需氧量、氨氮、总磷、氟化物	广州市环境保护科学研究院于 2015 年 7 月 1 日对花都区内河流的现状监测数据
W2	白坭河	河口		
W3	新街河	涌口		
W4	天马河	涌口		
W5	田美河	涌口		
W6	铜鼓河	涌口		
W7	铁山河	涌口		
W8	雅瑶河	涌口		
W9	雅瑶支流	涌口		
W10	流溪河	人和南水厂取水口上游约 100m	pH、溶解氧、悬浮物、化学需氧量、氨氮、五日生化需氧量、石油类、阴离子表面活性剂	《广州新白云国际机场第二高速公路北段工程建设项目环境影响报告书(报批稿)》

3) 监测和分析方法

监测和分析方法均按《地表水环境质量标准》(GB 3838—2002)、《水和废水监测分析方法(第四版)》中规定或推荐的标准分析方法进行，详见表 5-22 和表 5-23。

表 5-22　广州白云机场水环境质量监测项目分析方法及检出限(W1～W9)

监测项目	分析方法依据	使用仪器	检出限
溶解氧	《水质　溶解氧的测定　碘量法》(GB 7489—1987)	滴定管	0.2mg/L
五日生化需氧量	《水质　五日生化需氧量(BOD_5)的测定　稀释与接种法》(HJ 505—2009)	生化培养箱、滴定管	0.5mg/L
高锰酸盐指数	《水质　高锰酸盐指数的测定》(GB 11892—1989)	恒温水浴锅、滴定管	0.5mg/L
化学需氧量	《水质　化学需氧量的测定　重铬酸盐法》(HJ 828—2017)	加热回流装置 酸式滴定管	10mg/L
氨氮	《水质　氨氮的测定　纳氏试剂分光光度法》(HJ 535—2009)	紫外可见分光光度计 UVmini-1240 型	0.025mg/L
氟化物	《水质　氟化物的测定　离子选择电极法》(GB/T 7484—1987)	离子选择电极	0.05mg/L
总磷	《水质　总磷的测定　钼酸铵分光光度法》(GB 11893—1989)	紫外可见分光光度计 UVmini-1240 型	0.01mg/L

表 5-23　广州白云机场水环境质量监测项目分析方法及检出限(W10)

监测项目	分析方法依据	使用仪器	检出限
pH	《水质　pH 值的测定　玻璃电极法》(GB 6920—1986)	pH 计 YQ-129-01	—

续表

监测项目	分析方法依据	使用仪器	检出限
溶解氧	《水质 溶解氧的测定 碘量法》(GB 7489—1987)	—	0.2mg/L
五日生化需氧量	《水质 五日生化需氧量(BOD_5)的测定 稀释与接种法》(HJ 505—2009)	—	0.5mg/L
悬浮物	《水质 悬浮物的测定 重量法》(GB 11901—1989)	电子天平 YQ-020-05	5mg/L
化学需氧量	《水质 化学需氧量的测定 重铬酸盐法》(HJ 828—2017)	—	10mg/L
氨氮	《水质 氨氮的测定 纳氏试剂分光光度法》(HJ 535—2009)	紫外可见分光光度计 YQ-122	0.025mg/L
阴离子表面活性剂	《水质 阴离子表面活性剂的测定 亚甲蓝分光光度法》(GB 7494—1987)	紫外可见分光光度计 YQ-122	0.05mg/L
石油类	《水质 石油类和动植物油类的测定 红外分光光度法》(HJ 637—2018)	红外分光测油仪 YQ-053	0.01mg/L

4) 监测结果及分析

监测结果见表 5-24 和表 5-25，由监测结果可知如下几点。

表 5-24 广州白云机场水质监测统计结果(W1～W9)(单位：mg/L)

序号	河流名称	监测点位	监测项目						
			溶解氧	高锰酸盐指数	化学需氧量	五日生化需氧量	氨氮	总磷	氟化物
W1	流溪河	李溪坝	5.5	3.48	21.3	4.8	0.385	0.149	0.05
W2	白坭河	河口	3.3	5.22	31.9	8.0	2.90	0.351	0.71
W3	新街河	涌口	3.6	6.18	39.6	5.9	8.72	0.378	0.22
W4	天马河	涌口	4.4	6.03	37.8	5.1	8.06	0.186	0.20
W5	田美河	涌口	4.6	3.59	23.0	6.7	1.15	0.339	0.14
W6	铜鼓河	涌口	5.0	3.32	20.4	6.2	2.12	0.401	0.13
W7	铁山河	涌口	5.3	3.37	22.1	5.6	1.92	0.306	0.19
W8	雅瑶河	涌口	0.4	12.3	77.4	14.5	14.7	0.533	0.25
W9	雅瑶支流	涌口	0.5	16.0	106	30.9	14.9	0.813	0.20

表 5-25 广州白云机场水质监测统计结果(W10)(单位：mg/L)

序号	监测点位	监测日期	监测项目							
			pH	溶解氧	悬浮物	化学需氧量	五日生化需氧量	氨氮	阴离子表面活性剂	石油类
W10	人和南水厂取水口上游 100m	2015-07-21	7.2	6.3	31	14.9	3.4	0.912	<0.05	0.06
		2015-07-22	7.4	6.2	29	10.5	2.7	0.912	<0.05	0.12
		2015-07-23	7.3	6.0	33	12.5	3.0	0.927	<0.05	0.10

(1) W4 天马河(涌口)和 W10 流溪河(人和南水厂取水口上游 100m)两个断面均出现超标情况，W4 断面超标的有溶解氧、高锰酸盐指数、化学需氧量、五日生化需氧量、氨氮和总磷；W10 断面超标的有五日生化需氧量、氨氮和石油类。

(2) W1 流溪河(李溪坝)、W2 白坭河(河口)和 W3 新街河(涌口)三个断面均出现超标情况，W1 断面超标的有化学需氧量和五日生化需氧量；W2 断面超标的有化学需氧量、五日生化需氧量、氨氮和总磷；W3 断面超标的有溶解氧、高锰酸盐指数、化学需氧量、五日生化需氧量、氨氮和总磷。

(3) W5 田美河(涌口)、W6 铜鼓河(涌口)、W7 铁山河(涌口)、W8 雅瑶河(涌口)和 W9 雅瑶支流(涌口)均出现超标情况，W5 断面超标的有五日生化需氧量；W6 断面超标的有五日生化需氧量、氨氮和总磷；W7 断面超标的有氨氮和总磷；W8 和 W9 断面不达标和超标的有溶解氧、高锰酸盐指数、化学需氧量、五日生化需氧量、氨氮和总磷。

从上述水环境污染监测结果可以看出，所在区域的地表水环境质量整体状况不容乐观，各水体均受到污染。主要由于受周边居民生产、生活的影响，加之该区域水体较强的连通性，项目周边各水体水质状况与所在区域的整体水质基本状况相一致。总体而言，项目周边水环境质量状况不容乐观，有机污染是所在区域水体状况的主要污染形式。

5.4　机场水环境影响评价

5.4.1　机场地表水影响评价

1. 评价总则

1) 基本任务

在调查和分析评价范围的地表水质量现状与水环境保护目标的基础上，预测和评价机场建设项目对地表水环境、水环境功能区、水功能区或水环境保护目标及水环境控制单元的影响范围与程度，提出相应的环境保护措施、环境管理要求与监测计划，明确给出地表水环境影响是否可接受的结论。

2) 工作程序

地表水环境影响评价的工作程序见图 5-5，一般分为三个阶段。

第一阶段，研究有关文件，进行项目工程方案和环境影响的初步分析，开展区域环境状况的初步调查，明确水环境功能区与水功能区管理要求，识别主要环境影响，确定评价类别。根据不同评价类别进一步筛选评价因子，确定评价等级与评价范围，明确评价标准、评价重点和水环境保护目标。

第二阶段，根据评价类别、评价等级及评价范围等，开展与地表水环境影响评价相关的区域污染源、水环境质量现状、水文水资源与水环境保护目标调查与评价，必要时开展补充监测；选择适合的预测模型，开展地表水环境影响预测评价，分析与评价建设项目对地表水环境质量、水文要素及水环境保护目标的影响范围与程度，在此基础上核算建设项目的污染源排放量、生态流量等。

第三阶段，根据建设项目地表水环境影响预测与评价的结果，制定地表水环境保护措施，开展地表水环境保护措施的有效性评价，编制地表水环境监测计划，绘出建设项目污染物排放清单和地表水环境影响评价的结论，完成环境影响评价文件的编写。

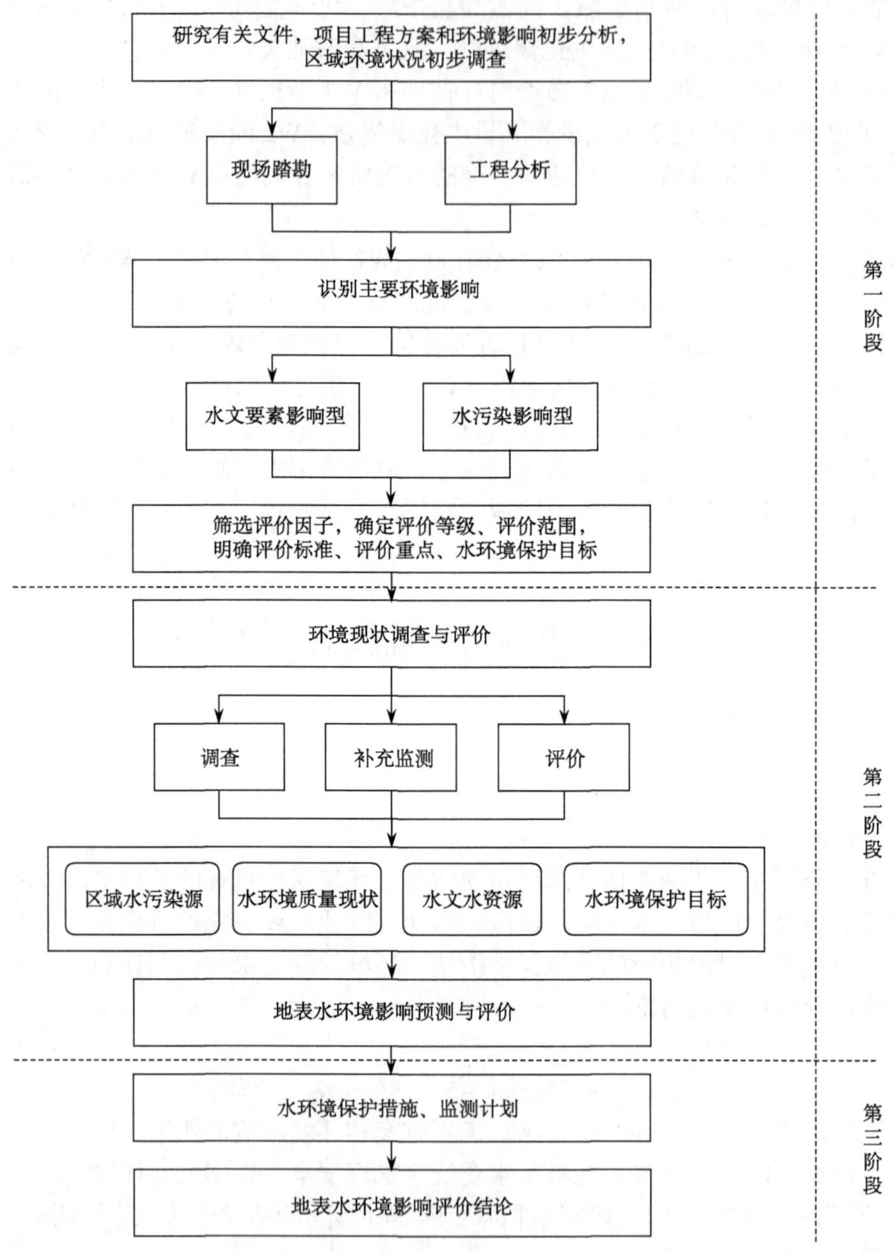

图 5-5　地表水环境影响评价工作程序框图

2. 郴州北湖机场地表水影响评价

1) 区域水环境状况

该项目属于郴州市北湖区，属于湘江水系耒水流域。项目区邻近耒水北湖区四清水库开发利用区一级水功能区，以及耒水北湖区仙岭、四清及苏仙区长青水库开发利用区二级水功能区。

2) 地表水环境影响分析

(1) 建设期地表水环境影响分析。

工程建设期间废水主要包括含淤泥的施工污水、生活污水等。施工工地产生的污水含有大量的淤泥，尤其在雨季，工地会有较大量的施工污水。施工工地应设置沉淀池，使施工污水经沉淀后排放，从而减少淤泥的排放量。此外，由于建设期间将需要大量的施工人员，施工人员的日常生活将产生一定量的生活污水。从施工污水的性质和化学组成来看，主要污染物为悬浮物。排放的废水由于重力沉降、吸附作用，它会很快地进入沉积相中，几乎不会对地表水和地下水环境构成危害。施工人员生活污水主要含有 COD、BOD、SS、氨氮及油类等。

场区建设工程排水中的主要污染物为悬浮物。需在场区内设沉淀池，将排水引入沉淀池内沉淀后，上层清水可用于施工现场降尘、车辆清洗等作业。施工营地设在机场场区内，在场区内设置旱厕，由环卫部门定期消理；生活洗漱及餐饮废水采取集中收集的方式，经沉淀后用于场区的降尘等。

(2) 运营期地表水环境影响分析。

郴州北湖机场拟在工作区西南角建一座集中式污水处理站，综合业务用房、餐厅、生活区等生活污水经污水管网收集后排入场区生活污水管道。含油部分生活污水须经过隔油池处理达标后和其他污水一起排入场区生活污水管道。(航站区生活污水经化粪池处理、含油污水经隔油池处理，集中排入污水处理站，经污水处理设备统一处理达到《污水综合排放标准》(GB 8978—1996) 中一级标准后排入西河。)

郴州北湖机场内各污水单元产生的污水得到有效收集，同时在各用水单元所在区块进行了预处理。预处理方式为：航站楼、办公楼等生活污水经化粪池预处理；餐厅含油污水先经隔油池处理，然后排入化粪池处理；油库区油罐清洗水、含油初期雨水先排入油库区隔油池静置，定期使用移动式油水分离设施进行处理。达到污水处理站设计进水水质要求后，污水由污水管网进入污水处理设施进行处理，避免影响景观，防止臭气外溢，污水处理站构筑物采用地埋式。

3) 机场雨水排放影响分析

(1) 机场雨水排放方案。

飞行区雨水排放采用自流方式并根据地势特点分区排放。机场场地为中间最高，东西端低。西端安全区位置有排水沟横穿场地。场址沿跑道方向为中间高，两侧低。

根据现场情况，全场设两个出水口：1 号出水口位于跑道中部的北侧，该出水口主要收集跑道东侧雨水，出机场围界后，沿山坡坡脚往北排入玉管冲水库；2 号出水口位于跑道西头，该出水口主要收集飞行区西侧的雨水，出机场围界后，沿山坡坡脚往南排入西河。航站区及工作区雨水就近排入飞行区雨水系统。

飞行区雨水排放系统是在全场区雨水排放系统平面布置的基础上，根据本期的建设规模，并考虑了远期建设的发展而布置的。本次排水规划两条主要线路：东线和西线。

东线：跑道东侧排水沟主要布置在环场路边缘，主要收集飞行区东部区域的道面和土面区的雨水。东线的出水口是 1 号出水口，在飞行区北侧中部，由东向西排放，经北侧中部出水口排出场外。飞行区东部南侧排水方向也是由东向西，因东部没有排水系统，须由 1 号出水口排出，初定设置一条与跑道垂直的排水沟在中部由南向北横穿跑道，汇集东南侧排水沟雨水排入 1 号出水口。经初步测算，东线排水沟长度约为 4000m。结构采用浆砌片石矩形明沟，穿越环场路位置采用钢筋混凝土盖板暗沟，穿越跑道位置采用钢筋混凝土箱涵。

西线：排水主沟沿环场路布置，从中部由东向西排放，最后汇入西头 2 号出水口的排水明渠中，排水沟结构采用浆砌片石矩形明沟。经初步测算，西线排水沟长度约为 4420m。

飞行区雨水排放需新建场外排水沟，其中 1 号出水口场外排水沟长度大约为 530m，投资需 80 万元；2 号出水口雨水排入场区四头现有排水明渠，因部分明渠被端安全区土面所覆盖，所以该段需进行改造，长度约为 380m，投资需 60 万元。

工作区及航站区面积约为 91000m^2，雨水量约为 679L/s。生活区雨水和污水分别设置管网，排放采用分流制。管网采用管沟结合形式，停车场采用明渠，道路下采用暗管。雨水管线与道路布置紧密结合，管线附近不宜栽种深根性植物。场内雨水管网采用管径为 DN300～DN700 的 HDPE 排水塑料管，考虑近远期相结合。雨水管道管长约为 1500m。

(2) 雨水排放环境影响。

一般情况下，场内飞行区、航站区、办公生活区硬化道面汇集的雨水较为清洁，可直接通过雨水排放系统排入西河，机场雨水排放不会对地表水环境质量造成负面影响。机场油库区围堰(防火堤)内初期雨水含有油类物质，通过围堰雨水收集排放系统将初期雨水收集至油库区隔油池内，经过移动式油水分离设施后进入污水处理设施处理，不会进入雨水排放系统。

5.4.2 机场水环境质量评价

随着社会的发展，水环境污染已经对人类社会的可持续发展带来严重的威胁，因此水环境质量评价也成为环境质量评价中的一项重要内容。本节通过一定的数理方法与手段，对机场区域水环境质量状况做出定量描述，摸清机场水环境质量发展趋势及其变化规律，从而为机场周边的环境保护提供重要的科学依据。

在 5.1 节中，已经阐述过水环境的概念，水环境包括区域内的地表水环境和地下水环境，本书所述的机场水环境质量评价仅为机场周边的地表水环境质量评价，机场地下水环境质量评价在本书不作叙述。

1. 评价所用的基本方法

目前在水质评价中已经形成了一些比较成熟的评价方法，如指数法、模糊综合评判法、灰色聚类法等。

1) 指数法

水环境质量评价指数法是根据水质组分浓度相对于其环境质量标准的大小来判断水环境质量状况。此外，水质综合污染指数法是对整体水质做出的定量描述，综合污染指数的比较只能在同一类别水体中进行，也可以进行年际比较，但不同类别的水体之间缺少可比性。

2) 模糊综合评判法

模糊综合评判法已成为水质评价的一种常用方法，是定量研究水环境质量的一种有效手段。首先对各因子进行评价，然后考虑各因子在总体中的地位配以适当权重，在此基础上用模糊概念进行推理，经过运算得出评价结果。模糊综合评判法利用隶属函数描述水质分界线，通过函数关系把描述水质污染问题的现状监测值，转化为反映水质优劣程度的质量值，其评价结果是以一个模糊集合来表示的。

模糊综合评判法通常采用“取大、取小”的运算法则，是一种“主因素突出型”的方法，而在污染因素较多、各污染因子权重较小时，这种取大、取小运算将会丢失很多有用的信息。此外，模糊综合评判法一般采用线性加权平均模型得到评判集，使评判结果易出现失真、失效、均化、跳跃等现象，存在水质类别判断不准确或者结果不可比的问题，因此在应用该方法进行水质综合评价时，还需进一步解决权重合理分配和可比性问题。

3) 灰色聚类法

灰色聚类法是利用灰色系统理论进行水质评价的一种方法。灰色聚类分析是充分利用已知信息，将灰色系统淡化、白化，将聚类对象在不同聚类指标下按灰类进行归纳，以判断该聚类对象属于哪一类，最终得到评价结果。与模糊综合评判法一样，灰色聚类法也引用了权重概念，而且权重隐含在各类分级标准中，使评价结果更加贴近水环境质量的实际情况。

与其他评价方法相比，灰色聚类法不仅注意到水质分级界限的模糊性，而且不同的级别都有不同的聚类权，避免了用一个固定基准的不合理之处，克服了受单个因子影响较大的局限。然而采用该方法在环境质量评价中也存在信息丢失问题，因此在实际应用中还需进一步对其加以改进，从而提高评价结果的准确性。

2. 评价技术流程

机场地表水环境质量评价可分为以下几部分：①地表水水质评价；②湖泊、水库营养状态评价；③地表水环境质量综合评价；④地表水环境功能区达标评价；⑤地表水环境质量变化趋势评价及其原因分析。

地表水环境质量评价方法是地表水环境质量状况评价、地表水环境功能区达标评价、地表水环境质量变化趋势及其原因分析的基本方法。

3. 地表水水质污染指数评价

除《地表水环境质量标准》(GB 3838—2002)采用的水质类别评价水质的方法外，还可以采用水质综合评分法对水质状况进行定量评价。反映水质状况的定量评价指标称作水质污染指数(WPI)。水质类别与水质污染指数的对应关系如表 5-26 所示。

表 5-26　水质类别和水质污染指数(WPI)对应表

水质类别	Ⅰ类	Ⅱ类	Ⅲ类	Ⅳ类	Ⅴ类	劣Ⅴ类
水质污染指数(WPI)	0<WPI≤20	20<WPI≤40	40<WPI≤60	60<WPI≤80	80<WPI≤100	WPI>100

水质综合评分法的具体评价方法为：根据各单个水质指标的浓度值，按照表 5-26 的规定，用内插方法计算得出断面(或测点)每个水质评价项目的水质污染指数。单个评价项目水质污染指数的计算公式如式(5-2)所示：

$$\mathrm{WPI}(i)=\mathrm{WPI}_{\mathrm{l}}(i)+\frac{\mathrm{WPI}_{\mathrm{h}}(i)-\mathrm{WPI}_{\mathrm{l}}(i)}{C_{\mathrm{h}}(i)-C_{\mathrm{l}}(i)}\cdot\left[C(i)-C_{\mathrm{l}}(i)\right]\quad\left(C_{\mathrm{l}}(i)<C(i)\leqslant C_{\mathrm{h}}(i)\right)\tag{5-2}$$

式中，$C(i)$为第 i 个水质指标监测值；$C_{\mathrm{l}}(i)$为第 i 个水质指标所在类别标准的下限值；$C_{\mathrm{h}}(i)$为第 i 个水质指标所在类别标准的上限值； $\mathrm{WPI}(i)$为第 i 个水质指标所在类别对应的水质污染指数； $\mathrm{WPI}_{\mathrm{l}}(i)$为第 i 个水质指标所在类别标准下限值对应的水质污染指数； $\mathrm{WPI}_{\mathrm{h}}(i)$为第 i 个水质指标所在类别标准上限值对应的水质污染指数。

(1) pH(属于无量纲值)的计算方法。

当 6≤pH≤9 时，取水质污染指数为 20；

当 pH 在 0～6 或 9～14 时，采用水质污染指数 100～140 之间内差，分别按式(5-3)和式(5-4)计算：

$$\mathrm{WPI}(\mathrm{pH})=100+\frac{140-100}{5}\times(6-\mathrm{pH})\quad(0<\mathrm{pH}<6)\tag{5-3}$$

$$\mathrm{WPI}(\mathrm{pH})=100+\frac{140-100}{5}\times(\mathrm{pH}-9)\quad(9<\mathrm{pH}<14)\tag{5-4}$$

(2) 溶解氧的计算方法。

若溶解氧监测值 DO≥7.5mg/L，则取水质污染指数为 20。

若溶解氧监测值劣于Ⅴ类(DO<2.0mg/L)，按式(5-5)计算。

若溶解氧监测值 2.0mg/L≤DO<7.5mg/L，按式(5-6)计算。

$$\mathrm{WPI}(\mathrm{DO})=100+\frac{2.0-\mathrm{DO}}{2.0}\times 40\quad(\mathrm{DO}<2.0\mathrm{mg/L})\tag{5-5}$$

$$\mathrm{WPI}(\mathrm{DO})=\mathrm{WPI}_{\mathrm{l}}(\mathrm{DO})+\frac{\mathrm{WPI}_{\mathrm{h}}(\mathrm{DO})-\mathrm{WPI}_{\mathrm{l}}(\mathrm{DO})}{C_{\mathrm{h}}(i)-C_{\mathrm{l}}(i)}\cdot(\mathrm{DO}_{\mathrm{l}}-\mathrm{DO})\quad(2.0\mathrm{mg/L}\leqslant\mathrm{DO}<7.5\mathrm{mg/L})\tag{5-6}$$

(3) 其他水质指标的监测值劣于Ⅴ类时，水质污染指数按照式(5-7)进行计算：

$$\mathrm{WPI}(i)=100+\frac{C(i)-C_5(i)}{C_5(i)}\cdot 40\quad\left(C(i)>C_5(i)\right)\tag{5-7}$$

然后，根据各单项指标的水质污染指数，取其最高水质污染指数即为该断面(或垂线)的水质污染指数。水质污染指数计算如式(5-8)所示：

$$\mathrm{WPI}=\max\left(\mathrm{WPI}(i)\right)\tag{5-8}$$

4. 地表水环境质量综合评价

地表水环境质量的定性描述等级分为优、良好、轻度污染、中度污染、重度污染五个等级，分别对应的表征颜色为蓝色、绿色、黄色、橙色和红色。

1) 断面水环境质量定性评价

当监测断面有多个测点时，根据断面水质污染指数(或水质类别)，确定水环境质量状况。断面水质污染指数与水质定性评价分级的对应关系见表 5-27。

表 5-27　断面水质定性评价

水质污染指数(WPI)	水质定性评价	表征颜色
0<WPI≤40	优	蓝色
40<WPI≤60	良好	绿色
60<WPI≤80	轻度污染	黄色
80<WPI≤100	中度污染	橙色
WPI>100	重度污染	红色

2)河流、水系水质定性评价

在描述河流、水系整体水质状况时，按照断面类别比例计算出各水质类别所占的百分比。河流、水系水质定性评价分级及比例的对应关系见表 5-28。对于断面数少于 5 个的河流、水系，按表 5-28 直接指出每个断面的水质状况。

表 5-28　河流、水系水质定性评价

断面水质定性比例	水质定性评价	表征颜色
良好以上断面≥90%	优	蓝色
75%≤良好以上断面<90%，且重度污染断面比例<5%	良好	绿色
75%≤良好以上断面<90%，且 5%≤重度污染断面比例<20%	轻度污染	黄色
60%≤良好以上断面<75%，且 20%≤重度污染断面比例<40%	中度污染	橙色
良好以上断面<60%，且重度污染断面比例≥40%	重度污染	红色

3)地表水环境质量级别的比例

地表水水质达到各种级别的断面占总监测次数或河流、水系的比例。

(1)单个断面(测点)、河段(湖区)达到级别的监测次数百分率。

对单个监测断面(测点)或河段(湖区)而言，在多次监测中断面(测点)或河段(湖区)水质达到级别的监测次数占总监测次数的百分比的计算方法如式(5-9)所示：

$$\text{达到级别的监测次数百分率}=\frac{\text{达到级别的监测次数}}{\text{总监测次数}}\times 100\% \tag{5-9}$$

(2)河流、水系(或湖泊、水库)达到级别的断面百分率。

对同一评价时段，比较不同河流、水系(或湖泊、水库)水质达标情况和空间分布规律，评价方法采用断面比例法，即评价河流、水系(或湖泊、水库)达到级别的监测断面(测点)数占总监测断面(测点)数的百分比，计算方法如式(5-10)所示：

$$\text{达到级别的断面百分率}=\frac{\text{达到级别的监测断面数}}{\text{总监测断面数}}\times 100\% \tag{5-10}$$

5. 地表水环境质量变化趋势分析

地表水环境变化趋势是指地表水质在未来将发生的变化，这种趋势通过与过去测量得到的地表水环境质量进行比较来确定。

进行同一河流、水系与前一时段、前一年度同期或多时段趋势比较，必须满足下列三个条件，以保证数据的可比性。

(1) 评价时选择的监测指标必须相同。

(2) 评价时选择的断面基本相同。

(3) 定性评价必须以定量评价为依据。

水环境质量变化趋势定性分析是指在定量变化趋势评价的基础上，对两个时段或多个时段的水环境质量变化趋势和变化的程度进行评价，用以下术语来描述变化的特征。

(1) 无明显变化。

(2) 变化：包括水污染程度减轻或加重，水环境质量好转或下降。

(3) 显著变化：包括水污染程度显著减轻或显著加重，水环境质量显著好转或恶化。

当评价对象的水环境质量发生明显变化时，应对引起水环境质量变化的主要原因进行分析，并在此基础上提出污染防治的对策和建议。

水环境质量变化的原因主要从直接影响因素，如水情变化、排污量变化等；间接影响因素，如经济发展、人口变化、污染治理投资等进行相关分析，从而得出影响水环境质量变化的主要原因，为水环境污染防治决策和措施的制定提供技术支持。

5.5 机场水污染防治与处理

5.5.1 机场水污染的预防措施

机场建设和运营导致进入附近水体中的各种成分的物质(包括人工合成物)的数量增加，如果不加大防治的力度，水污染问题会变得非常严重。为防止出现这种情况，必须达到如下目标。

(1) 保证能长久地利用水资源，并不使有关的生态系统受到破坏。

(2) 保护人民的生活和健康状态不受到以水为媒介的疾病和病原体的影响。

(3) 保持生态系统的完整性。

为进行这一方面的工作，需在机场建设和运营中制定有效的水污染防治计划，并在这个计划的指导下，相应制定防治计划和实施这个计划的必要程序，并在组织上、人力上和财务上落实。为实现这个目标，应当采取下列行动。

(1) 统筹规划，增强环保意识，强化节约用水，推广节水新技术，加强对机场的用水量控制，推广洁净的新能源。此外，还要加强机场环境科学研究，摸清机场的水环境容量，并以其指导规划和建设。

(2) 建立机场水质监测系统，加强机场水质监测，发现问题及时解决，对重点污染区段进行重点监测，为保护水环境提供科学依据。

(3) 采用经济手段来促进节约用水和减少污水排放，并将收取的款项用于处理污水和加强对机场水资源的管理。

5.5.2 机场水污染的治理措施

对于机场水污染的治理措施，要根据污染状况、范围、性质、水文地质条件和使用要求，通过经济技术比较确定。首先应当切断污染源，然后采取防止污染物进一步扩散的补救措施。治理措施大致有以下几种。

(1) 执行“预防为主，防治结合”的方针，严禁渗坑、渗井排放，所有排污沟、渠应全部硬化和密封，严禁下渗污染。

(2) 采用多种方法(物理、化学和生物方法)进行机场污水处理，达标后才能排放。

(3) 加大环境法律宣传力度，提高公众环境意识。

(4) 对有关各级机构人员进行培训，以加强预防和控制污染措施的实施。

5.5.3　机场污水的处理方法和等级

按处理程度的不同，机场污水处理系统可分为一级处理、二级处理和深度处理(三级处理)，如图 5-6 所示。

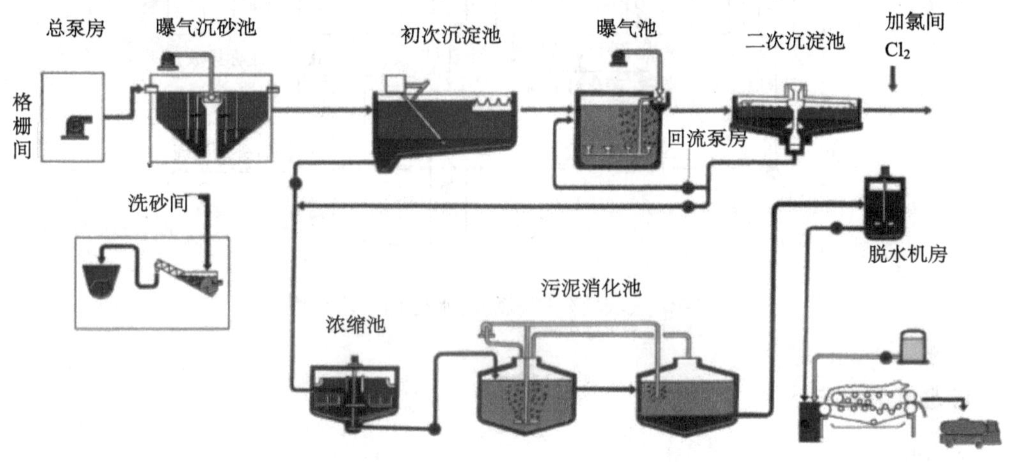

图 5-6　污水的一、二、三级处理

(1) 一级处理只除去污水中的悬浮物，以物理法为主，处理后的污水一般还不能达到排放标准。对于二级处理系统而言，一级处理是预处理。

(2) 二级处理最常用的是生物法，它能大幅度地除去污水中呈胶体和溶解状态的有机物，使污水符合排放标准。但经过二级处理的水中还存留有一定量的悬浮物、生物不能分解的溶解性有机物、溶解性无机物和氮磷等藻类增长的营养物，并含有病毒和细菌。因而不能满足要求较高的排放标准，若处理后排入流量较小、稀释能力较差的河流就可能引起污染，也不能直接用作自来水、工业用水和地下水的补给水源。

(3) 污水的三级处理是在二级处理的基础上，进一步采用化学法(化学氧化、化学沉淀等)、物理化学法(吸附、离子交换、膜分离技术等)以除去某些特定污染物的一种深度处理方法。显然，污水的三级处理耗资巨大，但能充分利用水资源。

污水处理的方法很多，一般可归纳为物理法、生物法和物理化学法三大类。通常污水处理的内容包括固液分离；有机物和其他可氧化物的氧化；酸碱中和；去除有害物质；回收有用物质等。

5.5.4　黑龙江大庆萨尔图机场污水处理工程实例

大庆萨尔图机场位于黑龙江省大庆市，旅客吞吐量为年 96 万人次，最大日污水量为

$150m^3$，污水处理后用于绿化和道路清扫。污水处理采用 A/O（好氧）法，处理能力为 $15m^3/h$，每天运行时间为 10h，污水处理工艺流程如图 5-7 所示。

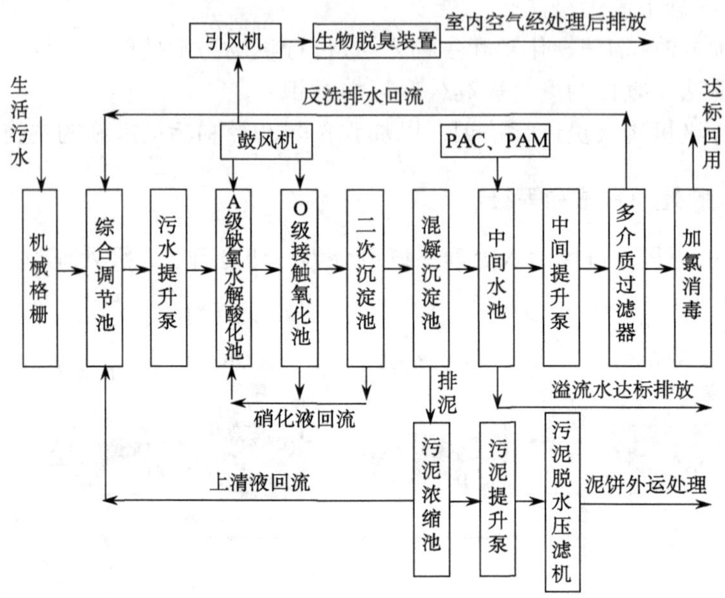

图 5-7　大庆萨尔图机场污水处理工艺流程

1. 污水处理单元

1）格栅井

格栅井为钢筋混凝土结构，$L \times B \times H$=3.0m×1.1m×4.5m。内设不锈钢机械格栅。污水通过排污管网进入格栅井，由机械格栅自动捞除污水中直径大于 10mm 的悬浮物等杂物后，进入综合调节池。

2）综合调节池

综合调节池为钢筋混凝土结构，$L \times B \times H$=8.0m×4.0m×5.0m。有效容积为 $125m^3$，处理水量为 $150m^3/d$，调节时间为 20h。污水在池内进行水质均化、水量调节。综合调节池内设置污水提升泵，根据池内液位由 PLC 程序控制，自动提升污水进入 A/O 生化系统处理。

3）A 级缺氧水解酸化池

A 级缺氧水解酸化池为钢筋混凝土结构，$L \times B \times H$=3.9m×3.9m×6.0m，有效容积为 $40m^3$，处理水量为 $15m^3/h$，反应时间为 4h。污水经提升进入池内进行缺氧水解酸化生物处理，分解污水中大分子类难降解的有机污染物，使其经生物酸化分解成易生物降解的小分子类有机物，提高污水的可生化性（BOD 的比值），提高好氧生化处理单元的效率，在降解有机污染物的同时与后续好氧生化处理单元形成 A/O 法生物脱氮工艺，脱除污水中的氨氮污染物。

4）O 级接触氧化池

O 级接触氧化池为采用钢筋混凝土结构，$L \times B \times H$=7.8m×6.0m×6.0m，有效容积为 $210m^3$，处理水量为 $15m^3/h$，反应时间为 14h。污水自流进入 O 级接触氧化池进行好氧硝化生物反应，去除污水中的有机污染物。经过生物接触氧化池后的硝化混合液回流至 A 级水解酸化池进行缺氧生物循环处理，形成 A/O 法生化处理工艺，提高系统的处理效率，减少好氧系统生化处理的产泥量，同时实现生物脱氮的目的。

5) 二次沉淀池

二次沉淀池为钢筋混凝土结构，$L \times B \times H$=3.9m×3.9m×6.0m，有效容积为 40m^3，处理水量为 15m^3/h，设计表面负荷为 1.15m^3/(m^2·h)。经过生化处理后的污水自流进入二次沉淀池，进行重力分离澄清处理。分离硝化混合液中的悬浮活性污泥，分离产生的活性污泥与硝化混合液一起由回流装置送至 A 级缺氧水解酸化池进行酸化生物处理。澄清后的上清液流入混凝沉淀池处理。

6) 混凝沉淀池

混凝沉淀池为钢筋混凝土结构，$L \times B \times H$=3.9m×3.9m×6.0m，有效容积为 40m^3，设计表面负荷为 1.15m^3/(m^2·h)。二次沉淀池出水进入混凝沉淀池，与投加的絮凝剂进行混凝反应，使污水中悬浮性污染物产生比重大的絮体，采用重力分离、澄清处理工艺去除污水中的有机胶体等污染物，净化水质，同时达到化学除磷的目的。混凝沉淀池在运行过程中产生的污泥，由排泥装置排入污泥浓缩池进行处理。

7) 中间水池

中间水池为钢筋混凝土结构，$L \times B \times H$=7.8m×2.0m×6.0m，有效容积为 45m^3，处理水量为 15m^3/h，调节时间为 3h。混凝沉淀池出水进入中间水池调节水量，中间水池内设置过滤提升泵，池内液位由 PLC 程序控制，自动提升污水进入自动多介质过滤器进行处理。

8) 多介质过滤器

多介质过滤器采用 φ1.6m×3.8m(H) 不锈钢罐体，处理水量为 20m^3/h，设计滤速为 10m^3/(m^2·h)，反洗强度为 36m^3/(m^2·h)。处理后的污水进入多介质过滤器，采用多介质过滤工艺，去除污水的悬浮物、有机胶体等污染物，净化水质。多介质过滤器自动反洗排水，回流进行综合调节池重新进行系统处理。

9) ClO_2 发生器

采用 HB100-ClO_2 发生器，有效氯产量为 100g/h，P=4.0kW。通过全自动加药设备投加 ClO_2，投加量为 3～5mg/L，对污水进行消毒杀菌处理，杀灭污水中的类大肠菌群等病原体，同时起到脱色、除臭的作用。

10) 回用水池

回用水池为铺砌混凝土预制块结构，有效容积为 7000m^3，经消毒后的出水进入回用水池，水质指标达到《城市污水再生利用 城市杂用水水质》(GB/T 18920—2020)；春、夏、秋季抽取回用水池中的水用以绿化和道路清扫。

2. 污泥处理单元

1) 污泥浓缩池

污泥浓缩池为钢筋混凝土结构，$L \times B \times H$=3.9m×3.9m×6.0m，有效容积为 40m^3。混凝沉淀池在运行过程中产生的污泥，由 PLC 程序控制的自动排泥装置排入污泥浓缩池，进行污泥浓缩处理。反应后的污泥进行重力浓缩分离，分离后产生的上清液回流至综合调节池进行系统重新处理。

2) 污泥脱水压滤机

污泥脱水压滤机的过滤面积为 $40m^2$，工作压力为 1.0MPa，采用液压压紧机械保压，滤板材质为 PVC 塑料，功率为 3.0kW。污泥浓缩池内的污泥由污泥提升泵提升至污泥脱水压滤机，进行污泥压榨脱水处理。将经过压榨处理后产出的泥饼外运至指定地点进行无害化处理。

3. 空气处理单元

一体化生物脱臭装置：采用“微生物”降解技术，利用生长在滤料上的除臭微生物对 H_2S、SO_2、NH_3 等大部分挥发性的有机异味物进行降解，净化率可达 95%～98%；可以全年运行，每天连续运行 24h，其处理过程不产生二次污染。生物过滤废气净化系统的核心为高效生物滤(池)塔，在适宜的环境条件下，滤(池)塔中的微生物在填料表面形成生物膜，利用废气中的无机物和有机物作为生物菌种生存的碳源和能源，通过降解异味物质维持其生命活动，将异味物质分解为水、二氧化碳和矿物质等无臭物，达到净化废气的目的。

4. 工程实施后的运营情况

工程于近 5 年的实际运行检验表明，污水处理系统整体运行良好，出水水质稳定，处理成本维持在 0.90 元/m^3 左右。

5.5.5 江苏新沂通用机场污水处理工程实例

新沂通用机场位于江苏省新沂市棋盘镇夏庄村东侧，全年飞行天数为 180 天左右，不承担民用运输功能，不单独设置航站区。除紧急救援，夜间不安排飞行，起降点建成后，主要用于应急救援、空中巡航、农林作业、私商照培训等通航飞行。

1. 建设期水污染防治

施工废水主要是泥浆废水和施工人员生活污水，禁止直接排放。

(1) 泥浆废水。

加强雨季截流沟、排水沟的建设，避免雨季施工废水到处溢留或雨水四周漫流等。配套相应的施工排水设施，设置沉淀池，废水经沉淀后方回收用于洒水降尘或再次使用到施工过程中。沉淀池应按规范设计，防止泥浆废水淤积排水管道。

(2) 施工人员生活污水。

项目生活污水主要为施工地洗漱和冲厕用水，产生量较小，有组织收集且经临时废水处理设施处理后，由环卫部门及时抽走，临时食堂应设置简易有效的隔油池，定期掏油，防止污染。将施工人员生活污水对环境的影响降到最低。

采取上述措施后，本项目建设期对地表水环境的影响将大大减小，对周边水环境的影响在可接受范围。

2. 运营期水污染防治

1) 污水处理方案

机场建成后产生的污水主要为少量含油废水和生活污水，拟新建一座污水处理站，考虑污水处理站抗冲击预留能力，按照 24m^3/d 的处理规模设计。场内生活污水和机修废水等最终排至机场污水处理站，污水达到回用标准后用于绿化和浇洒，污水不外排。在连续雨天时，机场不需要绿化、浇洒，每天将产生 10.3t 富余回用水，本项目建设一座 150m^3 的回用水池，可以接纳 15 天左右的回用水量。天气转晴后，由于机场绿化用水需求量迅速回升，剩余回用水可在 2～3 天内使用完毕。

(1) 含油废水预处理。

本项目含油废水主要产生于机务维修、职工食堂、加油区冲洗等，在含油废水产生点设置小型隔油装置，含油废水经隔油处理后通过管道进入机场污水管网，送污水处理站处理。机场油车棚、维修区等处的地面需采取防渗措施，防止油类等污染物下渗影响地下水。

(2) 处理工艺方案。

含油废水水量较小，经隔油处理后和生活污水一同进入生化处理设施处理。生化处理工艺采用 A/O 法加生物碳塔加过滤消毒法处理工艺，污水经处理达到《污水综合排放标准》(GB 8978—1996) 中规定的一级排放标准。

2) 处理能力

拟建污水处理设施处理能力为 24t/d，而本期机场污水产生量为 10.6t/d，完全能够满足处理量要求。

3) 处理效果分析

按本机场污水处理站进水水质的最大值，类比同类生活污水处理工艺的污染物的去除效率，预测本机场污水采用 A/O 加生物碳塔加过滤消毒法处理后的处理效果见表 5-29，由表可知本项目机场污水经处理后满足回用标准。

表 5-29　污水处理效果

分项	Q/(m^3/d)	BOD/(mg/L)	COD/(mg/L)	pH	磷酸盐/(mg/L)	NH_3-N/(mg/L)	SS/(mg/L)
进水	24	180	300	6～9	4	25	250
A/O 出水	24	15	80	6～9	0.4	5	70
生物碳塔出水	24	5	50	6～9	0.4	4	40
过滤出水	24	<5	<50	6～9	<0.4	<4	<10
回用标准	—	20	100	6～9	0.5	20	70
去除效率/%	—	92	71	—	90	60	80

5.6　机场地下水环境影响及防治

机场对地下水环境影响可分为建设期地下水环境影响和运营期地下水环境影响，需要对其影响进行分析评价并提出防治措施。

5.6.1　机场建设项目对地下水的影响

1. 建设期地下水环境的影响

建设期地下水污染源主要为生活污水、施工废渣、废弃泥浆、施工废水和油等，污染物主要为石油类、COD、氨氮及 SS 等。

1) 生活污水

由于施工营地均为临时设施，并且分布范围较大，难以收集进行统一处理，将对地下水产生一定的影响。因此各施工营地应设防渗漏的旱厕，尽可能减少生活污水的排放量。

2) 施工废渣、废弃泥浆

建设期间，开挖基坑将产生大量废渣，基坑内部混凝土衬砌将产生一定量的废弃泥浆。这些废渣和废弃泥浆随意堆放，经过雨水淋滤将会对地下水产生污染，因此应在废渣、废弃泥浆堆放场地修建挡墙，将废渣和废弃泥浆收集后集中处理。

3) 施工废水和油

建设期的废水主要来自各类管道安装完后清管和试压过程排放的废水，施工过程中各种施工机械设备的洗涤用水和施工现场清洗、建材清洗等产生的废水。

管道清管和试压过程中排放的废水的主要污染物为含少量铁锈、泥沙等的悬浮物，经沉淀后即可去除，根据国内其他管线建设经验，这部分废水经沉淀后可充分利用或直接外排，不会对受纳水体产生大的影响；其他建筑物施工过程中各种施工机械设备的洗涤用水和施工现场清洗、建材清洗产生的废水，含有一定量的油污和泥沙，虽然污水量较少，但直接排放会对当地环境造成不良影响，应建立临时性的含油污水调节池和沉沙池，对含油污水和含沙污水加以处理，达标后排放。

2. 运营期地下水环境的影响

正常情况下，由于机场建设范围内路面全部硬化，且机场用水经过污水处理站处理后全部回用，油库和废水处理装置不会发生渗漏导致污水渗入地下水的情景。对地下水可能产生的影响仅发生在非正常情况和事故状况下，主要为油库泄漏或污水处理厂污水泄漏引起的环境风险。

大型枢纽机场对地下水的影响有以下特点。

(1) 占地面积大，改变区域地下水流场。

(2) 污染源多且储存量大，地下水环境风险突出。大型枢纽机场必须建设规模庞大的航空油库，长期储存大量的航油用于各种飞机及车辆的运行，同时配套建设场外输油管道、场内供油管网及地面加油工程。以北京大兴国际机场油库为例，一期建设 4 座 20000m^3 的储罐。同时，北京大兴国际机场配套建设处理规模为 18000m^3/d 的污水处理厂以及 500t/d 的垃圾转运站。 这些地下水潜在污染源的长期大量储存，使得地下水的环境风险问题较为突出。

5.6.2　机场地下水环境影响评价

1) 一般性原则

应对机场项目在建设期、运营期和服务期内的地下水水质变化影响进行分析、预测和评估，提出预防、保护或者减轻不良影响的对策和措施。

《建设项目环境影响评价分类管理名录》将建设项目分为四类。Ⅰ类、Ⅱ类、Ⅲ类建设项目的地下水环境影响评价应按《环境影响评价技术导则 地下水环境》(HJ 610—2016)执行，Ⅳ类建设项目不开展地下水环境影响评价。民航机场建设项目中，地下油库属于Ⅰ类，地上油库和供油工程属于Ⅱ类。

2) 工作程序

地下水环境影响评价工作分为准备阶段、现状调查与评价阶段、影响预测与评价阶段、结论阶段。地下水环境影响评价工作程序见图 5-8。

3) 各阶段主要工作内容

(1) 准备阶段。

搜集和分析有关国家和地方地下水环境保护的法律、法规、政策、标准及相关规划等资料，了解建设项目工程概况，进行初步工程分析，识别建设项目对地下水环境可能产生的直接影响；开展现场踏勘工作，识别地下水环境敏感程度；确定评价工作等级、评价范围、评价重点。

(2) 现状调查与评价阶段。

开展现场调查、勘探、地下水监测、取样、分析、室内外试验和室内资料分析等工作，进行现状评价。

(3) 影响预测与评价阶段。

进行地下水环境影响预测，依据国家、地方有关地下水环境的法规及标准，评价建设项目对地下水环境的直接影响。

(4) 结论阶段。

综合分析各阶段成果，提出地下水环境保护措施与对策，制定地下水环境影响跟踪监测计划，完成地下水环境影响评价。

5.6.3　郴州北湖机场运营期水环境影响分析

1. 正常工况下环境影响分析

正常工况下，由于机场建设范围内路面全部硬化且机场用水经过污水处理站处理后全部回用，油库区油库都采用地上放置，且地面按要求都做了地面硬化，且自己有足够容积的围堰，油污不会入渗地下对地下水质造成影响。

2. 非正常工况下环境影响预测

1) 污染源识别

机场油库位于机场西南侧，共设置 2 座 500m^3 立式拱顶锥底油罐、1 座 20 m^3 埋地卧式底油沉淀双层油罐、1 座 5 m^3 卧式污油罐。

地面加油站位于机场东南侧，共设置 4 座 25m^3 埋地卧式双层油罐。

2) 地下水保护目标识别

评价范围内共分布 33 个井、泉点，其中位于机场下游可能影响区的共有 15 个泉点，全部为下降泉。机场下游地下水保护目标见表 5-30。

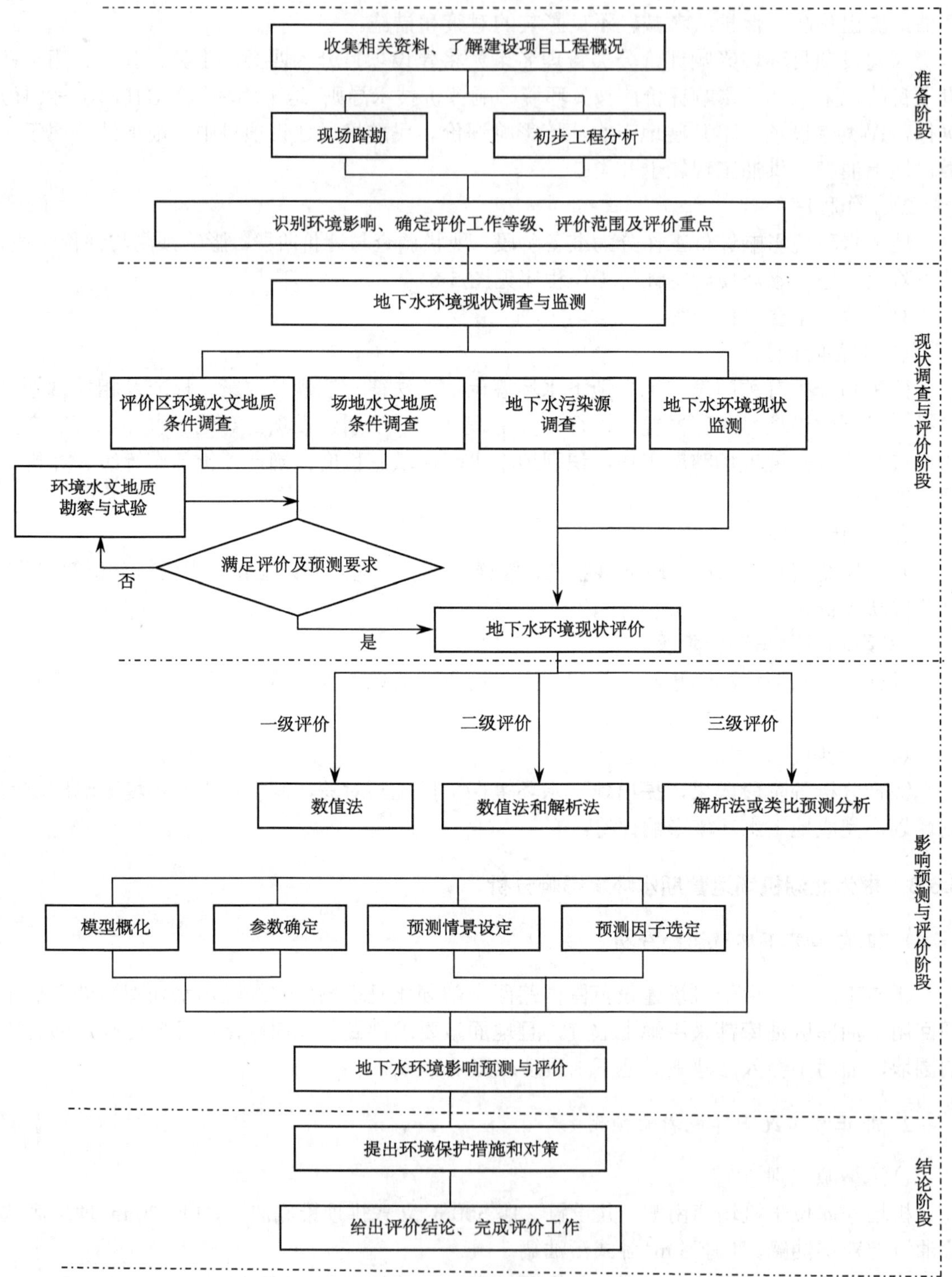

图 5-8　地下水环境影响评价工作程序图

表 5-30　机场下游地下水保护目标表

序号	井、泉编号	地理位置	井、泉类型	泉流量/(L/s)	开采层位	与油库的上下游关系	备注
1	S1	塔水村	下降泉	18.5	潜水	下游	分散水源
2	S2	塔水村	下降泉	11.6	潜水	下游	分散水源
3	S3	塔水村	下降泉	3.5	潜水	下游	分散水源
4	S4	塔水村	下降泉	3.5	潜水	下游	分散水源
5	S11	柳园冲	下降泉	1.5	潜水	下游	分散水源
6	S16	三合村	下降泉	0.7	潜水	下游	分散水源
7	S17	三合村	下降泉	3.5	岩溶水	下游	分散水源
8	S18	塔水村	下降泉	0.2	潜水	下游	分散水源
9	S21	华塘村	下降泉	0.7	潜水	下游	分散水源
10	S22	华塘村	下降泉	0.8	潜水	下游	分散水源
11	S23	塘源冲	下降泉	4.6	岩溶水	下游	分散水源
12	S24	塘源冲	下降泉	0.3	岩溶水	下游	分散水源
13	S25	塘源冲	下降泉	34.7	岩溶水	下游	集中水源，为华塘镇供水备用水源地，供水人口约 9500 人
14	S26	黑山口	下降泉	1.3	潜水	下游	分散水源
15	S27	黑山口	下降泉	1.4	潜水	下游	分散水源

在机场下游的 15 个泉点中，有 14 个为分散水源，1 个为集中水源。集中水源 S25 位于华塘镇华塘村 3 组(塘源冲)，位于拟建机场用地东侧边界线外约 1.2km。据调查走访，该处地下水泉点利用始于 20 年前，地下水含水地层为 $C_{2+3}ht$，岩性为灰岩、白云岩，含水类型为地下岩溶裂隙水，富水性强，几十年未出现过断流、干涸情况；水质清澈，仅 2008 年受汶川地震影响水质见浑浊；周边水塘、溶沟、溶槽呈串珠状、带状产出，推测该取水点位于豪里～塔水透水断层(F2)断裂带内，导水通道为构造岩溶裂隙、溶洞。目前，该处泉点由华塘镇进行围塘蓄水，不定期进行抽水供水工作；华塘镇镇区及周边已由华塘自来水厂供应自来水，水源主要来自四清水库，因此该地下水水源点主要用作生活用水不足时的补充水源点。该地下水水源供水范围主要为华塘镇镇区及华塘村，据走访调查，供水人口约 9500 人，管道铺设以抽水供给华塘自来水厂为主；水源地地下水补给以岩溶裂隙水为主，流量约为 3000t/d。

由于 S25 水源未划分保护级别，但其实际用途是作为华塘镇华塘村的补充水源，应作为备用水源地加以保护。本次评价依据《饮用水水源保护区划分技术规范》(HJ 338—2018)相关规定，对该水源地划定保护范围。该备用水源地开采规模为中小型水源地，地下水类型为岩溶水，按成因特点划分为岩溶裂隙网络型。

根据《饮用水水源保护区划分技术规范》(HJ 338—2018)，保护区级别确定如下：以地下水取水井为中心，溶质质点迁移 100 天的距离为半径所固定的范围为一级保护区；一级保护区以外，溶质质点迁移 1000 天的距离为半径所固定的范围为二级保护区，补给区和径流区为准保护区。

华塘镇地下水备用水源地为中小型水源地保护区，依据如下保护区半径计算经验公式进行计算：

$$R = \alpha \times K \times I \times T / n \tag{5-11}$$

式中，R 为保护区半径(m)；α 为安全系数，一般取 150%(为了安全起见，在理论计算的基础上加上一定量，以防未来用水量的增加以及早期影响造成的半径扩大)；K 为含水层渗透系数(m/d)；I 为水力坡度(为漏斗范围内的水力平均坡度)；T 为溶质质点平迁移时间(d)；n 为有效孔隙度。

该水源地含水地层为 C_{2+3}ht 灰岩，α 取 150%，K 取 1.18m/d，I 取 20%，n 取 6%。

由式(5-11)，该水源地一级保护区半径 R_1=590m，二级保护区半径 R_2=5900m，以此确定华塘镇地下水备用水源地保护区范围及级别。本机场拟选场址位于华塘镇地下水备用水源地二级保护区范围内。

3) 预测情景设定

非正常工况下，若地下水污染源存储或收集设施发生破裂、腐蚀渗漏等，可能导致泄漏而造成地下水污染事故。根据机场项目特点，项目运营后地下水污染源主要为机场油库油罐、污油罐以及加油站油罐，如果油罐区底部发生破损，污染物通过包气带进入潜水含水层，进而下渗进入下伏的基岩裂隙或岩溶含水层，将会对区域地下水造成不同程度的影响。

4) 预测方法

本次预测采用数值法进行模拟，采用 MODFLOW 软件，将评价区的地下水流概化成非均质各向异性、空间多层结构、非稳定流地下水系统，同时考虑降水入渗、蒸发影响。其数学模型如下：

$$\begin{cases} \dfrac{\partial}{\partial x}\left(K_{xx}\dfrac{\partial H}{\partial x}\right)+\dfrac{\partial}{\partial y}\left(K_{yy}\dfrac{\partial H}{\partial y}\right)+\dfrac{\partial}{\partial z}\left(K_{zz}\dfrac{\partial H}{\partial z}\right)+w=0 & ((x,y,z)\in \Omega) \\ H(x,y,z)\big|_{S_1}=H_0(x,y,z) & ((x,y,z)\in S_1) \\ Kn\dfrac{\partial H}{\partial n}\bigg|_{S_2}=q(x,y,z) & ((x,y,z)\in S_2) \end{cases} \tag{5-12}$$

式中，Ω 表示地下水渗流区域；S_1 为模型的第一类边界；S_2 为模型的第二类边界；K_{xx}、K_{yy}、K_{zz} 分别表示 x、y、z 主方向的渗透系数(m/s)；w 表示源汇项，包括降水入渗补给、蒸发、井的抽水量和泉的排泄量(m^3/s)；$H_0(x,y,z)$ 为第一类边界地下水水头函数(m)；$q(x,y,z)$ 为第二类边界单位面积流量函数(m^3/s)。

地下水溶质迁移模型是概化客观条件的数学结构，由描述溶质迁移转化特征的数理方程和定解条件组成。本次将模型概化为三维对流-弥散、溶质迁移模拟，控制方程如下：

$$R\theta\frac{\partial C}{\partial t}=\frac{\partial}{\partial x_i}\left(\theta D_{ij}\frac{\partial C}{\partial x_j}\right)-\frac{\partial}{\partial x_i}(\theta v_i C)-WC_i-WC_{\mathrm{S}}-\lambda_1\theta C-\lambda_2\rho_b\overline{C}$$

式中，$R=1+\dfrac{\rho_b}{\theta}\dfrac{\partial\overline{C}}{\partial C}$；$R$ 为阻滞系数(无量纲)；ρ_b 为介质密度(mg/dm^3)；θ 为介质孔隙度(无量纲)；C 为地下水中组分的质量浓度(mg/L)；$\overline{C}$ 为回填介质骨架吸附的溶质质量浓

度(mg/L)；t 为时间(d)；D_{ij} 为水动力弥散系数张量(m^2/d)；v_i 为地下水渗流速度张量(m/d)；W 为水流的源汇(L/d)；C_S 为源中组分的质量浓度(mg/L)；λ_1 为溶解相一级反应速率(l/d)；λ_2 为吸附相反应速率(L/(mg·d))。

溶质迁移数学模型由控制方程、初始条件和边界条件构成，本次概化的初始条件为补给浓度边界，在本次模型模拟中，评价区所有模拟污染物的初始浓度均为 0。吸附相反应速率根据偏保守的思路，假设模型中无降解反应。

5)模型建立

水文地质概念模型是对评价区水文地质条件的简化，使得水文地质条件尽可能简单明了，但是要准确充分地反映地下水系统的主要功能和特征。水文地质概念模型是对地下水系统的科学概化，其核心为边界条件、内部结构、地下水流态三大要素，根据评价区的岩性构造、水动力场、水化学场的分析，可确定水文地质概念模型的要素。

(1)模型范围。

机场占地区总体上可划入以华塘背斜核部栖霞组、壶天群岩溶裂隙含水层为主，两侧相对封闭的水文地质单元。地下水流向总体由西南向东北径流，与华塘背斜轴线走向基本一致。西南侧当冲组(P_1d)硅质岩为基岩裂隙弱含水层，导水性差，可视为零流量边界；北西侧西河可视为定水头河流边界；北东侧油山～液头张性断裂(F3)导水性、透水性好，可视为定水头边界；西南侧则为补给边界。

(2)水文地质参数的确定。

水文地质参数的选取对于模型计算是至关重要的，其合理与否直接影响到模型的计算精度和结果的可靠性。水文地质参数主要根据评价区的水文地质条件和野外踏勘结果综合确定，本区目标含水层主要有第四系黏土层弱透水层和石炭系壶天群($C_{2+3}ht$)白云质灰岩岩溶裂隙含水层，因此模型水文地质参数取值见表 5-31。

表 5-31　模型水文地质参数取值表

土层分层	垂向渗透系数	水平渗透系数	土层渗透性分类	备注
黏土②	1.78×10^{-3}cm/s	8.21×10^{-5}cm/s	均质各向异性弱透水层	垂向渗透性＞水平渗透性
黏土③	2.05×10^{-5}cm/s	1.99×10^{-5}cm/s	均质各向同性弱透水层	
黏土④-1	8.34×10^{-5}cm/s	3.42×10^{-4}cm/s	均质各向异性弱透水层	垂向渗透性＜水平渗透性
黏土④-2	5.09×10^{-6}cm/s	1.51×10^{-4}cm/s	均质各向异性弱透水层	垂向渗透性＜水平渗透性
壶天群($C_{2+3}ht$)白云质灰岩	1.18m/d	1.18m/d	岩溶裂隙含水层富水性中等	

(3)模型的设计。

评价区南北长约 8276m，东西宽约 11685m，计算时在两个方向上割分 55×56 个网格，总网格共计 3080 个。油库区、敏感点周边单元格采取了加密形式，以增强计算的准确性。

模拟期为 2017 年 2 月～2027 年 2 月，共 10 年，以 10 天作为一个应力期，每个应力期内包括若干时间步长，时间步长由模型自动控制，每一次运算都严格控制误差。

初始条件：采用 2016 年 6 月的地下水水位作为模型目标含水层的初始水位。源汇项主要包括补给项和排泄顶。评价区地下水的补给来源主要为大气降水的面状入渗补给与地下水含水层的侧向补给，地下水含水层之间的侧向补给概化为线状补给源。

(4) 模型识别和验证。

根据水文地质模型所建立的数值模型必须反映实际流场的特点。因此，在进行模拟预测之前，必须对数值模型进行校正，即校正其方程、参数以及边界条件等是否能够确切地反映评价区的实际水文地质条件。

由于本区水文地质研究精度低，缺乏长期观测和流场统计资料，现有3个水位统测点，本次计算使用这3个水位的观测数据来验证地下水流场。从模型识别的地下水流场和水位观测孔跟实测的拟合情况看，计算流场与实测流场基本吻合，地下水位观测孔拟合误差小于1m的观测孔占1/2以上。这说明所建立的水文地质模型和数学模型能够较为真实地反映评价区的地下水含水结构。

6) 溶质迁移模拟预测结果

本次预测设定为机场东侧加油站地下油罐泄漏情景下，石油类污染物迁移运动的过程，预测参数设定如下。

(1) 污染源位置：机场加油站地下油罐。

(2) 污染物浓度：850mg/L (石油类)。

(3) 污染物下渗方式：持续下渗。

(4) 防渗层破损面积：$1m^2$。

将含水层参数、初始条件和边界条件代入水质模型，污染源设为补给浓度边界。模拟期为10年，时间步长为10天。利用MODFLOW和MT3D软件，联合运行水流和水质模型，得到石油类扩散预测结果。结果表明：污染物泄漏100天后超标距离为130m，最大迁移距离为430m，最大影响范围为$49200m^2$；1000天后超标距离为380m，最大迁移距离为1120m，最大影响范围为$512000m^2$；10年后超标距离为870m，最大迁移距离为2090m，最大影响范围为$1780000m^2$。

根据数值模拟预测结果可知，在机场油库下游影响范围内没有村庄及井、泉分布。

3. 对华塘镇地下水备用水源的影响分析

华塘镇地下水备用水源地位于机场用地边界约1.2km，位于机场加油站油罐下游约2.4km。其水量较大，补给源充足。水源地泉眼在F2断层，位于机场油库南侧，不从机场区经过。

另外，根据《郴州北湖机场环境水文地质勘察报告》对油库区钻孔ZK02的抽水试验结果，抽水层位为壶天群$C_{2+3}ht$白云岩岩溶裂隙含水层，试验结果表明富水性中等，且补给条件相对较差。因此，油库区下伏岩溶裂隙含水层不具备大规模补给下游岩溶水的条件。但是，由于机场勘察精度有限，不排除油库区存在未探明岩溶管道分布，成为F2断层乃至下游泉眼的补给通道。

综上所述，机场运营对华塘镇地下水备用水源产生影响的可能性较小。

5.6.4 机场地下水防治

地下水污染防治按照“源头控制、末端防治、应急响应”相结合的原则，企业污水处理装置区、固废仓库区、原料仓库区等处均需要进行防渗防漏设计。

1) 源头控制原则

源头控制主要指根据国家相关规范加强管理，对污水储存及处理工艺、设备和构筑物采取控制措施，防止和降低污染物跑、冒、滴、漏，将污染物泄漏的环境风险事故降到最低程度。

2) 末端防治原则

末端防治措施主要包括厂内污染区地面的防渗措施和泄漏、渗漏污染物收集措施，即在污染区地面进行防渗处理，防止洒落地面的污染物渗入地下，并把滞留在地面的污染物收集起来，集中送有资质单位处理。

3) 应急响应原则

进行质量体系认证，实现“质量、安全、环境”三位一体的全面质量管理目标。设立地下水动态监测小组，负责对地下水环境进行监测和管理，或者委托专业的机构完成。建立有关规章制度和岗位责任制，制定风险预警方案，采取应急设施减少环境污染影响。一旦发现地下水污染事故，立即启动应急预案，采取应急响应措施控制地下水污染，并使污染得到治理。

4) 分区管理和控制原则

分区管理和控制原则，即根据场址所在地的工程地质、水文地质条件和全厂可能发生泄漏的物料性质、排放量并参照相应标准要求有针对性地分区，并分别设计地面防渗层结构。

5) “可视化”原则

“可视化”原则，即在满足工程和防渗层结构标准要求的前提下，尽量在地表实施防渗措施，便于泄漏物质就地收集和及时发现破损的防渗层。

6) 工程措施与污染监控相结合原则

工程措施与污染监控相结合原则，即采用国际、国内先进的防渗材料、技术和实施手段，最大限度地强化防渗防污能力。同时实施覆盖污水处理站及周边一定范围的地下水污染监控系统，包括建立完善的监测报告制度，配备先进的检漏检测分析仪器设备，科学合理布设地下水污染监测井，以及时发现污染，及时采取措施，及早消除不良影响。

思　考　题

5-1　叙述我国现有的水环境保护法规和措施以及具体的水质标准。

5-2　机场的水环境主要指哪些方面？机场用水具有哪些特点？

5-3　机场的水污染源和污染物有哪些？这些污染物对机场周边环境有什么影响？

5-4　什么是机场水环境污染监测？叙述机场水环境污染监测的意义及监测的标准。

5-5　叙述机场水环境污染监测的项目和方法。

5-6　什么是机场水环境质量评价？评价方法有哪些？

5-7　机场水环境质量评价流程包括哪几个方面？

5-8　叙述机场水环境质量综合评价的内容。

5-9　为什么要对机场水污染进行防治与处理？叙述防治和处理的措施。

5-10　机场污水处理的具体方法有哪些？

5-11　机场地下水污染防治原则有哪些？

第6章 机场固体废弃物污染及防治

6.1 概　　述

6.1.1 固体废弃物的概念及特点

固体废弃物不同于废水和废气，其具有以下特点。

1) 污染性

固体废弃物主要存在两个方面的污染性，即固体废弃物自身的污染性和固体废弃物处理的二次污染性。固体废弃物中的有害废弃物具有燃烧性、爆炸性、有毒性、放射性、腐蚀性、反应性、传染性与致病性。固体废弃物中有时含有污染物富集的生物，也会引起污染。而固体废弃物处理不当可能生成二次污染物，例如，部分固体废弃物在焚烧过程中又会产生有毒的致癌物质，如果不进行有效的净化处理会造成对空气的二次污染。这些因素导致固体废弃物在其产生、处理和排放过程中可能对生态环境造成污染，对人民的身心健康造成危害，因此固体废弃物具有污染性。

同时，由于固体废弃物自然分解和迁移是一个比较缓慢的过程，其危害可能在数年以至数十年后才能显现出来，造成难以挽救的灾难性后果。从某种意义上说，固体废弃物特别是有害固体废弃物对环境造成的危害可能要比废水、废气造成的危害严重得多。

2) 资源性

“废弃物”只是相对概念，在某种条件下的废弃物，在另一种条件下可能成为宝贵的原料或另一种产品。所以废弃物又有“放在错误地点的原料”之称。固体废弃物具有一定的资源价值及经济价值。但需要指出的是，固体废弃物的经济价值不一定大于固体废弃物的处理成本。总体而言，固体废弃物是一类低品质、低经济价值资源。

3) 社会性

固体废弃物的产生、排放与处理均具有广泛的社会性。社会中的每个成员都会产生与排放固体废弃物。同时固体废弃物的产生意味着社会资源的消耗，对社会产生影响。固体废弃物的排放、处理及其污染性会影响他人的利益，产生社会影响。固体废弃物排放前属于私有品，排放后成为公共资源。

6.1.2 机场固体废弃物的来源及分类

机场固体废弃物主要来源于航空垃圾、生活垃圾、建筑垃圾、危险废弃物以及生产经营活动过程产生的其他固体废弃物。

1) 航空垃圾

航空垃圾是旅客及空乘人员在乘坐飞机过程中使用或食用后丢弃的废弃物，也包含超过保存期的航班上未食用过的整份食品。航空垃圾的主要成分见表6-1。从表6-1中可以看出，航空垃圾中大部分是有机物。未经无害化处理的航空垃圾，尤其是“染疫垃圾”等具有动植物检疫处理指征和卫生检疫处理指征的航空垃圾，如来自非洲猪瘟疫区的航空垃圾或被消化道传染病污染的航空垃圾，可能携带着一些致病病菌或者病毒、寄生虫和动植物性危险病虫害，会引起传染病的传入/传出。若是国际航班还可能导致动物性传染病、寄生虫病和植物性危险病虫害传入国境，从而对人民身体健康和农、林、牧、渔业生产带来不可估量的损害。

表 6-1　机场航空垃圾组成成分

分类		含量/%
有机物	纸布类	17～19
	塑料类	51～55
	其他	3～5
	小计	71～79
无机物	金属类	20～36
	其他	1～3
	小计	21～39

2) 生活垃圾

机场中的生活垃圾主要是在候机厅、餐厅食堂、办公区及职工宿舍等区域中，职工、旅客生活活动所产生的垃圾。机场中的生活垃圾类似于其他生活垃圾，主要为纸类、塑料类、厨房下脚料、粪便等，其特点是有机物含量高。

3) 建筑垃圾

机场中的建筑垃圾主要来源于航站楼、跑道等机场内各种基础设施的建设、改造、装修、拆除、铺设等过程中产生的各类固体废弃物，主要包括渣土、废旧混凝土、碎砖瓦、废沥青、废旧管材、废旧木材等。

4) 危险废弃物

机场中的危险废弃物包括在机场运行中产生的废旧电池、废弃化学药品容器、废日光灯管、废蓄电池、废电路板、废显示器、废油桶、废油漆容器、易燃性废弃物等。

5) 其他固体废弃物

机场其他固体废弃物包括锅炉燃煤灰渣、污水处理厂污泥和绿化垃圾等。

总体来说，机场固体废弃物产生汇总情况见表 6-2。

表 6-2　机场固体废弃物汇总表

序号	种类	来源	包括内容	主要成分和性质
1	航空垃圾	飞行途中和候机楼	有机物：塑料类、纸布类、剩余食品等 无机物：金属类、玻璃等	有机物为主，无机物主要为金属类；属特殊固体废弃物
2	生活垃圾	办公、生活活动	有机物：纸类、塑料类为主 无机物：金属类、玻璃等	有机物含量高； 属一般生活垃圾
3	建筑垃圾	机场建设、改造、装修、拆除、铺设等	渣土、废旧混凝土、碎砖瓦、废沥青、废旧管材、废旧木材等	部分固体废弃物可回收，属一般固体废弃物

续表

序号	种类	来源	包括内容	主要成分和性质
4	危险废弃物	机场运行	废旧电池、废弃化学药品容器、废日光灯管、废蓄电池、废电路板、废显示器、废油桶、废油漆容器、易燃性废弃物等	属危险固体废弃物
5	其他固体废弃物	污水处理厂、锅炉、绿化	污水处理厂污泥、锅炉燃煤灰渣、绿化垃圾等	部分固体废弃物可回收，属一般固体废弃物

6.2 机场固体废弃物的环境问题

6.2.1 我国机场固体废弃物的处理现状

近年来，随着航空客流的快速增长，相应的机场固体废弃物产生量也急剧增加。随着机场规模的扩大、数量的增多、航空客流的不断增长，对产生的大量机场固体废弃物的处理将是一个迫切需要解决的问题。

目前，国内各机场在机场固体废弃物的收集、运输及处理方面存在一定的问题，尤其是在机场固体废弃物的规范化收运和处理模式的建立方面还有很多工作要做。这些问题主要包括以下几方面。

1）机场固体废弃物在收运环节流失严重

目前，一般航空垃圾的收运和处理流程如图 6-1 所示。机场固体废弃物中包含报纸、杂志、易拉罐、餐具等具有回收价值的物品，以及一些尚未开封的航空食品。机场固体废弃物从飞机、航站楼等处收集开始到最终被外运处理，一般是由多个独立单位或部门合作完成的，在这一过程中，因各自从自身的经济利益出发，导致机场固体废弃物在各环节上被多次人为分拣，造成具有回收价值的物品严重流失。

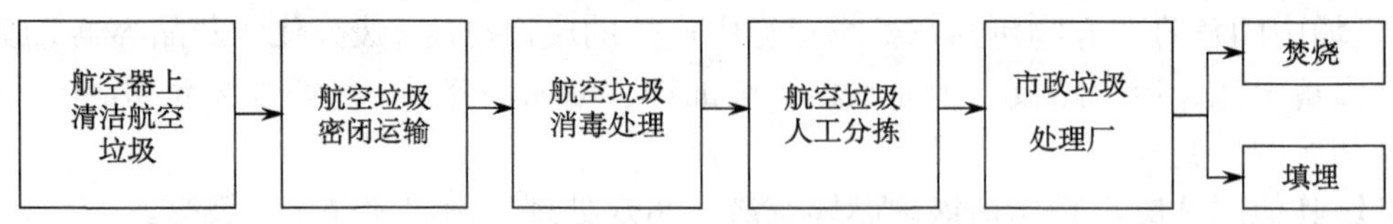

图 6-1 航空垃圾的收运和处理流程

2）机场固体废弃物交叉管理

各机场一般是将机场固体废弃物的收运工作外包给一家或几家地面服务公司，同时，部分航空公司也筹建了自己的机场固体废弃物收运部门，自行处理本公司航班上的机场固体废弃物。由于认识和出发点不同，不同公司/不同部门在执行机场固体废弃物处理程序上存在较大差异，并普遍存在不按相关规定处理机场固体废弃物的现象；同时由于管理方面存在漏洞，也存在垃圾收运人员私自分拣机场固体废弃物而后带出机场的情况，这些都加大了机场固体废弃物的管理难度。

3) 机场固体废弃物流向不确定

由于机场固体废弃物收运和处理流程运作中存在不规范、管理制度执行力度不够的问题，一些可回收利用物品的去向多种多样，甚至有一些可以直接利用的物品的去向难以确定，导致检验检疫部门、卫生监督部门的监管工作开展极为困难，存在较大的公共安全隐患和环境风险，也给一些不法分子通过机场固体废弃物贩运毒品等违禁物品提供了可能渠道，存在极大的安全风险。

4) 机场固体废弃物处理企业运营困难

由于上述一些原因，机场固体废弃物在清运至正规的垃圾处理厂时，其中的可用资源几乎全部被拣出，进场的机场固体废弃物基本丧失了回收利用的价值，这就导致机场固体废弃物处理企业无法通过回收利用机场固体废弃物中的可用资源来弥补垃圾处理费用的不足。另外，机场与机场固体废弃物处理企业一般相距较远，机场固体废弃物的运输费用给企业带来了不小的压力。这些情况就导致正规的机场固体废弃物处理企业运营成本居高不下，企业运营举步维艰，也直接打击了企业参与机场固体废弃物无害化处理及资源化综合利用的积极性。

综上所述，规范机场固体废弃物的收运和处理运作流程、建立严格高效的管理机制，是保证机场固体废弃物无害化处理及资源化综合利用顺利实施与推进的关键所在。为此，应针对机场固体废弃物的特点建立专门的处置机构，以无害化处理和资源化综合利用相结合的方式对其进行处置。这样既符合绿色机场建设的需要，又能获得一定的经济效益，还可以减少和控制环境风险与公共安全隐患，取得明显的社会效益。

6.2.2 航空垃圾收运和处理规范化运作的对策

为实现航空垃圾收运和处理规范化运作这一目标，可从以下几个方面入手。

1) 推进和完善机场资源管理立法进程

航空垃圾管理是“机场资源管理”的一个重要方面。目前国内关于机场资源管理的法律法规仍处于探索阶段，通过法律明确机场资源管理主体是当前亟须解决的课题。国内机场的发展历史表明，管理多主体必然造成机场资源管理混乱，最终影响机场长远发展，因此，需要通过立法确认机场管理机构作为机场资源管理的法律主体，同时应从法律层面明确机场管理机构的管理权限。航空垃圾作为机场资源的一部分，机场管理机构应授权一家有相应资质和资信的专业化公司进行规范化处理，从制度方面杜绝航空垃圾收运和处理多主体、交叉管理的弊端。

2) 制定和完善航空垃圾收运和处理标准

机场管理机构应发挥其职能部门的优势，根据国家相关法律法规制定符合各自机场实际情况的航空垃圾收运和处理标准及配套机制，对航空垃圾的收运和处理流程进行规范化管理，并监督实施。机场管理机构要承担监管者的角色，对服务外包企业的各种违约行为依法依规进行处罚，确保航空垃圾处理的科学性、高效性和统一性。

3) 营造和谐市场环境，实现各方共赢

作为专业航空垃圾处理企业，需要有稳定的利润来支持自身的发展，因此，机场管理机构应努力为包括航空垃圾处理企业在内的各驻场企业营造和谐、公平的市场环境，从而调动机场管理机构、航空公司和第三方企业等各方面的积极性，实现各方的共赢。机场管理机构应加强监管职能，做好机场资源的管理，确保所有航班垃圾的收集、转运、消毒等都由专业的航空垃圾处理企业完成；协调航空垃圾处理企业和各航空公司的关系，确保航空垃圾的清洁、运输和处理费用及时足额支付；为航空垃圾处理企业在场内完成航空垃圾的收运工作提供相应的公共配套设施和服务；在航空垃圾总量较小的机场，机场管理机构还可以协调周边的地方政府，将机场周围的城市生活垃圾的处理纳入航空垃圾处理企业的业务范畴，以缓解航空垃圾总量较小给企业带来的运营压力，同时也为机场周边区域的生活垃圾资源化处理提供有力支持。各方实现共赢可为航空垃圾无害化处理及资源化综合利用的科学、有序、顺利实施提供坚实的物质保障，也必将产生良好的社会、经济和环境综合效益。

6.2.3　机场固体废弃物对环境的危害

我国机场固体废弃物处理依托城市废弃物处理，最后归入城市垃圾处理系统一并处理。传统的城市垃圾消纳倾倒方式是一种“污染物转移”方式，但目前垃圾处理场的数量和规模尚不能适应城市垃圾增长的要求，这就导致大部分垃圾仍呈露天集中堆放状态，对环境即时的和潜在的危害很大，污染事故频出。机场固体废弃物的增加增大了对垃圾处理的需求，可能进一步加剧了固体废弃物对环境的污染。总体而言，固体废弃物对环境的污染是多方面、多环境因素的，具体有下列几个方面。

1）侵占土地，破坏地貌和植被

固体废弃物填埋处置是我国城市垃圾集中处置的主要方式。堆放填埋处置需占地堆放。固体废弃物处置量越大，占地也越多。同时，固体废弃物填埋区域会发生严重的地貌、植被和自然景观的破坏。

2）污染土壤

固体废弃物不规范丢弃、堆放或没有适当的防渗措施的填埋会严重污染处置地的土壤。一方面，固体废弃物中的有害成分很容易经过风化、雨雪淋溶、地表径流的侵蚀渗入土壤，破坏植被、微生物与周围环境构成的生态系统，导致草木不生。另一方面，未经处理或未经严格处理的生活垃圾中含有大量玻璃、金属、碎砖瓦、碎塑料薄膜等杂质，会破坏土壤的团粒结构和理化性质，致使土壤的保水保肥能力降低。

3）污染水体

固体废弃物在堆放和填埋后的腐败过程中会产生大量的酸性和碱性有机污染物、溶解出来的重金属污染物和病原体微生物，是有机物、重金属和病原体微生物三位一体的污染源。不规范丢弃、堆放或简易填埋的固体废弃物的三位一体的污染物会随着内含的液体和淋入的雨水（渗滤液）流入周围的地表水或渗入土壤从而流入地下水，造成地表水和地下水的严重污染。另外，固体废弃物若直接排入河流、湖泊或海洋，不仅会减少水体面积，还会妨害水生生物的生存和水资源的利用。

4）污染空气

有机固体废弃物在适宜的温度和湿度下被微生物分解，释放出有害气体；固体废弃物在处理（如焚烧）时会散发毒气和臭味。这些有害气体和尘埃等若不经过有效处理就排放到空气中会造成空气污染。

5)影响环境卫生

生活垃圾、粪便等中存在大量有机物和微生物，若清运不及时，它们会进一步腐烂、变质、发酵，产生异味、有害物质、有毒物质，严重影响人们居住环境、办公环境的卫生状况，对人们的健康构成潜在的威胁。

6.3　机场固体废弃物处理

6.3.1　固体废弃物处理、处置和利用原则

现行《中华人民共和国固体废物污染环境防治法(2016 修正)》第三条明确指出："国家对固体废物污染环境的防治，实行减少固体废物的产生量和危害性、充分合理利用固体废物和无害化处置固体废物的原则，促进清洁生产和循环经济发展。国家采取有利于固体废物综合利用活动的经济、技术政策和措施，对固体废物实行充分回收和合理利用。国家鼓励、支持采取有利于保护环境的集中处置固体废物的措施，促进固体废物污染环境防治产业发展。"

根据《中华人民共和国固体废物污染环境防治法(2016 修正)》的要求，应对固体废弃物进行处理的同时加强管理。在固体废弃物的产生、收集、运输、储存、再利用、处理直至最终处置的每一个环节实施全过程的管理控制。这种整体管理观念就是把被动的固体废弃物末端处理转移到主动防治固体废弃物产生上来。这种管理战略应体现在"三化"的三个方面。第一位的是固体废弃物减量化，通过高效利用原材料，提高产品循环利用率，尽可能减少固体废弃物产生量；第二位的是固体废弃物资源化，加强固体废弃物的回收、回用，使之转化为二次利用资源；第三位的是固体废弃物无害化，对不可回收利用的固体废弃物进行符合环境保护和不危及人类健康要求的处理、处置。固体废弃物的全过程管理模式如图 6-2 所示。下面对固体废弃物的全过程管理模式中"三化"各自的概念和原则进行详细说明。

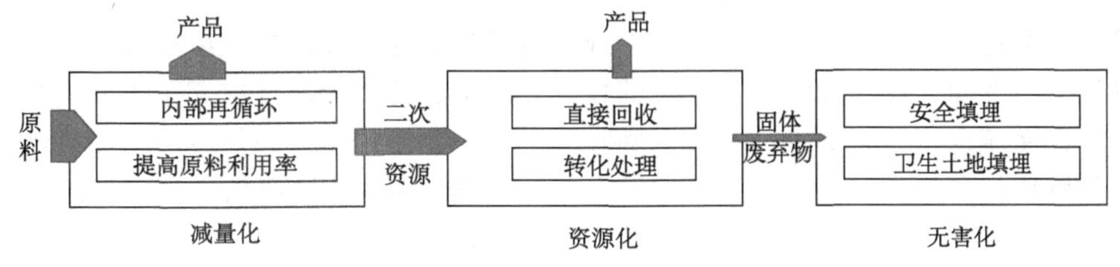

图 6-2　固体废弃物的全过程管理模式示意图

1. 固体废弃物减量化

固体废弃物减量化是固体废弃物污染环境防治的首选。一方面要转变观念，树立保护环境、控制污染的意识，重视从减少固体废弃物产生上进行污染防治(首端预防)；另一方面要在法规、标准、政策和管理体制上采取一系列重大步骤和措施，以保证减量化的实施。

一般来说，固体废弃物减量化可通过以下 4 种途径实现。

(1)选用合适的生产原料，采用清洁能源，实施清洁生产。

(2)采用无废或低废工艺，从源头上消除或减少固体废弃物的产生。

(3)提高产品质量和延长产品使用寿命，则固体废弃物量就少了。

(4)实现资源的综合开发和利用。从自然资源开发利用的起点出发，综合运用一切有关的现代科技成就，进行资源综合开发和利用的全面规划与设计，从而进行系统的资源联合开发和全面利用，这是最根本、最彻底，也是最理想的减量化过程。

2. 固体废弃物资源化

1)资源化的概念

固体废弃物的资源化是指通过对固体废弃物进行综合利用，使之成为可二次利用的资源，从固体废弃物中回收有用的物质和能源，如焚烧垃圾发电、利用微生物处理技术使固体废弃物堆肥化等。

资源化应遵循的原则如下。

(1)进行资源化的技术是可行的，资源化的产品应当符合国家相应产品的质量标准。

(2)经济效益比较好，有较强的生命力，固体废弃物应尽可能在排放源附近就近利用，以节省固体废弃物在存放、运输等过程中的投资。

(3)资源化的环境效益：资源化过程的二次污染要明显小于固体废弃物的直接污染。

2)资源化系统

资源化系统是指原材料经加工制成的成品，经人们的消费后成为固体废弃物，又引入新的生产、消费循环系统。就整个社会而言，它就是生产—消费—固体废弃物—再生产的一个不断循环的系统。

资源化系统的构成可以分为两大部分。

第一部分称为前期系统。在此系统中被处理的物质不改变其性质，指利用物理的方法(如分选、破碎等技术)对固体废弃物中的有用物质进行分离、提取、回收。此系统回收又可分为两类：一类是保持固体废弃物的原形和成分不变的回收利用；另一类是破坏固体废弃物的原形，从中提取有用成分加以回收利用。

第二部分称为后期系统，是用化学的或生物学的方法，使前期系统回收后的残余物质的物性发生改变而加以回收利用，采用的技术有燃烧、分解等，比前期系统要复杂，成本也高。后期系统也可分为两类：一类以回收物质为主要目的，使固体废弃物原料化、产品化而再生利用；另一类以回收能源为主要目的。当然这两种目的有时不能截然区分，应视主要作用而分类。

在具体设计一个资源化系统时，需考虑各分系统之间的相互作用、相互影响，同时还必须考虑环境卫生、政治、人民生活等社会因素，这样才能使固体废弃物的资源化和回收利用获得最佳效果。

3. 固体废弃物无害化

固体废弃物无害化是对固体废弃物管理的尾端环节，是对最后剩下的不可回收的固体废弃物通过工程处理，实现不损害人体健康、不污染周围自然环境的处理和处置。其手段包括垃圾的焚烧、卫生土地填埋、堆肥，粪便的厌氧发酵，以及有害固体废弃物的热处理和解毒处理等。其基本任务是最终使固体废弃物达到不损害人体健康和自然环境的目的。

此外，固体废弃物的全过程管理除了离不开严格的制度立法和政策，居民、企业也要承担相应的责任和义务(如自觉进行垃圾分类投放)，以实现对固体废弃物的有效管理和控制，防止不可回收利用固体废弃物的产生。

6.3.2　预处理技术

固体废弃物的有效处理、处置和利用最终是利用各种先进有效的技术完成的。固体废弃物的预处理是指采用物理、化学或生物方法，将固体废弃物转变成一种更便于运输、储存、回收利用和处置的形态。预处理常涉及固体废弃物中某些成分的分离和浓缩，因此也是一种回收材料的过程。常见的固体废弃物预处理技术包括压实技术、破碎技术、分选技术、脱水和干燥技术。

1. 压实技术

压实技术是一种利用外界压力压缩固体废弃物，使之增大容重、减小表观体积的预处理技术。这种方法一般是通过对固体废弃物施加 200～250kg/cm^2 的压力，将其做成边长约 1m 的固化块，外面用金属网捆包后，再涂上沥青层。这种处理方法不仅可以大大减少固体废弃物的容积，还可以改善固体废弃物运输和填埋操作过程中的卫生条件，并可以有效地防止填埋场的地面沉降。但是，对于含水率较高的固体废弃物，在进行压实处理时会产生污染物浓度较高的废液。

压实技术比较适用于处理压缩性大而恢复性小的固体废弃物，可处理纸箱、纸袋等航空垃圾。

2. 破碎技术

固体废弃物破碎技术是利用外力使大块固体废弃物分裂为小块的过程。这一处理技术既可以使固体废弃物的容积减小，便于运输；也可以为进一步的分选提供所要求的入选粒度，以便回收固体废弃物的其他成分；同时破碎也使固体废弃物的比表面积增加，从而可以提高后期焚烧、热分解、熔融等作业的稳定性和热效率；另外，也可以防止粗大、锋利的固体废弃物对处理设备的损坏。此外，对破碎后固体废弃物直接进行填埋处置时，破碎后的固体废弃物更易达到较高而均匀的压实密度，可以加快填埋场的早期稳定化。

固体废弃物的破碎方法主要有挤压破碎、剪切破碎、冲击破碎以及由这几种方式组合起来的破碎方法。这些破碎方法各有优缺点，适用的处理对象的性质也各有不同。例如，挤压破碎结构简单，所需动力消耗少，对设备磨损少，运行费用低，适于处理混凝土等大块物料，但不适于处理塑料、橡胶等柔性物料；剪切破碎适于破碎塑料、橡胶等柔性物料，但处理容量小；冲击破碎适于处理硬质物料，破碎块比较大，对机械设备磨损也较大。对于复合材料的破碎可以采用挤压-剪切或冲击-剪切等组合破碎方法。这些破碎方法都存在噪声高、振动大、产生粉尘等缺点，对环境有不利的一面。近年来，为了减少和避免上述缺点，提出了低温破碎的方法：将固体废弃物用液氮等制冷剂降温脆化，再进行破碎。但这种方法目前在处理成本方面还存在较多的问题，有待进一步解决。

3. 分选技术

固体废弃物分选是根据物质的粒度、密度、磁性、电性、弹性、光电性、摩擦性以及表面润湿性等的差异对固体废弃物中的物质进行分离选择的过程。它是实现固体废弃物资源化、减量化的重要手段，可以提高回收物质的纯度和价值，有利于后续加工处理。固体废弃物有多种不同的分选方法，常用的分选方法有以下几种。

(1) 筛分：通过筛网对不同粒度的固体废弃物进行分离的方法。

(2) 重力分选：对不同重力的物料进行分离的方法，包括重介质分选、跳汰分选、风力分选和摇床分选等。

(3) 磁力分选：利用铁系金属的磁性从固体废弃物中分离回收铁金属的方法。

(4) 涡电流分选：将导电的非磁性金属(如铅、铜、锌等物质)置于不断变化的磁场中时，金属内部会发生涡电流并相互之间产生推力，而这种推力随金属的固有电阻、磁导率等特性及磁场密度的变化速度及大小的不同而不同。利用这一原理可以有效分选有色金属。

(5) 光学分选：根据物质表面不同的光反射特性进行分选。

4. 脱水和干燥技术

固体废弃物的脱水和干燥均是采用一定方法使固体废弃物中的液体分离出去，降低固体废弃物含水率的物理工程。其中脱水主要用于造纸工业废水和污水处理后的污泥及泥浆状固体废弃物的处理，以达到减容效果且便于运输和进一步处理。凡含水率超过 90%的固体废弃物都需要进行脱水处理。常用的脱水技术有浓缩脱水、机械脱水和自然干化脱水等。相对于脱水，一般干燥处理的固体废弃物含水率较低。经破碎、分选之后的固体废弃物若要进行能源回收或焚烧处理，必须进行干燥处理。常用的干燥器有转筒干燥器、喷洒干燥器、隧道干燥器、流化床干燥器、循环履带干燥器等。

6.3.3 资源化处理技术

1. 热化学处理

热化学处理是通过对固体废弃物进行高温分解或转化，改变其物理、化学、生物特性或组成和结构的处理方法。处理过程中产生的余热或有价值的分解产物，使固体废弃物中的潜在资源得到再生利用。同时，高温可以使固体废弃物中的有机有害物质得到分解或转化，从而实现有机固体废弃物无害化、减量化、资源化有效处理。目前，常用的热化学处理技术主要有焚烧、热解、湿式氧化等。

1) 焚烧

焚烧法是利用高温将具有一定热值能量的固体废弃物在有氧条件下高温分解和深度氧化的处理过程。相比于以加热为目的的燃烧过程，由于固体废弃物的组成、热值、形状、燃烧状况等均随时间和区域的不同而有较大的变化，焚烧后产生的尾气和灰渣也会相应改变，为更好实现固体废弃物减量化、无害化和资源化，焚烧处理需要更加复杂的控制和操作。因此，固体废弃物的焚烧设备要求适应性强、操作弹性大，并有一定程度的自动调节功能。

焚烧法可以大幅度地减少可燃性固体废弃物的体积(一般可减少 80%～90%)，彻底消除有害细菌和病毒，把一些有毒有害物质转化，使其最终成为化学性质稳定的无害化灰渣，以便于填埋。同时，焚烧处理过程中可以通过热能回收装置回收热能，甚至用于发电等。然而焚烧法也存在劣势和缺点。一方面，焚烧法本身的投资总额和操作费用一般高于卫生土地填埋和堆肥法，同时一般只适用于处理含可燃物成分高的固体废弃物，否则必须添加助燃剂，进一步提高运行费。另一方面，焚烧存在尾气二次污染问题。固体废弃物焚烧特别容易产生有毒气体二噁英、氯化氢、硫氧化物、氮氧化物、PCB(多氯联苯)等。为了减少二次污染，要求焚烧设施必须配置控制污染的设备，这又进一步提高了设备的投资和处理成本。

适合焚烧的固体废弃物主要是不适于安全土地填埋或不可再循环利用的有害固体废弃物，如需特别处理的带菌固体废弃物以及难以生物降解的、易挥发和扩散的、含有重金属及其他有害成分的有机物等。

2) 热解

固体废弃物热解是在无氧或缺氧条件下加热固体废弃物使其分解，转化为气体燃料、燃油等可储存、易运输的能源或回收资源性产物(如热解液体产物作化工原料)的处理技术。

热解的固体废弃物中的有机物会在高温缺氧的条件下发生裂解，从而转化成相对分子量较小的物质，如 H_2、CH_4、C_xH_y、CO 等可燃气体，焦油、燃料油、丙酮、乙酸、乙醛等液体，以及固体碳等。热解又叫热分解、干馏或炭化。

用热解法处置有机固体废弃物是较新的方法。该法的主要优点是产生的可燃气、油等可通过多种方式回收利用，能源回收性好，且尾气排放量和残渣量较少，是一种低污染的资源化与处理技术。航空/生活垃圾(如塑料、树脂、橡胶以及人畜粪便等)、污泥等含有机物较多的固体废弃物都可以采用热解方法处理。

热解和焚烧都是热化学转化过程，主要区别如下。

(1) 能量转化过程不同，焚烧是放热过程，热解是吸热过程。

(2) 供氧条件不同，焚烧在有氧条件下进行，而热解在无氧或缺氧条件下进行。

(3) 产品不同，焚烧产生大量的 CO_2 和 H_2O 等废气和部分废渣，除焚烧产生的热量可就近用于供热和发电外，无其他利用方式，热解的产物主要是可燃的低分子化合物，能量便于储藏及远距离输送。

3) 湿式氧化

湿式氧化法又称湿式燃烧法，适用于有水存在的有机物料。流动态的有机物料用泵送入湿式氧化系统，在适当的温度和压力条件下进行快速氧化，排放的尾气中主要含有 CO_2、N_2、过剩的 O_2 和其他气体，残余液中包括残留的金属盐类和未完全反应的有机物。由于有机物的氧化过程是放热过程，所以反应一旦开始，过程就会在有机物氧化放出的热量的作用下自动进行，不需要再投加辅助燃料。

湿式氧化法可以不经过脱水过程就能有效地处理污泥或高浓度有机废水；不产生粉尘和煤烟；灭毒除毒比较彻底；氧化液的脱水性能好，氨、氮含量较高；氧化气不含有害成分；耗热量小，反应时间短。不足之处是对设备材料的要求较高，需要耐高温、耐高压、耐腐蚀，因此设备费用大，系统的一次性投资高。

2. 生物处理

生物处理技术是直接或间接利用生物体的机能(如细菌、真菌等微生物和蚯蚓等动物或植物的新陈代谢作用)对固体废弃物的某些组成进行转化或分解作用的处理技术，是固体废弃物处理资源化有效而又经济的技术方法之一。它不仅可以高效净化环境污染，同时可以使固体废弃物转化为能源、食品、饲料和肥料或从废品和废渣中提取出金属，从而生产出有用物质。目前应用比较广泛的生物处理技术有堆肥化、沼气化、废纤维素糖化、活性污泥法、气化池法、氧化塘法、细菌浸出法和其他生物法等。

1)堆肥化处理

堆肥化是依靠自然界广泛分布的细菌、放线菌、真菌等微生物作用，人为地促进可生物降解的有机物发生一系列热解反应，使其向稳定的腐殖质转化的生化过程。堆肥化生成的产品称为堆肥，呈棕色、泥炭般腐殖质含量高的疏松状，是一种土壤改良肥料。它可以用于改良土壤结构、增大土壤溶水性、增加土壤缓冲能力、减少无机氮流失、促进难溶磷转化为易溶磷、提高化学肥料的肥效等。

根据堆肥化过程中微生物对氧的需求和有氧无氧条件，堆肥化可分为厌氧堆肥与好氧堆肥两种。

厌氧堆肥是在缺氧或无氧条件下主要利用厌氧微生物进行的堆肥化过程。厌氧堆肥的优点是可保留较多氮素，不需要进行通风，工艺也简单，是我国农村传统的堆肥方法。但堆制周期过长(10 个月以上)，容易产生难闻的恶臭，主要适用于小规模农家堆肥，较少用于机场固体废弃物处理。

好氧堆肥是更为广泛采用的堆肥方法。它是在有氧条件下依靠好氧微生物(主要是好氧细菌)对固体废弃物中的有机物进行热解，具有堆肥温度高、基质分解比较彻底、堆制周期短、异味小等优点。按照具体的堆肥方法不同，好氧堆肥又可分为露天堆肥和快速堆肥两种方式。

好氧堆肥技术通常由前处理、主发酵(一次发酵)、后处理、后发酵(二次发酵)、脱臭与储藏 5 个工序组成，工艺流程简图如图 6-3 所示。

(1)前处理。通过破碎、手选、磁选、振动筛选去除粗大物料，回收有用物质，调整碳氮质量比(C/N=30～50)和水分(50%左右)，接种酶种等，促进发酵过程正常或快速进行。

(2)一次发酵。采用机械通风，发酵期 2～4 天，60℃以上(最高可达 70～80℃)高温保持数天。此阶段内可杀死大部分病原体、寄生虫和蚊蝇卵，同时氧化降解有机物，达到堆肥无害化。此为整个生产过程的关键，应控制好通风、温度、水分、C/N、C/P 及 pH 等发酵条件。

(3)后处理。用筛分、磁选等方法去除堆肥中残存的塑料、玻璃、金属等非堆腐物。

(4)二次发酵。经一次发酵的堆肥除去杂质后，送去二次发酵仓进行二次发酵，其中未被分解的有机物继续分解，同时可脱水干燥。20 天左右达到“熟化”。

(5)脱臭与储藏。在堆肥过程中应采用臭气过滤装置除臭，以减少对周围环境的影响。熟化后的堆肥可加工成颗粒储藏。

二次发酵的堆肥化技术需要建造许多发酵仓，一次性投资较大。我国的城市垃圾处理中已广泛应用该技术来处理城市生活垃圾。

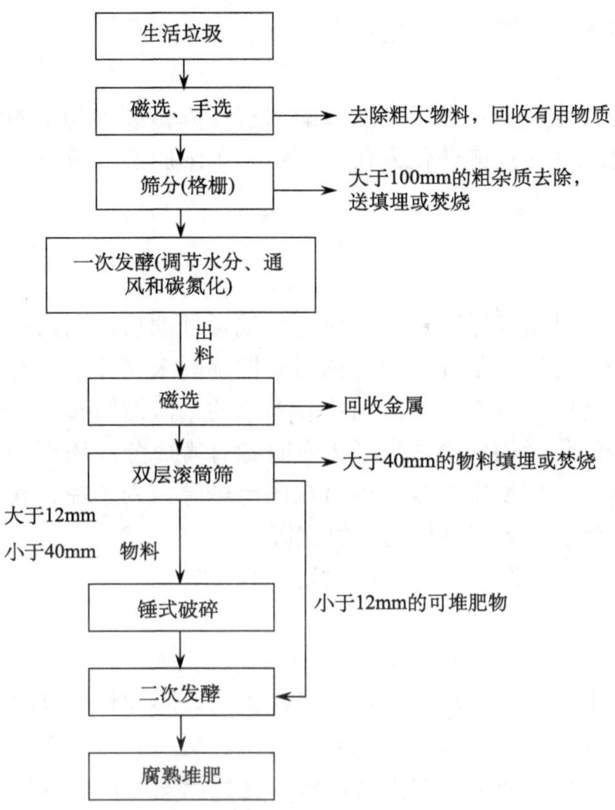

图 6-3　二次发酵的堆肥技术工艺流程

2) 厌氧消化法——沼气化处理

厌氧消化法为有机质在无氧条件下通过兼性菌和厌氧细菌生物降解为 CH_4、CO_2、H_2O 和 H_2S 的消化技术。它一方面使固体废弃物分解为较为无毒、稳定的沼气液、沼气渣，成为理想的有机肥料；另一方面获得以 CH_4 为主的沼气，成为一种比较清洁的能源。

因生活垃圾的含水率和污泥不同，故在消化处理前必须先进行配料与浆化处理以适应厌氧消化操作，同时在制浆前须对垃圾进行分选与处理，去除不适于厌氧处理或者有毒害作用的物质。生活垃圾厌氧消化处理与沼气回收基本流程如图 6-4 所示，包含 3 项主要操作：垃圾预处理、配料制浆和厌氧消化处理与沼气回收。

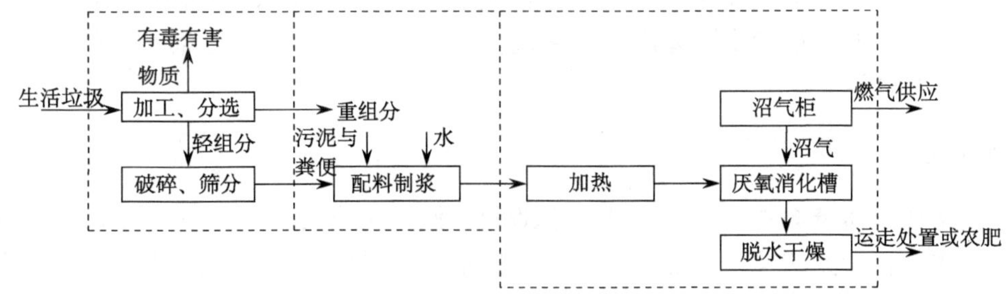

图 6-4　生活垃圾厌氧消化处理

此技术可用于下水道污泥、粪便处理中。

3) 废纤维素糖化技术

固体废弃物的废纤维素糖化技术是通过酶水解使固体废弃物中的纤维素类物质转化为单体葡萄糖，然后利用生化反应转化为化工原料、单细胞蛋白质或微生物蛋白的一种新型资源化技术。

6.3.4 最终处置

固体废弃物的处置是指经过减量化、资源化或预处理后，剩余的无利用价值的固体废弃物的最终处置或安全处置，是固体废弃物污染控制的末端环节，解决固体废弃物的最终归宿问题。固体废弃物的处置对于防治固体废弃物的二次污染起着十分关键的作用。一些固体废弃物处理和资源化后的残渣富集了大量有毒有害成分；还有些固体废弃物目前尚无法利用同时长期地保留在环境中，是一种潜在的污染源。为了控制其对环境的污染，必须对其进行最终处置，使之最大限度地与生物圈隔离。

固体废弃物处置可分为海洋处置和陆地处置两大类。

1. 海洋处置

海洋处置是通过海洋巨大的环境容量和自净能力，将固体废弃物消散于汪洋大海的处置方法。它主要分为海洋倾倒与远洋焚烧两种方法。近年来，随着人们对海洋陆地整体生态圈的进一步认识和总体环境意识的提高，海洋处置已受到越来越多的限制。

1) 海洋倾倒

海洋倾倒是用船舶或飞机把固体废弃物运到并投入选定的海洋区域的处置方法。海洋倾倒需根据有关法规和水质标准、固体废弃物种类与倾倒方式、距离陆地的远近、海水的深度、洋流的流向以及对渔场的影响等因素选择适宜的处置区域，进行可行性分析、方案设计和科学管理，以防止海洋受到污染。同时海洋倾倒前要注意固化、标识等预处理工作。

2) 远洋焚烧

远洋焚烧是利用焚烧船、平台或其他人工构筑物将固体废弃物在远离人群的海洋焚烧设施上进行焚烧的处置方法。远洋焚烧对空气净化的要求低，工艺相对简单。固体废弃物中含氯有机物焚烧后产生的水、二氧化碳、氯化氢及氢氧化物通过净化装置与冷凝器可直接排入海洋和空气中，残渣倾入海洋。这种技术适于处置易燃性固体废弃物，如含氯有机固体废弃物等。实施远洋焚烧前应由处置单位首先向海洋主管部门、环境保护部门等提出申请，待远洋焚烧设施和被焚烧固体废弃物通过检查鉴定，且获得相关焚烧许可证之后才能在指定海域进行焚烧。

2. 陆地处置

陆地处置是把固体废弃物在陆地上选择合适的天然场所或人工改造出的合适场所中用土层覆盖等方式进行处置的技术。陆地处置主要包括土地耕作、深井灌注以及土地填埋等几种。

1) 土地耕作处置

土地耕作处置是基于表层土壤的吸附、离子交换、微生物分解、浸取、沥滤、挥发等综合作用机制处置固体废弃物的一种方法。土地耕作处置具体过程包括：①场地准备，远离居民区，土地平整(坡度应小于 5%，以防止地表径流侵蚀、表层土壤过量流失)，四周建有完整的地表径流导流措施；②将固体废弃物铺撒和耕作到场地中，使表层土壤和固体废弃物有效混合均匀；③固体废弃物施用后应定期翻耕管理，促进生物降解作用。土地耕作处置技术工艺简单、费用适宜、设备易于维护、对环境影响小、能够改善土壤结构、增长肥效，主要适用于处置含盐量低、不含毒物、可生物降解的有机固体废弃物。

2) 深井灌注处置

深井灌注是指把液状废物注入与饮用水和矿脉层隔开的地下可渗性岩层内。虽然一般固体废弃物和有害固体废弃物均可采用深井灌注方法处置，但这种方法主要还是用来处置那些实践证明难以破坏、难以转化、不能采用其他方法处理、处置或者采用其他方法费用过于昂贵的液状废物。深井灌注处置前，需使固体废弃物液化，形成真溶液或乳浊液。

深井灌注处置系统的规划、设计、建造与操作主要分为固体废弃物的预处理、场地的选择、井的钻探与施工，以及环境监测等几个阶段。

3) 土地填埋处置

土地填埋是从传统的堆放和填地处置发展起来的一项最终处置技术。工艺简单、成本较低、适于处置多种类型的固体废弃物，填埋后的土地可重新用作停车场、游乐场、高尔夫球场等，目前已成为一种处置固体废弃物的主要方法。该法的主要缺点是：填埋场必须远离居民区；恢复的填埋场将因沉降而需不断地维修；埋在地下的固体废弃物通过分解可能会产生易燃、易爆或毒性气体，需加以控制和处理。

土地填埋处置主要可以分为卫生土地填埋和安全土地填埋。卫生土地填埋主要适用于处置一般固体废弃物。安全土地填埋是一种改进的卫生土地填埋方法，主要用来处置危险废弃物，它对防止填埋场地产生二次污染的要求更为严格。此外，根据具体的场地情况还可以进行更细致的分类。按填埋地形特征可分为山间填埋、土地填埋、废矿坑填埋；按填埋场的状态可分为厌氧填埋、好氧填埋、准好氧填埋。填埋场包括入场道路、入场管理设施、废弃物坝、雨水集排水系统(含浸出液集排水系统、浸出液处理系统)、释放气处理系统、环境监测系统、防渗漏系统、飞散防止设施、防灾措施、管理办公设施、隔离设施等基本设施，其中关键是填埋场的防渗漏系统，以保证将固体废弃物永久安全地与周围环境隔离。

(1) 卫生土地填埋。

卫生土地填埋场除着重考虑防止浸出液的渗漏外，还需要控制降解气体的释出、消除臭味和病原菌等。垃圾填埋后，固体废弃物中的有机物可能分解释放出 CH_4 和 CO_2 气体，乃至 H_2S 等有害或有臭味的气体。当有氧存在时，CH_4 气体浓度达到 5%～15%就可能发生爆炸，所以必须及时排出所产生的气体。

卫生土地填埋一般采用可渗透性排气或不可渗透阻挡层排气的排气方法。如图 6-5 所示，图 6-5(a)为可渗透性排气系统，利用较周围土壤更为透气的砾石等建造排气通道。填埋内部产生的气体可先水平方向运动至砾石等通道，之后排出。图 6-5(b)为不可渗透阻挡层排气系统，在不透气的顶部覆盖层中安装排气管，与浅层的砾石排气通道或填埋物顶部的多孔集气支管相连接，排出气体。

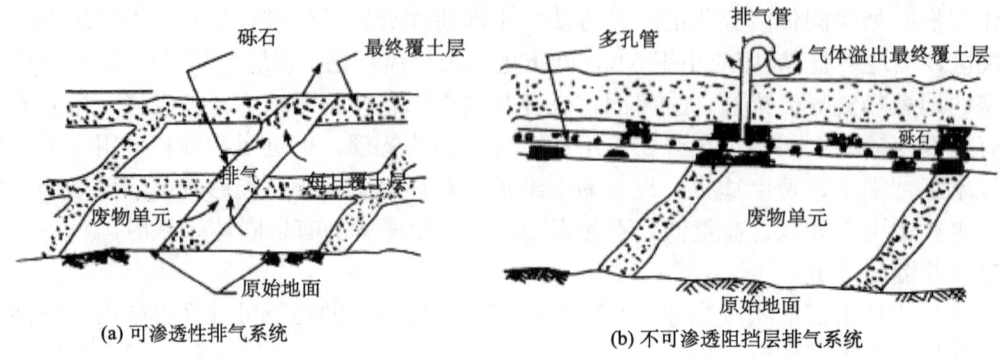

图 6-5　卫生土地填埋排气方法

由于航空垃圾基本属于一般固体废弃物而非危险废弃物，用卫生土地填埋来处置，不仅操作简单、施工方便、费用低廉，同时在此过程中，航空垃圾中大量有机物还可分解成 CH_4 气体并回收，产生的 CH_4 经脱水—预热—去除 CO_2 后可作为能源使用。

(2) 安全土地填埋。

图 6-6 为典型的已经填埋完成并已封闭的安全土地填埋场结构剖面图。安全土体填埋场内必须设置人造或天然衬里防渗系统，下层土壤或土壤同衬里结合，渗透率需小于 10cm/s 甚至小于 8cm/s；最下层的填埋物要位于地下水位以上；要采取适当措施控制和引出地表水；要配备浸出液收集、处理及监控系统；采用覆盖材料或衬里以防止气体随意逸出，同时设置排气口收集填埋气，实现发电等资源化；要记录所处置固体废弃物的来源、性质及数量，将不相容的固体废弃物分开处置，以确保安全。

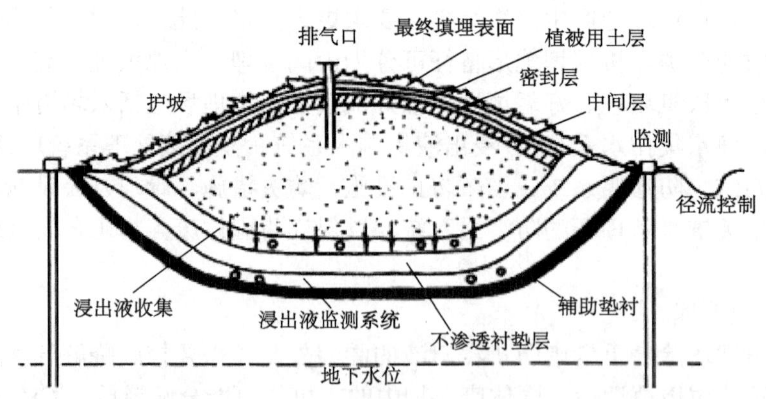

图 6-6　安全土地填埋场结构剖面图

6.3.5　等离子体气化处理固体废弃物新技术

等离子体气化是一种提高固体废弃物能源价值和经济价值的新型热化学处置技术，其最终产物是主要成分为 CO 和 H_2 的可燃性气体和少量玻璃体渣。等离子体气化技术为固体废弃物的无害化、减量化和资源化开拓了一条新途径，同时也为 $PM_{2.5}$ 的治理提供了一种新的间接解决方案。

1. 等离子体气化技术

等离子体气化技术是指利用能产生等离子体的等离子火炬设备作为气化炉的热源而不是利用传统的点火炉和熔炉。在气化炉内产生的一种高度电离或者充电的高温气体等离子体。固体废弃物中的碳基有机物在这样的高温缺氧状态下可以被完全转化为合成气(主要为 CO 和 H_2)，而无机物则可变成无害灰渣(如玻璃体渣)。处理后合成气中二噁英的含量将低于 $0.1ngTEQ/m_N^3$，小于 $5ngTEQ/m_N^3$ 的国家排放标准限值。同时，由于采用适量的空气高温缺氧燃烧，NO_x 的形成和烟气量大大减少，仅相当于固体废弃物完全焚烧产生的烟气量的 30%～40%。等离子体气化技术用于处理固体废弃物效率高，而且环保性能好。

2. 等离子体气化技术处理固体废弃物的工艺系统

等离子体气化技术处理固体废弃物虽然是一种新工艺，但其工艺系统的各子系统已非常成熟。等离子体气化技术处理固体废弃物的工艺系统具体包括固体废弃物的预处理、气化及等离子体热解处理、余热回收利用、可燃合成气洁净处理及综合利用，如图 6-7 所示。其中核心在于气化及等离子体热解处理。

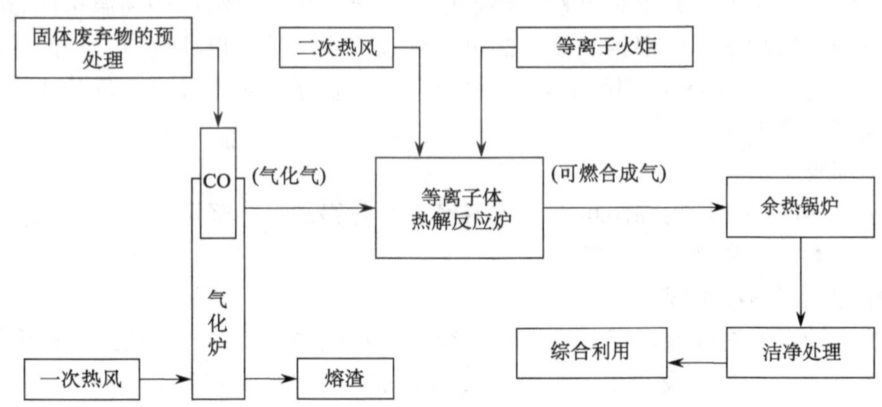

图 6-7　等离子体气化技术处理固体废弃物的工艺系统

1) 固体废弃物的预处理

固体废弃物的预处理主要需要将固体废弃物处理成满足以下三点要求的物料。

(1) 粒径为 10～30mm 且粒径均匀的固体废弃物(小于 5mm 的固体废弃物量不大于总给料量的 5%)，以保证系统稳定运行。因此要将大块固体废弃物破碎，将小块或粉状固体废弃物造粒。

(2) 含水量小于 30%。当含水量大于 30%时需干燥处理。

(3) 综合热值要大于 3000kcal/kg(1cal=4.1868J)，固定碳的含量不低于 12%。因而在处理低热值固体废弃物时需掺混焦炭或木头，以保证混合物的热值和固定碳含量。

2) 气化及等离子体热解处理

经过预处理的固体废弃物进入气化热解过程，气化热解系统主要由气化炉、等离子火炬和热解反应炉组成。

气化炉类似于小型炼铁高炉，通过炉底送高温热风，燃烧固定碳产生 CO，使炉底温度达到 1600℃。高温 CO 会加热从上落下的固体废弃物，使固体废弃物中的可挥发成分和水分挥发，在炉顶形成类似于高炉煤气的气化气，不可挥发成分落下，形成固定碳或熔渣。气化气将送往等离子体热解反应炉中，用等离子火炬加热，并送入适量空气进行厌氧燃烧，最终使气化气在反应炉内完成分子重整，彻底分解有毒大分子有机物，使固体废弃物彻底转化为 CO、CO_2、H_2O、H_2、HCl、HF、NO 和 SO_2 等小分子化合物，成为具有一定热值的高温可燃合成气，进入下一步余热回收利用过程。

气化炉底部排出的液态熔渣主要包括两部分：化学性质比较稳定的元素，如 Au、Ag、Cu、Cr、Ni、Fe 被还原成金属，沉于熔渣底部；化学性质活泼的元素，如 Ca、Mg、Al、Ti 在熔渣中形成硅酸盐和硫酸盐。熔点低的金属，如 Pb、Zn、Hg 等被气化，随着合成气进入气体洁净处理系统，Pb、Zn 和部分 Hg 被冷却洗掉，部分 Hg 排入大气；如果固体废弃物中 Hg 含量较高，则需在烟气处理过程中增加高效过滤器，使 Hg 含量达到排放标准。

等离子火炬的原理是在一定的电压下于正负极间出现放电现象，将电极间的气体介质电离，产生高温电弧，加热流过的气体介质，产生等离子体。等离子体加热气化气达 1200～1300℃时，气化气中的大分子有机物会热解成由小分子化合物组成的高温可燃合成气。等离子体能量的输出功率可以根据加热后的可燃合成气温度进行自动调节，一般等离子火炬输入的电功率的 75%～85%转化为等离子体能量。等离子火炬本体需要软化水冷却，以保护其在高温下连续工作。

3）余热回收利用

等离子体热解处理后的高温可燃合成气经过余热锅炉吸热降温，产生蒸汽。蒸汽可用来发电、干燥固体废弃物、供热等。

4）可燃合成气洁净处理

从余热锅炉出来的低温可燃合成气直接经过湿式碱水洗涤系统，除去气体中的 HCl、SO_2、HF 等有害酸性气体及灰尘，再经湿式除尘器，脱出水滴和剩下的灰尘，就转化为洁净燃气。

5）可燃合成气综合利用

洁净燃气中的主要成分为 H_2 和 CO，占总体积的 28%～45%，可进行发电、供气等综合利用，产生的烟气可直接排入大气。

6.3.6 危险废弃物的无害化处理

危险废弃物是指列入《国家危险废物名录》，或者根据国家规定的危险废品鉴别标准和鉴别方法认定的具有危险性的固体废弃物。《中华人民共和国固体废物污染环境防治法（2016 修正）》中将固体废物分为工业固体废物和生活垃圾两类，其中将危险废弃物单独列为一章进行专门规定，足以说明其重要性。危险废弃物的无害化处理的一般方法有以下 5 种。

1）填埋法

安全土地填埋具体方法可参见 6.3.4 节“土地填埋处置”部分，具有应用广、技术成熟、处理能力大、工艺简单、运行费用低等特点，但是不能彻底解决危险废弃物。

2) 热化学处理

热化学处理是利用高温改变危险废弃物的物理、化学、生物特性，从而实现有机固体废弃物无害化、减量化、资源化有效处理，具体方法参见 6.3.3 节。

3) 固化法

固化法是一种利用物理或化学方法将危险废弃物固定或包裹在不可渗透固体基质材料内，使之呈现化学稳定性或密封性的无害化处理方法。固化后的产物应具有抗干、抗湿、抗冻、抗溶、抗渗透、抗浸出和良好的力学性能等特性。根据固体基质材料的不同，此法又分为以下几种。

(1) 水泥固化法。

水泥固化法是以水泥为固体基质材料将危险废弃物进行固化的一种处理方法。它将危险废弃物和水的混合物与水泥混合，使之发生水化反应，生成凝胶包裹有害物质，并逐步硬化形成水泥固化体。

水泥固化法费用低、操作简单、固化体强度高、长期稳定性好、对受热和风化有一定的抵抗力，特别适用于固化含有有害物质的污泥。但是水泥固化体的浸出率较高，需进行涂覆处理；同时，如果危险废弃物含有一些妨碍水泥水化反应的物质，如油类、有机酸类、金属氧化物等，处理中需加大水泥的配比量，甚至需进行预处理和投入添加剂，使增容比和处理费用增高。

(2) 塑料固化法。

塑料固化法是以塑料为凝结剂，将危险废弃物封闭起来的危险废弃物的无害化处理方法。其固化体可作为农业或建筑材料加以利用。塑料固化法的优点是常温操作、增容比小、固化体的密度也较小，既能处理干废渣，也能处理污泥浆。主要缺点是塑料固化体耐老化性能差，固化体一旦破裂，污染物浸出会污染环境，因此，处置前都应有容器包装，因而增加了处理费用。此外，在混合过程中可能释放有害烟雾，污染周围环境。

(3) 水玻璃固化法。

水玻璃固化法是利用水玻璃的硬化、结合、包容和吸附的性能将危险废弃物包容，并逐步凝结硬化形成水玻璃固化体的方法。水玻璃固化法具有工艺操作简便、原料价廉易得、处理费用低、固化体耐酸性强、抗透水性好、重金属浸出率低等优点。

(4) 沥青固化法。

沥青固化法以沥青为固化剂与危险废弃物在一定的温度、配料比、碱度和搅拌作用下发生皂化反应，使危险废弃物均匀地包容在沥青中，形成固化体。

经沥青固化处理所生成的固化体孔隙小，致密度高，性能稳定，有害物质的沥滤率比水泥固化体低，且固化时间短。然而，该方法处理含水率较大的危险废弃物时需要提前进行脱水预处理。同时要注意沥青可燃性而导致的风险。

(5) 药剂稳定化技术。

药剂稳定化技术是采用高效的化学稳定化药剂进行无害化处理的技术。其主要应用于重金属危险化学品废物的处理，目前主要包括 pH 控制技术、氧化/还原电势控制技术和沉淀技术。

药剂稳定化技术的产物稳定、不易浸出，增容比小于等于 1，对后续处理很有利。

4) 化学法

化学法是一种根据危险废弃物的化学性质，通过酸碱中和、氧化还原以及沉淀等方式，将有害物质转化为无害最终产物的无害化处理方法。

5) 生物法

生物法是一种通过生物降解来解除危险废弃物毒性，使其成为可以被土壤和水体所接受产物的无害化处理方法，部分方法可参见 6.3.3 节。

6.3.7　建筑废物处理

建筑废物，又称建筑垃圾，是指新建、改建、扩建、维修、装修和拆除各类建筑物、构筑物、管网等过程中产生的弃土、弃料、淤泥及其他废弃物。按产生源分类，建筑垃圾可分为工程渣土、装修垃圾、拆迁垃圾、工程泥浆等；按组成成分分类，建筑垃圾可分为渣土、碎石、砖瓦碎块、废混凝土、废沥青、废塑料、废金属、废竹木等。建筑垃圾处理管理同样要减量化、资源化和无害化。

建筑垃圾的减量化不仅要求减少建筑垃圾的数量和体积，还包括尽可能减少其种类，降低其有害成分的浓度，减少或消除其危害特性等。减量化措施主要有如下几种。

(1) 开展清洁生产，提高施工技术。

(2) 实行节约生产，提高工程预算、管理水平。

(3) 使用环保建材，防止或减少次生污染。

(4) 延长建筑使用寿命，提高规划和设计水平，减少拆除建筑。

建筑垃圾资源化是指通过有效的管理和技术手段从建筑垃圾中回收有用的物质和能源。各地政府也都出台了相关鼓励政策，促进建筑垃圾回收再利用项目的实施。建筑废物中废钢筋、废铁丝、废电线等金属，经分拣、集中、重新回炉后可以再制成各种规格的钢材。而废砖瓦、废混凝土及土等成分经分选、破碎、筛分加工后，可以作为再生骨料资源重新利用。

建筑垃圾的无害化主要包括两方面的内容。

(1) 分选出建筑垃圾中的有毒有害成分，如含汞荧光灯泡、铅管、油漆、清洁剂等，并对其进行无害化处理。

(2) 建造专用的建筑垃圾填埋场，对分选处理的建筑垃圾进行填埋处置，防止或减少垃圾长期堆放过程中的次生物理、化学污染。

6.4　机场固体废弃物污染评价方法

6.4.1　评价应遵循的原则

固体废弃物是影响机场环境的重要污染源。在民用航空业的发展下，机场固体废弃物的无序管理将会造成越发严重的环境问题，人们赖以生存的环境将受到严重威胁。近年来，在吸取发达国家经验教训的基础上，我国对固体废弃物的管理不断加强，在实践中逐步完善并确定了新的固体废弃物管理模式，是固体废弃物环境影响评价中必须遵循的原则。

1) 设立专门的固体废弃物管理机构

国家设立专门的固体废弃物管理机构，负责制定固体废弃物管理的法规和方针政策；对固体废弃物全过程实行监督管理；审批和发放固体废弃物经营许可证，并对经营者进行评估和奖惩；对固体废弃物科研进行统一安排和协调；推广先进的固体废弃物治理技术和管理经验。

2) 全过程管理

对固体废弃物从产生、收集、运输、储存、再循环、再利用、处理直至最终处置实行全过程管理。

对固体废弃物从产生、处理到最终处置排放实行全过程监督的有效手段，有助于改善工艺、改进操作，实现固体废弃物的最小量化。

固体废弃物管理机构对固体废弃物从产生直至最终处置的每个环节实行申报、登记、监督跟踪管理，并对固体废弃物业主和经营者进行监督管理和指导。

3) 固体废弃物的减量化、资源化、无害化原则

将固体废弃物作为一种资源进行再利用，变废为宝；积极推进清洁生产，利用源头控制、处理、处置的方法将固体废弃物减量化、无害化。

4) 实行固体废弃物交换

利用现代信息技术对固体废弃物进行交换，以实现资源的合理配置。

6.4.2　评价指标体系建立的原则

为了使评价结果能够客观、准确地反映固体废弃物资源化的发展水平，评价指标的选取应遵循以下原则。

1) 完备性

选取的评价指标要具有整体性和完整性，一般单个指标只能评价目标的某一方面，而选取的所有指标应能反映废弃物资源化方法、功能及其适应性等技术指标，同时也要反映废弃物资源化管理的完整信息，从而比较全面地反映被评价系统的主要特征和发展趋势。

2) 系统性

废弃物资源化的评价是一个涉及多因素、多目标的复杂系统，评价指标体系应力求全面反映机场的综合情况，既要反映机场的内部结构与功能，又能准确评价系统与外部环境的关联；既能反映直接效果，又能反映间接影响，以保证评价的可靠性和系统性。

3) 科学性

具体指标的选取应建立在对机场固体废弃物资源化利用充分认识、深入研究的科学基础上， 并且能反映机场废弃物资源化利用工程，以可持续发展为目标，追求环境效益、经济效益和社会效益三者统一的思想。在评价分析过程中，既有定量分析指标，又有定性分析指标；既有宏观指标，又有微观指标，做到定量与定性、微观与宏观相结合。

4) 独立性

描述固体废弃物资源化利用发展状况的指标时往往存在着指标之间的重叠，因此在选择指标时，应尽可能选择具有相对独立性的指标，从而增加评价的准确性和科学性。

5) 可操作性

评价指标体系要考虑指标的量化及数据取得的难易程度和可信度，做到指标精练、方

法简捷，具有使用价值和推广价值。为此，选取的指标要具有可操作性，指标含义明确且易于理解，指标数据应易于调查、整理或理论推算、实测。

6.4.3　资源化技术方案和评价指标体系

当前的资源化技术主要有以下 6 个可选方案。

(1) X_1，卫生土地填埋，不包括能量回收：利用洼地等逐层铺设城市固体废弃物和土，形成夹层结构，最后覆土。

(2) X_2，卫生土地填埋，包括能量回收：此方案与 X_1 大致相同，不同的就是填埋层中产生的大量甲烷气不是被排走，而是被燃烧用于发电。

(3) X_3，焚烧，不包括能量回收：固体废弃物中的可燃物在高温下进行燃烧，使其转化为 CO_2 和水。

(4) X_4，焚烧，包括能量回收：此方案与 X_3 基本相同，不同的就是将焚烧产生的热能转化为电能。

(5) X_5，堆肥、焚烧和循环：堆肥是利用微生物对有机物进行的分解腐熟作用，将不稳定的有机质变为稳定的有机质而形成肥料。在这个方案中，设定部分堆肥用于泥土调节，剩余的城市固体废弃物分为可燃型和不可燃型，用于焚烧或循环利用。

(6) X_6，通过双向的分离系统来回收材料：固体废弃物分为共混循环废弃物和一般废弃物。一般废弃物按常规方法收集和处置，共混循环废弃物采用集中分类打包然后再利用。

固体废弃物资源化利用评价指标体系主要分为经济影响、社会政策影响和环境影响，其具体指标见表 6-3～表 6-5。

表 6-3　经济影响

代号	内涵	具体说明
F_1	内部费用	设施的资产和运行费用、保险、内部运输费用、税收等
F_2	运输费用	将固体废弃物从收集点运输到固体废弃物处置中心
F_3	回收材料和能源的市场性	回收材料的再利用潜能、焚烧产生能量的利用程度等

表 6-4　社会政策影响

代号	内涵	具体说明
F_4	社会公正度	不同工资群体带来的内部和外部费用的分布变化
F_5	执行便宜度	政府或执行部门监测、执行、准备、定位的方便适宜程度
F_6	公众认可度	公众对管理方法的理解、对周边土地价值的影响以及公众便利度等
F_7	与公共部门的协调性	固体废弃物资源化利用管理与其他公共部门之间的相容性以及协调性

表 6-5　环境影响

代号	内涵	具体说明
F_8	土地利用率	固体废弃物资源化利用设施所占用的土地量
F_9	固体废弃物回收率	与资源化利用方法对应的各种固体废弃物的回收率， 不包括能量回收
F_{10}	可资源化利用覆盖范围	能采用该资源化利用方法的城市固体废弃物的比率

续表

代号	内涵	具体说明
F_{11}	固体废弃物减量率	通过固体废弃物资源化利用所实现的固体废弃物减少的比率(体积或者质量)
F_{12}	系统回收能量	系统的产能量以及对于能量的利用
F_{13}	当地空气污染	释放的污染物可能对当地空气产生的潜在污染
F_{14}	运输	距离、运输模式以及可能产生的潜在污染
F_{15}	全球污染	CO_2、甲烷和消耗臭氧物质等气体的释放可能对全球环境造成的潜在危害
F_{16}	潜在水体污染	排放或渗透物质对当地水体的潜在影响
F_{17}	潜在土地污染	排放或渗透物质对当地土地的潜在影响
F_{18}	不适度	对视觉、嗅觉和听觉造成的影响
F_{19}	噪声	对工人和周边人员的影响
F_{20}	其他的健康风险	不包括以上提出的其他可能会造成的对人类健康的影响

6.4.4　层次分析法

1. 层次分析法原理

层次分析法(analytic hierarchy process，AHP)是运用多因素分级处理来确定因素权重的方法。其基本思路是：通过将复杂问题分解成互相关联的各个有序的层次，使层次系统化、条理化，以便有效地分析问题，解决问题。通过对每一层次中每两个不同因素的相对重要性给予定量表示，并对它们进行比较、判断和赋值，最后计算出所有相关因素的权重。

层次分析法的基本步骤如下。

(1)对构成评价问题的目标(准则)以及因素等要素建立多级递阶层次结构模型(指标体系)。

(2)在多级递阶层次结构模型中，对属同一级的因素，用上一级的因素为准则两两比较后，根据判断尺度确定其相对重要度，并据此建立判断矩阵。

(3)计算单一层次下因素的相对权重并检验一致性。

(4)计算总目标权重及检验一致性。递阶层次结构计算流程图如图 6-8 所示。

2. 建立递阶层次结构模型

建立的递阶层次结构模型为：第一，最高层或目标层，表示要解决问题的目的，或所要达到的目标；第二，准则层或约束层，是衡量目标能否实现的标准；第三，最底层或方案层，是实现目标的措施和方案。

3. 构造判断矩阵及其标度

(1)判断矩阵。采用递阶层次结构，对于结构中各层次的因素，依次对与之有关的上一层因素表示的性质，建立一系列的判断矩阵。定义判断矩阵 $A=(a_{ij})_{n\times n}$ 是一致性矩阵，如果对所有 $i,j,k=1,2,\cdots,n$，有 $a_{ij}=a_{ik}/a_{jk}$，那么，它具有下述性质：$a_{ij}>0,a_{ij}=1/a_{ji},a_{ii}=1$。其中，$a_{ij}$ 代表因素 i 与 j 相对于其上一层因素重要性的比例标度。判断矩阵的值反映了人们对各因素的相对重要性的认识。

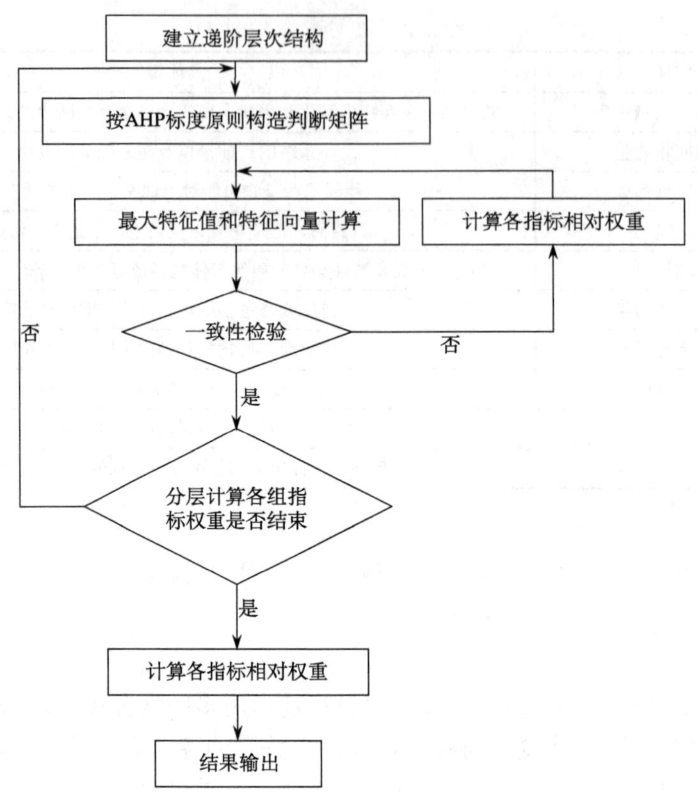

图 6-8　递阶层次结构计算流程

(2) 标度。为了使判断矩阵定量化，一般采用 1～9 的比例标度，对重要性赋值。标度及其描述见表 6-6。

表 6-6　标度及其描述

标度	说明
1	两个因素相比，具有同样重要性
3	两个因素相比，一个比另一个略重要
5	两个因素相比，一个比另一个较重要
7	两个因素相比，一个比另一个非常重要
9	两个因素相比，一个比另一个绝对重要
2	两个因素似乎同等重要，又似乎一个略比另一个重要
4	一个因素似乎比另一个略重要，又似乎比另一个较重要
6	一个因素似乎比另一个较重要，又似乎比另一个非常重要
8	一个因素似乎比另一个非常重要，又似乎比另一个绝对重要
倒数	因素 i 与因素 j 比较判断为 a_{ij}，则 j 与 i 比较判断为 $a_{ji}>0, a_{ij}=1/a_{ji}, a_{ii}=1$

4. 计算单一层次下元素的相对权重并检验一致性

设 A 的最大特征根为 $\lambda_{\max}$，其相应的特征向量为 W，解 A 的特征根，$AW = \lambda_{\max} W$，所得 W 经归一化后，即为同一层次相应因素对于上一层次某一因素相对重要性的权重向量。

1) $\lambda_{\max}$ 和 W 的方根法计算步骤

(1) 判断矩阵每一行元素的乘积 $M_i : M_i = \prod_{j=1}^{n} a_{ij}, i = 1,2,\cdots,n$。

(2) 计算 M_i 的 n 次方根 $\overline{W}_i : \overline{W}_i = \sqrt[n]{M_i}$。

(3) 对向量 $W = \left[\overline{W_1}, \overline{W_2}, \cdots, \overline{W_n}\right]^{\mathrm{T}}$ 正规化，即 $\overline{W_i} = \overline{W_i} \setminus \sum_{j=1}^{n} \overline{W_j}$，则 $W = \left[\overline{W_1}, \overline{W_2}, \cdots, \overline{W_n}\right]^{\mathrm{T}}$ 即为所求得的特征向量。

(4) 计算判断矩阵的最大特征根 $\lambda_{\max}$：$\lambda_{\max} = \sum_{i=1}^{n} (AW)_i / (nW_i)$。$(AW)_i$ 表示 AW 的第 i 个元素。

2) 判断矩阵的一致性检验

由于客观事物的复杂性以及人们对事物认识的模糊性和多样性，所给出的判断矩阵不可能完全保持一致，有必要检验一致性。一致性指标 $\mathrm{CI} = (\lambda_{\max} - n)/(n-1)$，其中，$n$ 为判断矩阵的阶数。

为了度量不同阶数判断矩阵是否具有满意的一致性，还需要引入判断矩阵的平均随机一致性指标 RI，对于 1～9 阶判断矩阵，其 RI 值如表 6-7 所示。

表 6-7　RI 值

n	1	2	3	4	5	6	7	8	9
RI	0	0	0.58	0.90	1.12	1.24	1.32	1.41	1.49

当阶数大于 2，判断矩阵的一致性比率 $\mathrm{CR} = \mathrm{CI}/\mathrm{RI} < 0.10$ 时，即认为判断矩阵具有满意的一致性，否则需要调整判断矩阵，并使之具有满意的一致性。

层次排序的一致性检验又分为层次单排序一致性检验和层次总排序一致性检验。

(1) 层次单排序及其一致性检验。层次单排序是同一层次相应因素对上一层次某因素相对重要性的排序权值。当一致性比率 $\mathrm{CR} = \mathrm{CI}/\mathrm{RI} < 0.10$ 时，即认为层次单排序具有满意的一致性，否则就要调整判断矩阵的元素取值。

(2) 层次总排序及其一致性检验。层次总排序是指同一层次所有因素对于最高层(目标层)相对重要性的排序权值。例如，上一层次 A 包含 m 个因素 $A_1, A_2, \cdots, A_m$，其层次总排序权值分别为 $a_1, a_2, \cdots, a_m$，而下一层次 B 包含 n 个因素 $B_1, B_2, \cdots, B_n$，它们对因素 A_j 的层次单排序权值分别为 $b_{1j}, b_{2j}, \cdots, b_{nj}$（当 B_k 与 A_j 无关联时，$b_{kj} = 0$），此时，B 层次总排序权值由表 6-8 所组成的矩阵给出。

表 6-8 总目标排序

层次 B	层次 A				B 层次总排序权值
	A_1	A_2	…	A_m	
	a_1	a_2	…	a_m	
B_1	b_{11}	b_{12}	…	b_{1m}	$\sum_{j=1}^{m} a_j b_{1j}$
B_2	b_{21}	b_{22}	…	b_{2m}	$\sum_{j=1}^{m} a_j b_{2j}$
⋮	⋮	⋮	⋮	⋮	⋮
B_n	b_{n1}	b_{n2}	…	b_{nm}	$\sum_{j=1}^{m} a_j b_{nj}$

若 B 层次某些因素对于 A_j 单排序的一致性指标为 CI_j，相应的平均随机一致性指标为 RI_j，则 B 层次总排序的一致性比率为 $\mathrm{CR}=\sum_{j=1}^{m} a_j \mathrm{RI}_j \backslash \sum_{j=1}^{m} a_j \mathrm{CI}_j$，当 $\mathrm{CR}<0.10$ 时，认为层次总排序结果具有满意的一致性，否则重新调整判断矩阵的因素取值。

5. 固体废弃物层次分析法分析

利用层次分析法分别从经济影响、社会政策影响和环境影响三方面对固体废弃物资源化利用进行综合评价，建立相应的层次结构模型，如图 6-9 所示，从而概要地对 6 种处置方案进行评价。利用层次分析法进行评价时，为了获得能量化的判断矩阵，采用常规的 9 级分制。对各矩阵的赋值通过专家打分确立。第一层次包括 B_1、B_2 和 B_3 3 个因素，其层次总排序的权值分别为 0.320、0.122 和 0.558。通过对第一层次、第二层次的分析，得到所选方案的总目标排序。

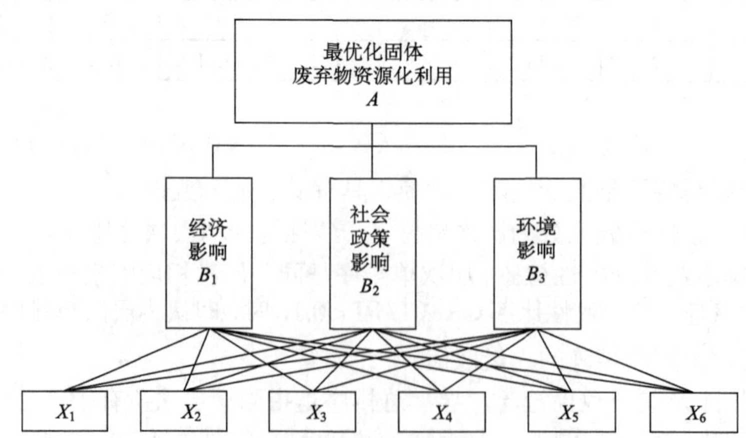

图 6-9 固体废弃物资源化利用的层次模型图

各矩阵及表 6-9 的层次总排序中，判断矩阵的一致性比率均小于 0.10，说明各判断矩阵具有完全的一致性，矩阵中的数据合理。从表 6-9 还可以看到，X_5 的总排序权值最大，表明随着固体废弃物分类收集的推广，其优势更加明显，权值也将逐渐增大。

表 6-9　总目标层次总排序

项目	B_1(0.320)	B_2(0.122)	B_3(0.558)	层次 X 总排序
X_1	0.034	0.265	0.030	0.060
X_2	0.082	0.265	0.063	0.094
X_3	0.023	0.265	0.087	0.088
X_4	0.179	0.108	0.160	0.160
X_5	0.225	0.048	0.222	0.202
X_6	0.457	0.048	0.438	0.396

6.4.5　模糊决策理论

系统多指标模糊决策理论模式应用有序二元比较法客观地确定指标权重和定性指标相对优属度，并运用评判结果发散的模糊优选理论模型将指标权重和优属度进行合成评判，在此基础上提出多指标多层次模糊决策模式，以解决相应的具有多重层次的决策问题，在实践中显示出了较高的准确性和良好的可操作性。

设有 n 个待优选和排序的样本组成一决策样本集，即论域：

$$X=\{X_1,X_2,\cdots,X_n\} \tag{6-1}$$

每个样本对应着 m 项评价指标，则模糊优选和排序的根本目的在于确定每个样本 $X_j(j=1,2,\cdots,n)$ 对于模糊概念“优”（以 A 表示）的隶属度 $u_A(X_j)$，即确定映射：

$$u_A:X\to[0,1],X_j\to u_A(X_j) \tag{6-2}$$

指标的权重表示在决策中的影响性和重要性，其定权因素为模糊概念。可采用有序二元比较法并结合语气算子与模糊标度、相对权重的对应关系来确定权重向量。

根据评价指标的相对重要性，从最高层逐层地确定指标权重。最高层为决策总目标，权重定为 1。在同一层次，所有与上一指标有从属关系的评判指标的权重之和应为 1。

根据上述原则，得到第三层次各指标相对重要性排序及两两指标间对比结果的模糊语气算子值。

目标 A ={环境性←稍稍与略为之间→经济性←稍稍与略为之间→社会政策性}，通过查“语气算子与模糊标度、隶属度对应关系表”得到指标集的相对权向量 w'=(1.000，0.739，0.546)，归一化后得到指标集权向量 w =(经济，社会政策，环境)=(0.323，0.239，0.438)。

第二层次的权重确定方法与第三层次基本相同，根据有序二元比较法的权重评价，从中挑选比较重要的影响因素进行评价，借此来验证评价结果的一致性。

(1) 经济指标集权重确定。

经济 E ={市场性←较为→内部费用←同样→运输费用}

经济 $w_1' = (F_1,F_2,F_3) = (0.538,0.538,1.000)$

经济 $w_1 = (0.259,0.259,0.482)$

(2) 社会政策指标集权重确定。

社会政策 S ={公众认可度←略为与较为之间→执行便宜度←同样→与公共部门的协调性←同样与稍稍之间→社会公正度}

社会政策 $w_2' = (F_4, F_5, F_6, F_7) = (0.534, 0.600, 1.000, 0.600)$

社会政策 $w_2 = (0.198, 0.219, 0.364, 0.219)$

(3) 环境指标集权重确定。

由于环境影响方面评价的指标较多，抽取统计值最高的也就是最重要的4个指标 F_{11}（固体废弃物减量率）、F_{13}（当地空气污染）、F_{14}（运输）和 F_{17}（潜在土地污染），进行大概粗略的评定，确定最优化资源化利用的方案。

环境 E={固体废弃物减量率←稍稍与略为之间→当地空气污染←稍稍→运输←同样与稍稍之间→潜在土地污染}

环境 $w_3' = (F_{11}, F_{13}, F_{14}, F_{17}) = (1.000, 0.739, 0.604, 0.547)$

环境 $w_3 = (0.346, 0.256, 0.209, 0.189)$

从指标层的最底层开始，将上一层次的各个指标作为决策目标进行逐层次优化决策。利用系统优化模糊决策理论模型公式处理矩阵，得方案集的优属度向量。

经济 $u = (0.735, 0.862, 0.069, 0.834, 0.803, 0.861)$

社会政策 $u = (1.000, 1.000, 1.000, 0.124, 0, 0)$

环境 $u = (0.405, 0.403, 0.183, 0.246, 0.692, 0.989)$

待选方案集关于第二层次指标对总目标的优化排序如表 6-10 所示。

表 6-10　待选方案关于第二层次指标对总目标的优序指标评价

指标	权重	X_1	X_2	X_3	X_4	X_5	X_6
B_1	0.323	0.735	0.862	0.069	0.834	0.803	0.861
B_2	0.239	1.000	1.000	1.000	0.124	0	0
B_3	0.438	0.405	0.403	0.183	0.246	0.692	0.989

最优化 $u = (0.775, 0.842, 0.133, 0.238, 0.584, 0.866)$

6.4.6　多目标分析

多目标分析具体用于固体废弃物资源化评价时，第一，设定一系列备选方案 $X_1 \sim X_n$，包括固体废弃物资源化利用的焚烧、堆肥、物质循环和能量回收等；第二，确立一系列影响因子 $F_1 \sim F_n$，这些影响因子与固体废弃物资源化利用紧密相关；第三，确定影响因子的权值，主要采用专家预测的方法，根据利益群体进行分组统计赋值；第四，具体数值标准化归一，在各分值之间统一标准，采用“越高越优”或“越低越优”的规则进行归一化；第五， 获得综合矩阵，通过权值和归一化数值相乘获得；第六，找出最优方案，通过两两相互比较建立各备选方案之间的混合优序图，从中确定最优化固体废弃物资源化利用的最佳方案。

6.5　机场固体废弃物污染防治措施

6.5.1　机场固体废弃物污染环境防治相关规定

机场的垃圾主要包括航空垃圾、机场区域内产生的生活垃圾及危险废弃物三部分。由于疫区垃圾具有传染性，属于危险废弃物范畴，必须从源头上加以严格控制和管理，全程封闭送到指定的焚烧站进行无害化处理。非疫区垃圾和液体废弃物也应该送到指定的有专业处理能力的单位进行无害化处理。针对航空垃圾的卫生管理和收集、运输及处置，国内外多部法律、法规及标准均有相关的规定和要求，包括《中华人民共和国国境卫生检疫法》等。《中华人民共和国国境卫生检疫法实施细则》第一百零五条规定："国境口岸的垃圾、废物、污水、粪便必须进行无害化处理，保持国境口岸环境整洁卫生。"《国际卫生条例(2005)》第二十二条第一款第五点规定："负责监督清除和安全处理交通工具中任何受污染的水或食品、人或动物排泄物、废水和任何其他污染物。"澳大利亚《检疫一般规定》第三十三条规定："航空垃圾不得随意丢弃，须由授权人员进行处置。"

6.5.2　国内外机场航空垃圾处置现状

对于航空垃圾，部分机场前期建设了焚烧炉等垃圾处理设施，对其进行焚烧处理，但焚烧炉能耗高，运行成本难以控制，塑料、染料和高分子有机物等在焚烧过程产生粉尘、二氧化硫、氯化氢和二噁英等污染物，重金属汞、铅、镉、铬及砷化物经高温燃烧扩散进入大气中或沉积在废渣中，因此，航空垃圾焚烧产生的废气、飞灰、废渣的排放量很难达标，受这些因素的制约，目前这些焚烧炉基本处于停用状态。因此，目前国内各大机场对航空垃圾和生活垃圾的处理方式多数是送当地的城市生活垃圾处理场。

根据航空垃圾的组分和特点，可采用综合的垃圾资源化处理方案，包括垃圾预处理(消毒、称重、破碎和分选)，金属、塑料、纸张等回收，有机物高温高压水解制肥、好氧堆肥、可燃物制作 RDF 燃料块等工艺，从而大大减少最后进入垃圾填埋场的垃圾量。考虑到航空垃圾的组分和日产生量的实际情况，企业在工程实施过程中可采用"分步实施、逐步推进"的方式，即在前期工程建设中先完成基本分选和处理设施的建设，预留其他精细分选和处理设施的建设空间，根据运营情况逐步完善相关设施的建设。这样既能满足现有航空垃圾的处理需求，又能兼顾机场远景发展的需求，航空垃圾综合处理设施作为机场配套工程可以为机场提供高效、优质和专业化的服务。航空垃圾经综合处理后，即可实现其资源化、减量化、无害化的目标。

目前，国内机场一般是将航空垃圾的收运工作外包给一家或几家地面服务公司，各公司均有各自的收运人员、外运车辆等。在某些机场，由于一些基地航空公司的航班量占绝对优势，这些航空公司也筹建了自己的航空垃圾收运部门，自行处理本公司航班上的航空垃圾。根据初步调查结果，国内大型机场，如广州白云机场、上海虹桥机场、成都双流机场、南京禄口机场等均建立了航空垃圾焚烧系统，但是由于焚烧处置的成本太高，大部分焚烧系统均未正常启用。航空垃圾主要走向市政垃圾处理系统，固体废弃物处理技术可参见 6.3 节。

德国慕尼黑机场一直致力于绿色机场建设，对航空垃圾采取源头分类和资源回收的方式，大幅度降低送往焚烧厂和垃圾填埋场的航空垃圾量，主要回收纸类、塑料、玻璃瓶、织物和食品类固体废弃物等。另外，慕尼黑机场正在开展可持续的生物燃料替代计划，利用生活垃圾生产生物燃料。新加坡樟宜国际机场针对航空垃圾进行全过程管理。通过源头分类、回收和资源再利用以减少航空垃圾的处置量。塑料包装物、塑料杯、纸杯、易拉罐、食品垃圾等可回收物均被分类回收，其余航空垃圾按照当地地方要求填海处置。

6.5.3 首都机场航空垃圾处理

目前，首都机场航空垃圾收集工作主要由机场地面服务人员完成。从飞机上收集的非疫区航空垃圾送往航空垃圾焚烧站暂存，经消毒静置、人工分拣并分类堆放，分为可回收类和不可回收类两部分，其中可回收类包括易拉罐等金属类、塑料类和玻璃瓶等，被出售给物资回收公司，不可回收的非疫区航空垃圾则由密闭车辆转运至北京市朝阳循环经济产业园，按照生活垃圾进行填埋/焚烧处理。疫区航空垃圾在焚烧站内经消毒后直接封箱运送至该产业园，按照医疗垃圾进行焚烧处置。2011 年前，非疫区航空垃圾经分拣后，不可回收部分直接在焚烧站进行焚烧处置，疫区航空垃圾消毒后全部在焚烧站内焚烧。

首都机场目前有两套航空垃圾焚烧系统。第一套回转窑焚烧系统(以下简称 1 号焚烧炉)于 1997 年设计，1999 年 9 月正式投入使用，设计能力为 25t/d。第二套回转窑焚烧系统(以下简称 2 号焚烧炉)是为迎接北京奥运会的举行而建立的，当时预计 2005～2015 年每年将有 6000 万人次旅客来北京观光、参赛及旅游，航空垃圾的产生量将达到 41t/d。若旅客年吞吐量达到 8000 万人次，则航空垃圾日产量将达到 54.8t。因此，2 号焚烧炉日处理量设计为 25t/d，该系统于 2009 年开始运行。

两套焚烧系统的工艺流程完全相同，只是所采用的燃料不同。航空垃圾在一次燃烧室经过高温干燥、热解、气化和焚烧后，烟气进入二次燃烧室，在 850℃以上高温区域停留时间超过 2s，有机污染物被高温分解。焚烧烟气经余热锅炉降温后，通过干法脱酸和布袋除尘器除尘后，经烟囱排入大气。烟气排放满足国家相关标准要求。焚烧产生的飞灰按照危险废弃物处置，要求全部交给具备特许经营资质的公司进行处置。

在现有的回转窑焚烧工艺中需要持续不断地补加燃料，才能维持航空垃圾的稳定燃烧；另外，为了保持航空垃圾的焚烧温度在 850℃以上，以减少二噁英的产生，在航空垃圾焚烧的过程中需要添加大量的助燃剂。首都机场焚烧站 1 号焚烧炉采用的是柴油助燃，2 号焚烧炉采用的是天然气助燃，两者的助燃负荷是相同的。1 号焚烧炉柴油的消耗量为 265kg/h，2 号焚烧炉满负荷的天然气消耗量 $300m^3$ /h。焚烧后产生的高温烟气经余热锅炉产生的蒸汽有效利用率低，进一步导致了焚烧系统高昂的运行成本。

焚烧过程中不可避免地产生大量的焚烧残渣(包括底渣和飞灰)。由于飞灰粒径较小，具有较大的比表面积，焚烧过程中所产生的重金属及有机污染物附着于飞灰表面，按照《国家危险废物名录》规定，属于危险废弃物。同时，垃圾焚烧过程中产生二噁英。二噁英对动物的影响包括免疫毒性、胚胎毒性以及致癌毒性等，国际癌症中心已将二噁英列为人类一级致癌物。为避免焚烧过程中产生的重金属、二噁英等对大气造成污染，需要在焚烧烟气中喷射大量的活性炭，在此过程中形成的危险废弃物需妥善处理。首都机场航空垃圾焚烧过程中产生的危险废弃物要委托给具有特许经营资质的公司进行处理。

经过几年的探索，首都机场航空垃圾处置模式由自行焚烧处置转变为委托处置，在一定程度上减少了能源的消耗，节约了企业支出。对于航空垃圾应加强分类，促进资源化利用。将非疫区航空垃圾中的餐食、玻璃、金属分别分拣出来。其中餐食垃圾可以运送至餐厨废弃物处理厂进行堆肥处理；玻璃和金属可出售给物资回收公司进行资源化利用。其余的垃圾制成 RDF 燃料块进行出售或者制备成塑料颗粒进行出售。

首都机场航空垃圾收运工作主要由机场地面服务人员完成，部分航空公司拥有自己的收集人员和运输车辆(将航空垃圾从飞机运输至航空垃圾中转站)。在收集和运输过程中，部分具有回收价值的航空垃圾已被分拣。首都机场作为监管者，对服务外包企业的行为进行约束，确保航空垃圾处置的安全、高效、统一、顺畅。

6.5.4　成都双流机场固体废弃物处理

成都双流机场长期以来重视机场内固体和液体废弃物处理和有效保护环境的工作，近年来共计环保投资 3755 万元，建立了一套先进的固体、液体废弃物处理系统，该系统包括污水处理厂、航空垃圾焚烧站、航空污水处理站和其他辅助设施。该机场对固体废弃物的处理本着垃圾无害化，腐败有机物的稳定化，最终处理减量化、资源化、能源化和工厂化的原则，对垃圾的处理方法主要有喷洒消毒、分拣、浸泡消毒回收、填埋、焚烧。固体废弃物处理流程见图 6-10；航空垃圾焚烧流程见图 6-11。

固体废弃物的储运和安全处理工作主要按以下四个步骤进行。

(1) 凡来自检疫传染病疫区或发现染疫嫌疑人的飞机上的固体废弃物在检疫人员监督下及时消毒、移运，通过疫区通道直接焚烧处理。

(2) 凡来自非疫区飞机上的固体废弃物运送到垃圾堆放消毒间，经消毒、分拣、再消毒、清洗后，进行回收或焚烧。

(3) 机场内的生活垃圾每天收集后经专用车辆移送到市政垃圾处理指定场所进行卫生土地填埋无害化处理，遇有遭受传染病污染的生活垃圾时，在检疫人员的监督下，全部运送到焚烧站及时焚烧。

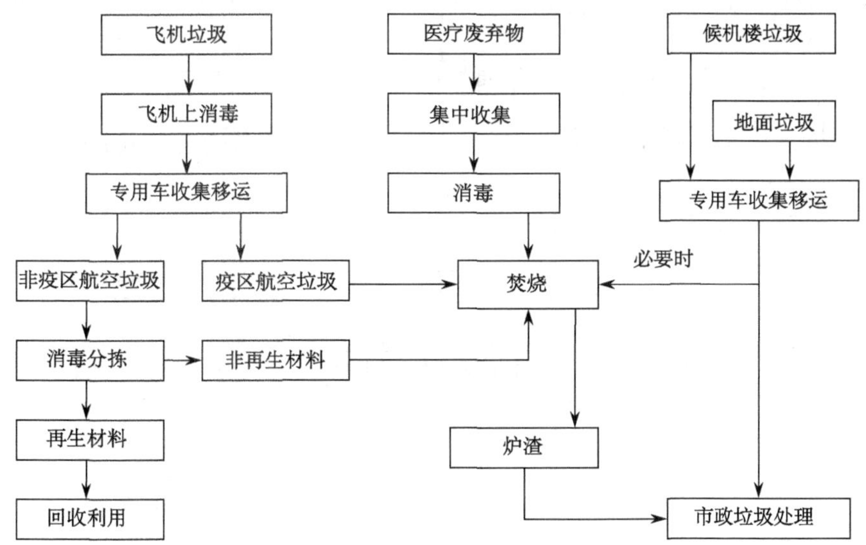

图 6-10　成都双流机场固体废弃物处理流程图

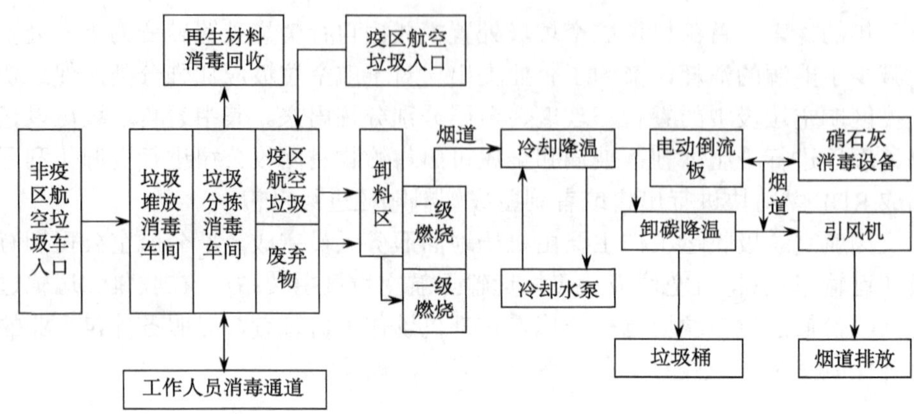

图 6-11　成都双流机场航空垃圾焚烧流程

(4)机场医救中心产生的医疗废弃物经集中收集后，密闭移至焚烧站焚烧处理。

6.5.5　南京禄口机场固体废弃物处理

南京禄口机场建有航空垃圾处理站，使用的焚烧炉为国产 YH-6SBT 型，设计焚烧能力为 350～400kg/h/时，烟气出口温度≥850℃，烟气停留时间≥2s。烟气经二次燃烧，通过布袋除尘器后排放，烟气排放符合《生活垃圾焚烧污染控制标准》的要求。

南京禄口机场对固体废弃物处理本着垃圾无害化，腐败有机物的稳定化，最终处理减量化、资源化、能源化和工厂化的原则。对航空垃圾、急救中心医疗废弃物和机场生活垃圾的处理流程见图 6-12。

到港飞机的航空垃圾装袋后经专用封闭式垃圾车收集运至垃圾处理站，消毒后进行分拣，对可回收物品进行消毒清洗后回收利用，不能回收部分用封闭式垃圾车运至南京水阁垃圾场进行卫生土地填埋。

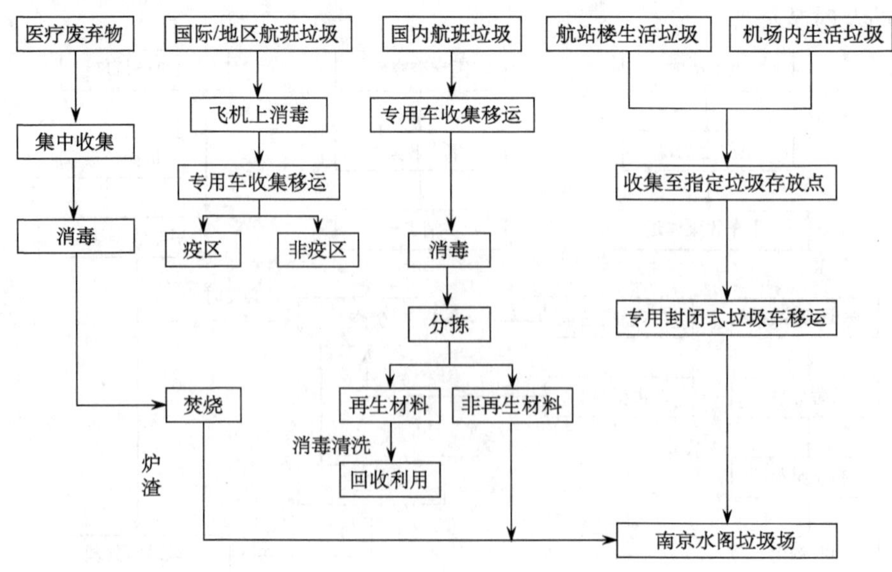

图 6-12　南京禄口机场固体废弃物处理流程

来自疫区或发现染疫嫌疑人的飞机上的垃圾必须在检验检疫机构的监督下消毒、焚烧。国内出现疫区时，国内航班垃圾按中国民用航空局的相关规定执行。

航站楼和机场内的生活垃圾要定时收集运至指定地点，然后用封闭式垃圾车运至南京水阁垃圾场进行卫生土地填埋。

机场急救中心产生的医疗废弃物经集中收集后，密闭移运至垃圾处理站焚烧处理。

思 考 题

6-1　机场固体废弃物有哪些种类？各有什么特点？

6-2　固体废弃物的危害有哪些？有哪些处理方式？

6-3　机场固体废弃物污染现状评价方法有哪些？简述评价过程。

6-4　如何有效防治机场固体废弃物污染？

第7章　绿色机场建设

7.1　概　　述

7.1.1　现代机场建设需求

继产业革命、技术革命、全球化之后，21世纪已经进入绿色经济时代，而要实施绿色战略，国际社会和组织就必须积极承担社会绿色责任，顺应时代潮流，走绿色发展道路。建设资源节约型、环境友好型、科技型和人性化服务的绿色机场，建设绿色机场体系是在新的历史阶段贯彻科学发展观、走可持续发展道路的必然选择。基于绿色机场的理念建设机场，将显著提高机场系统的容量、能力、效率、安全性和竞争力，全方位满足国民经济快速增长的需要，为广大群众提供更安全、准时、快捷、舒适的航空服务，并极大地促进机场相关产业的快速发展，这是当今中国民航机场发展的基本理念和目标。面对国民经济发展迅速、物质文明空前繁荣和民用航空运输业快速增长的形势，机场建设和运营需要与环保、节能、绿色理念和谐统一，这给处在发展快车道上的机场建设和运营提供了新的启迪和要求。在机场的规划、设计、建设和运营等工作过程中，按照资源节约型、环境友好型、科技型和人性化服务的总体要求，全面树立和落实科学发展观，突出以人为本、资源节约，对发展我国的民航事业和造福人民具有重要的意义。

绿色机场移植于绿色建筑概念。机场通常具有体量巨大的航站楼建筑，这是移植的基本依据。我国民航业经过几十年的高速发展，能源消耗量持续上升，能源成本快速增长，环境压力逐渐增大。据统计，民航业总能耗占整个交通运输行业总能耗的8%左右，而机场能耗占民航业总能耗的3%左右。虽然相对于航空公司而言，机场在行业内所占能耗比重不大，但不可否认的是，机场都是所在城市的耗能大户，其资源消耗和排放对周边环境的影响较大。机场是一个微型的城市，影响城市可持续发展的因素在机场都能够找到。机场从建设到使用的整个生命周期大量消耗各种资源。例如，机场航站区及飞行区通常规模庞大，占用了大量珍贵的土地，首都机场航站楼的建筑面积接近140万m^2，需要耗费大量的建筑材料；机场生产运行需要大量的能源，同时设施设备运行产生了大量的温室气体、噪声、废水和固体废弃物，形成了各种污染。据不完全统计，首都机场地区的综合能耗量能够排在北京市各单位能耗量的前三名。因此研究机场的可持续发展对城市可持续发展意义重大，而绿色机场是机场可持续发展的必然选择。

7.1.2　绿色机场的目标与宗旨

建设绿色机场的目标与宗旨是实现机场的可持续发展，建设资源节约型、环境友好型、科技型和人性化服务的绿色机场。

机场的可持续发展可以从以下三方面去理解：一是从企业经营管理方面来讲，机场实现可持续发展；二是从机场空侧、陆侧设施交通容量的角度讲，机场实现可持续发展；三是从区域环境品质的角度讲，机场实现可持续发展。环境友好型机场包含以下几层含义：自然环境友好，即区域自然环境保护，推动机场周边社区生态复兴；区域环境友好，即控制噪声、控制空气污染，减少温室气体排放，改善水环境；资源利用友好，即节约能源、各类资源，减少废弃物的排放，推动循环利用；沟通环境友好，即加强与社区的协调、沟通，成立生态机场规划与开发委员会等。

绿色机场的构建应围绕以上目标与宗旨展开，同时在实施构建过程中也要符合以下基本要求。

1) 满足建设民航强国的战略构想的基本要求

为构建民航强国，我国政府提出民航发展必须以节能减排为己任，积极适应低碳经济发展趋势，提高资源和能源利用效率，建设资源节约型和环境友好型的民航强国。

众所周知，机场是航空运输网络的节点，是民航系统的重要组成部分。虽然在整个航空业中，机场的用能所占比例并不是很大，以中国为例，机场用能只占民航业总能耗的 3%左右，但是当节能减排、发展绿色经济成为世界性话题时，中国机场的节能减排也是势在必行的。在建设民航强国的战略构想中提出了机场发展战略任务，即推动节约、环保、科技和人性化绿色机场建设。具体包括以下内容。

(1) 注重机场建设和运营过程中与自然环境的协调，完善并推广实施绿色机场建设指标体系。

(2) 在机场建设过程中尽量降低能源消耗，减少对土地等自然资源的占用。

(3) 在机场运营过程中减少废弃物的排放和对环境的污染，实现人与自然和谐相处。

由此可见，民航强国的战略构想对机场建设过程中实现绿色机场要求提出了较为明确的目标，也就是要实现机场建设的节约、环保、科技和人性化。

2) 适合机场区域经济、社会协调发展

随着城市及区域经济的发展，机场正在不断演变成为机场城，并在区域经济中扮演着越来越重要的角色。因此，构建绿色机场必须结合区域经济、社会发展需要，从宏观角度出发，立足于社会性和区域性特点，分析研究绿色机场构建的目标和宗旨。

机场具有很重要的经济价值、社会价值和生态价值。机场的发展可对城市的经济和社会稳定带来直接的正面影响，而且随着机场规模的不断扩大，这种影响将不断加大，也就是说机场带来的经济和社会价值不断扩大。同时，伴随机场规模扩大，也会产生负面影响，如资源耗费和环境污染等。如果对其置之不理，这种负面影响将会越来越大，对未来发展将造成不可估量的后果；如果采取措施加以制止或合理调整，就可能将这种负面影响控制在一个能被人们接受的合理范围内。这种负面影响的减少同样会成为一种正向价值，即生态价值。城市和区域发展不仅需要经济的腾飞，更需要生态和谐和社会稳定。

因此，在研究绿色机场建设目标过程中，必须以实现机场价值为核心，以实现综合价值最大化为宗旨，从城市的生态、社会、经济效益出发，与城市可持续发展、人民需求得到最大限度满足相结合。

3) 体现机场运行服务的各种功能

机场的基本功能就是供飞机起飞和着陆，为旅客的换乘和货物的运输提供方便。机场运行主要就是为飞机运走旅客与货物做好准备，为飞机送来旅客与货物做好安排。因此，机场的服务对象包括航空公司、旅客和货主。

机场运行是一个较为广义的概念，机场运行包含诸多方面，如机场系统规划、机场开放条件、航班高峰、飞机运行、地面服务、航站楼管理、旅客进程、行李处理、机场保安、消防与应急救援、航空货运以及机场的技术服务等，同样也涉及机场噪声控制、城市进场交通、特许经营以及资源管理等。作为国家公共基础设施的机场，在其运行阶段存在以下特点。

(1)机场不仅要具备完备的航空服务功能，从经营角度出发，机场还应提供各种非航空服务功能。目前，越来越多的旅客到机场也不仅仅以单纯地满足交通旅行为目的，享受和消费航空次产品在我国发达城市大型机场已逐渐成为一种趋势。

(2)机场的功能决定了机场是一个人流、物流、信息流密集的地方，具有影响面广、辐射面大的特点。机场功能的完备需要庞大的员工队伍支撑，这一人群既是机场服务的提供者，又是机场环境的影响对象。来往旅客、接送人群构成了机场服务的消费者，同时也是机场环境的影响对象。

因此，绿色机场建设应从旅客和机场从业人员两大人群角度出发，为旅客、机场从业人员提供良好的环境氛围，提高旅客服务质量，满足机场从业人员身心健康。

4)满足机场提升企业竞争力的要求

我国民用机场曾经经历了由中国民用航空局直管到地方政府管理的变革。在我国实行政企分开的现代企业制度改革后，中国民用航空局将所属机场下放到各省、自治区、直辖市，实现属地化管理，目前除西藏自治区机场、首都机场集团公司所属成员机场仍旧归中国民用航空局直管外，其余机场的经营管理归口当地国有资产监督管理委员会，中国民用航空局通过国内七大地区管理局对所有机场实施行业监督管理。在后来实施的《中华人民共和国民用机场管理条例》中，还将民用机场定义为公共基础设施，这一定位明确了机场具有公益性的特征。但以上变革并没有改变民用机场的国有企业特性。作为企业来讲，追求盈利，实现商业价值最大化是其存在、发展的本质特征；但企业在生产经营过程中不仅要考虑到社会、环境的限制和需求，还需尽可能创造更多的社会公益价值。

现代机场随着业务量的发展和规模的扩大，呈现出设施种类众多、数量巨大的特点，同时科技化、智能化要求也较高。而这些设施设备的运行往往耗能较大，伴随机场航空业务量的增加，能耗数字节节攀升。因此，对于大多数机场管理者来讲，机场不仅要达到安全、有序、高效的运行目标，在机场运行过程中的低能耗、低污染也成为大家所共同追求的目标。实现绿色机场就是要利用科技创新、发展机场循环经济，提高企业绿色竞争力，促进机场资源环境的可持续发展，达到资源节约型、环境友好型、科技型和人性化服务机场的要求。

总之，绿色机场建设应做到落实科学发展观，围绕节约、环保、科技和人性化四个方面。充分履行政府投资、公益性设施在创建资源节约型、环境友好型社会中的责任和义务，为缓解日益严重的全球资源、环境危机做出应有的贡献。

7.2　绿色机场的定义与内涵

7.2.1　机场的一般特性

机场是一个城市的公共基础设施，是城市乃至一个地区的重要门户，由于机场的存在可实现带动地方经济发展和普遍服务的目标，其发展和建设不仅受地区经济发展的影响，同时与地方政府支持力度密切相关。同时，机场在运行中消耗大量的能源，对周边环境具有一定的负面影响。机场的运营特性概括来讲包括高耗能、公益性、收益性等几方面。

1) 高耗能

机场为旅客、航空公司、驻场单位提供服务，机场的飞行区、航站楼、空中交通指挥及配套服务设施在为旅客流、行李流及信息流服务的过程中要消耗大量的能源，使机场成为高耗能单位。

2) 公益性

机场在消耗大量能源的同时，又为社会经济创造了大量的经济价值和社会价值。民航机场的公益性源于民航机场所提供服务的“准公共产品”特性。民航机场为飞机提供起降服务、为旅客提供衣食住行等基本服务、为货主提供存储、运输服务，由于机场的数量和地域特点，其具有区域垄断性，能够获取经济补偿，其本质上仍具有公益性。

3) 收益性

在认识机场公益性的基础上，机场会通过提供服务收取一定的费用，特别是一些零售、商贸等，其收益会远远超过成本，具有较高的收益性。机场的收益性特征使得我们在研究机场的可持续发展时，也要适当关注机场自身的经营效益。

机场作为民航运输的重要节点和基础设施，对当地社会经济的持续发展具有不可替代的贡献。这就需要客观评价机场的社会经济效益，对机场在社会经济增长中的促进作用应有正确认识，对机场在社会经济发展中的地位予以明确，促进机场又快又好发展的同时，确保区域经济可持续发展。但是随着国民经济的高速增长、技术的创新和需求市场的变化，势必对机场业提出更高的发展要求，特别是在全球对绿色、低碳要求日益强烈的前提下，现代机场业的持续发展问题得到缓解是我国民航业实现可持续发展的重要课题。建立绿色机场，既要充分认识机场公益性的特点，节能降耗是必然要求，有利于为社会创造更大的价值，更要认识到机场的收益性与建设绿色机场的关系，投入要讲究策略、降低成本，要充分考虑到绿色机场建设的阶段及其自身的经济承受能力，控制好绿色机场建设的节奏和步伐。

7.2.2　绿色机场的定义

定义绿色机场可以参考以下几个原则。

1) 目标性原则

在定义绿色机场、设置绿色机场评价指标时，要与绿色机场的构建目标和宗旨紧密联系，即与以上要点相结合。

2) 引导性原则

通过定义绿色机场，引导机场、政府、客户各方在各个时期向绿色机场的最佳实践和理想方向去努力，实现机场的社会、生态和经济价值。

3) 适用性原则

从我国机场实际出发，结合中国国情和民航机场行业特色，提出绿色机场的定义和概念，指出绿色机场建设并不是机场企业自身的责任。

4) 先进性原则

提炼国外绿色机场建设先进理念，将成熟技术和经验融入绿色机场定义中，确保绿色机场指标定义的先进性。

国外对绿色机场的研究起步较早，研究成果相对成熟，并且在应用领域中取得了一定的效果。对于什么是"绿色机场"，国外研究者认为，机场在整个生命周期内，基于减少机场对环境和周围居民的负面影响，应该大力探索机场功能的改进和效率的提升，包括显著降低运行的全生命周期费用、获取国家的财政补贴、树立企业形象、保持设施的独特和高效、减少资源的使用等。绿色机场的概念在发展中不断扩充。绿色机场不能简单地理解为机场与环境协调发展，还包含了机场建设、运营管理等诸多方面的内容。

7.2.3　绿色机场的内涵

国际上认为绿色机场普遍包含两个特征：①在机场的建设、运营中，在材料、水源、能源、用地等方面体现出节约的特征；②在机场运营过程中，机场提供的设备、设施要便于旅客和航空公司的运作，提供人性化服务。从理论上说，要实现绿色机场的建设目标，机场建设至少应满足下列要求。

(1) 基于生态学和生态经济学原理来指导机场的选址、规划、设计、建设和运营管理。

(2) 科学合理地利用自然资源和能源，建立结构合理、运营过程清洁的机场建设和生产运营管理体系。

(3) 采用可持续的生产方式，对物质和能量进行循环利用，使废弃物减量化、无害化和资源化。

(4) 建设完善的基础设施和社会设施，提高对旅客的服务质量、提高区域居住人群的生活质量。

(5) 人工环境应与自然环境有机结合并相互协调。

(6) 建立完善、高效的管理与决策体系等。

绿色机场构建的基本框架应该包括五个方面。

(1) 通过推动绿色机场建设，促使中国民用航空局的纵向调控和横向竞争达到合理平衡，构建平等、有序的行业规范。

(2) 增强国家法律法规的建设，完善监管体制，实现科学发展。

(3) 建立实用的地球信息系统，在此基础上，构建航空数据信息平台，实现多部门信息共享。

(4) 建设一个温馨、舒适的机场候机和工作环境，提高旅客和地勤人员的体验，使他们真正享受到如家般的服务。

(5) 建立有效、智能的联动机制，在此过程中，增强信息化共享服务能力。

在研究绿色机场的内涵时，国外研究者认为，在机场设计、建造和运营的实践中，减少和消除机场对环境和周围居民的负面影响，主要应该包括六个方面的内容：选址满足可持续发展、确保用地和用水效率、节能和可再生能源、材料和资源的保护、室内环境质量、物业管理等。真正绿色机场的内涵是一个全方位的、立体环保工程，它兼备了节地、节水、节能、改善生态环境、减少环境污染、延长建筑物寿命等优点。

对机场在不同状态、时态下分别对环境造成的影响列表加以说明(表 7-1)。

表 7-1　机场对环境的影响分析

<table>
<tr><th></th><th></th><th>机场的不同时态与状态</th><th>对环境的影响</th></tr>
<tr><td rowspan="3">三种状态</td><td>正常状态</td><td>在正常运行条件下，日常的运行保障服务和生产设备产生的飞机噪声、飞机发动机废气污染、车辆废气污染、航空垃圾、废水、污水、放射性辐射、光辐射、电磁辐射、机械噪声、粉尘污染、废旧电池、打印机墨盒及施工活动中产生的环境因素等</td><td rowspan="6">向大气、水体、土地的污染排放，原材料和自然资源的使用，能源的使用，释放的能量，固体废弃物和副产品
表现形式：
大气污染、水污染、土壤污染、噪声、振动、固体废弃物、能源和资源的消耗、有毒有害化学品的使用、臭氧层的破坏、放射性辐射、电磁辐射、光热辐射、恶臭等</td></tr>
<tr><td>异常状态</td><td>日常活动中可预见的环境因素，如设备开机、停机和维修及办公设备损坏、维修等</td></tr>
<tr><td>紧急状态</td><td>不可预见的、可能发生且会对环境造成较大影响的事故或紧急情况，如火灾、爆炸等</td></tr>
<tr><td rowspan="3">三种时态</td><td>过去</td><td>过去发生的但环境影响遗留至现在的环境因素</td></tr>
<tr><td>现在</td><td>现场现在正在发生着的环境因素</td></tr>
<tr><td>将来</td><td>公司在已规划项目、新的或修改的活动以及产品和服务中可能产生的环境因素</td></tr>
</table>

根据绿色机场的定义，对绿色机场的内涵剖析如下。

1) 绿色工程(建筑)

绿色机场应是一个全方位、立体的环保工程。在机场建设生命周期中，以高效率地利用资源、最低限度地影响环境的方式，在最低环境负荷的情况下建造安全、健康、高效及舒适的工作与活动空间，达到人及工程(建筑)与环境共生共容、永续发展。在规划建设过程中遵循绿色(生态)工程建设三原则：资源(能源、水、材料、土地等)消耗最少；环境(大气、水、固体废弃物、噪声等)破坏最小；健康、舒适、宜人环境。

2) 绿色管理

绿色机场应是一个系统的、多层级的管理工程，涉及企业管理的战略规划、质量控制、组织机构设置、流程再造、检查评估等各方面。通过建立并实施环境管理体系，实行有效的节能减排方法，鼓励利用低污染的交通方式，使机场建设、运营过程对场区生态环境的影响降到最小。

3) 绿色技术

绿色机场应是一系列关于节能降耗、缓解污染的科学方法和技术手段的承载体。机场的绿色技术应用主要体现在绿色能源(清洁能源)的开发、推广与应用方面。这包括广义的绿色能源，机场在消费过程中选用对生态环境低污染或无污染的能源，如天然气、清洁煤、核能等；也包括狭义的绿色能源，机场对可再生能源的利用，如太阳能、水能、风能、地热能、生物能和海洋能等。机场通过绿色技术及设备的推广使用，从而可以达到削减能源消耗、降低碳排放的目的。

4) 绿色服务

绿色机场应是在可持续发展的理念引领下，运用系统的环境管理手段和措施，充分、有效地使用节能环保等绿色技术而形成的机场服务产品，称为绿色服务。这种服务有别于其他模式的机场服务，在为顾客提供安全、舒适、方便、快捷的机场服务的同时，它更加着眼于未来，关注公众利益，讲求人与环境协调发展，因此更为人性化。

5) 绿色竞争

根据民航机场业的实际情况，机场竞争的关键在于“量”与“质”的竞争，无论是机场的“量”还是“质”，都与机场的绿色发展息息相关。由于机场“量”的增长与生态环境价值基本呈负相关，所以机场在发展的同时必须采取措施确保生态环境价值不突破底线；机场“质”的提高与顾客需求在多大限度上得到满足紧密相连，随着可持续发展理念逐步深入人心，越来越多的旅客、企业都会选择洁净、环保、低碳的绿色服务方式。若要使企业长远发展，在产业竞争中始终处于不败之势，机场只有引入绿色竞争机制，倡导节能、环保，坚持可持续发展，走创新之路，才能为绿色发展打下良好基础。

7.3 绿色机场的要素

7.3.1 绿色机场的要素分类

根据绿色机场的定义和内涵可以知道，绿色机场离不开节约和环保这两项核心要素；同时，也包括科技和人性化两项辅助要素。绿色机场评价主要以环境价值为尺度，对机场的建筑设计、建造和运营的“绿色”情况进行评价。下面将详细介绍绿色机场的节约、环保、科技和人性化 4 个要素。

1) 节约

节约指资源的节约，资源包括机场在建设和运营过程中所需要的一切能源及材料。主要包括四个大类：①电、油、天然气等各种能源；②土地资源；③水资源；④材料资源。机场作为国家交通公共基础设施，具有建设投资大、设备设施规模大、服务功能广泛的特点，在前期建设中需要大量的土地、原材料和水资源的投入；在建成后的运营过程中，各类系统、设施设备又需要大量的能源耗费和运行维护材料等的投入。因此，节约资源是建设绿色机场的主要内容和手段。机场在实现资源节约探索方面的有效途径之一是通过资源利用的合理规划与控制达到资源使用的减少；有效途径之二是寻找新的能源和替代材料，这两方面越来越被世界各国的机场所关注。

2) 环保

环保指环境保护，也就是说机场的发展不能以牺牲生态环境为代价，要不断减少经济活动对环境的影响。机场从施工建设到生产运行的每个环节都伴随着污染环境的废物产生，污染类型主要包括水污染、大气污染、固体废弃物污染和噪声污染。这些污染物的产生将会对三类人群造成较大的不良影响：一是长期生活在机场周边的居民；二是在机场区域从事生产工作的员工；三是频繁进出机场乘坐航班的旅客。因此，环境保护是建设绿色机场的主要内容和手段。机场若要实现环境保护各项目标，将各项污染物控制在合理的范围内，必须从思想观念上充分重视，将环境保护纳入机场整体发展规划当中，随着业务量的增长和规模的扩大不断增加在环保方面的投入，在生产运行环节运用系统管理手段。国外发达国家的机场在此方面拥有许多先进的经验，值得我国学习和借鉴。

3) 科技

科技指的是机场在实现节能和环保过程中一切科学和技术手段的应用。科技这一要素不同于前两个要素，节约和环保可作为建设绿色机场的细化内容和要点，而科技更多地体现在对节约和环保这两个要素的支持。因为发展机场的节能和环保离不开科技创新和科学管理，清洁能源、循环经济等一系列新的课题都需要通过发明创造和实践领域的突破才得以实现。绿色机场科技要素的实现需要不断学习和引进先进科学技术，包括新技术、新材料、新方法和新工艺。机场在基础设施的设计阶段就要运用绿色建筑的理论和方法，采用绿色建筑配套产品和生产技术，使用科学环保的生产用材和设备。机场运营阶段要建立和实施环境管理体系，加强环境质量检测，完善环保措施和手段。

4) 人性化

人性化指的是绿色机场在整个生命周期中都体现出以人为本的理念，它不但体现在机场从设计蓝图到建筑实体，而且体现在顾客能够接触到的每个环节、布局上，更体现在旅客航空旅行对机场的每一次体验上。同“科技”要素类似，“人性化”要素更多地体现为绿色机场建设的目标与方向，绿色机场的人性化主要从以下三方面得以体现。

(1) 机场设计的人性化，包括流程的简化与便捷、环保材料的应用、设施功能的完备性等，突出顾客对机场功能的感知度。

(2) 机场服务的人性化，包括为旅客提供舒适的乘机环境、便捷的主业服务、满足需求的商业服务，以及为从业人员提供健康的工作环境等一系列安排，透射出机场对相关人群的关怀度。

(3) 机场发展的人性化，要求机场的发展应与区域经济、社会、环境发展相协调，突出资源的可持续利用和环境的可持续主题。加强环境安全的保障力度和环境信息的敏感度，最终能够增强当地政府、社区居民对机场发展的可信赖度。

7.3.2　绿色机场的要素分析

分析绿色机场的基本要素，不能脱离机场的设施分布状况、基本功能情况而进行单纯的分析。因为机场在建设期间，这些设施将耗费大量资源，运行期间这些设施设备也成为能源的耗费大户，上面已对绿色机场的四个基本要素进行了描述，现就节约、环保这两个要素与机场的不同时空区域，即发展时段和物理空间结合起来分析。

1. 机场的设施分布和基本功能介绍

民用机场的设施分布和功能的基本情况如表 7-2 所示。

2. 绿色机场要素分析

绿色机场以节约和环保两项核心要素为重点，将这两项要素展开、逐一细分，形成八项分指标，并对每一指标从来源、产生区域以及存在的阶段等方面进行分析，如表 7-3 和表 7-4 所示。

表 7-2　机场的设施和基本功能介绍

机场区域	主要设施	功能
空侧系统	(1) 跑道； (2) 滑行道； (3) 机坪； (4) 助航灯光系统； (5) 导航设施； (6) 飞机地面服务车辆及设施； (7) 设备机房工作间等	(1) 为飞机起飞、降落提供跑道等设施及运行安全服务； (2) 为飞机引导、滑行、泊位、停场提供设施服务； (3) 为旅客提供登机和下机服务、为行李及货邮提供装卸服务； (4) 为飞机提供各种地面服务保障，如维修、水/电/油/气等能源补充、客船清洁、供餐等
陆侧航站区系统	(1) 航站楼设施； (2) 货运站设施； (3) 安检设备系统； (4) 离港、广播、问讯、航显、引导标示、信息、指挥系统等； (5) 照明系统设备； (6) 空调、供热系统设备	(1) 为旅客乘机提供手续办理、安检、通关、行李托运服务； (2) 为货物提供收运、安检、存放等； (3) 为旅客提供休息、候机、信息、餐饮、购物、商务等服务
陆侧楼前交通系统	(1) 停车场(楼)； (2) 楼前车道、轨道交通等	(1) 提供停场服务； (2) 提供抵达及离开机场道路、轨道交通服务

表 7-3　绿色机场要素分析——节约

类别	内容	来源	产生区域	阶段
节地	土地及空间资源	飞行区占地、航站楼占地、停车场占地、机场生产区域占地、机场服务设施占地等	机场整个区域	机场设计规划/建设
节能	电能、油、燃气、蒸汽等	空调系统、供暖系统、照明系统、变配电系统、助航设施设备、离港系统、信息系统、安检系统、广播航显、车辆及生产设备运行等	机场整个区域	机场设计规划/建设/运行
节材	建筑材料/设备材料/生产运行材料/办公材料	飞行区场道、目视助航设施、导航设施、航站楼设施、货运站设施、地面服务设施设备、设备维护材料、生产耗材、办公耗材等	机场整个区域	机场建设/运行
节水	水资源	设施建设用水、生产用水、生活用水等	机场整个区域	机场设计规划/建设/运行

表 7-4　绿色机场要素分析——环保

类别	来源	影响范围	产生区域	阶段
噪声污染	飞机起飞、降落、试车	机场内及周边工作人员、机场周边居民、旅客	飞行区	机场运行
	车辆等设备运行噪声	周边人群	飞行区/工作区/航站区	机场运行
	建筑噪声	周边人群	飞行区/工作区/航站区	机场建设
大气污染	机动车尾气	机场区域	机坪/工作区	机场运行
	飞机尾气	机场区域	飞行区	机场运行
	锅炉等动力设备烟气	机场区域	供能设施区域	机场运行
	建筑扬尘	设施建设区域	设施建设区域	机场建设
	餐厅油烟	机场区域	机场区域餐厅	机场运行

续表

类别	来源	影响范围	产生区域	阶段
水污染	飞机维修废液	机场周边区域	飞行区	机场运行
	车辆设备维修废液	机场周边区域	飞行区/工作区	机场运行
	飞机冰雪废液、道面融雪废液	机场周边区域	飞行区	机场运行
	锅炉清洗废液、油罐清洗废液、化验废液	机场周边区域	工作区	机场运行
	保洁工作清洁剂废液	机场周边区域	航站区/货运区	机场运行
	餐饮含油污水、生活冲洗水、浴室排水、飞机污水	机场周边区域	航站区/工作区	机场运行
固体废弃物污染	航空垃圾、生活及办公垃圾、医疗废弃物等	机场及周边区域	飞行区/工作区/航站区	机场运行
	可回收利用固体废弃物：废皮带、废电机、废阀门、废金属、包装物、纸张等	机场及周边区域	飞行区/工作区/航站区	机场运行
	不可回收利用固体废弃物：建筑垃圾等	机场及周边区域	施工区域	机场建设
	危险废弃物：废弃化学药品容器、废旧电池、废日光灯管、废蓄电池、废电路板、废显示器、废油桶、废油漆容器、易燃性固体废弃物等	机场及周边区域	飞行区/工作区/航站区	机场运行

7.4　绿色机场评价指标体系

7.4.1　绿色机场评价指标体系的建立意义

绿色机场的评价指标体系是根据以人为本、人与自然和谐等基本原则建立的，从绿色机场的节约、环保、科技和人性化四个要素出发，通过评价机场的建筑与管理两个重要方面，建立的一个全面的、有效的、可行的绿色机场评价指标体系。其实用意义如下。

(1) 对机场的建设设计者而言，绿色机场的评价指标体系对每个指标都有较为细致的量化与比较，有助于设计者从生态、环保的角度来优化机场的设计，在机场的设计建造阶段实现机场生态、环保、管理、服务等因素的全面组合，并对最终机场的建造做出绿色检验。

(2) 对旅客消费者而言，绿色机场评价指标体系的建立，可以使旅客对机场的绿色程度有一个更为具体的认识，并通过系统的完善了解，使旅客的关注重心从机场的建设规模、环境质量，转移到机场的服务管理指标上面，对绿色机场的建设提出更宝贵的意见。

(3) 对机场管理者而言，绿色机场评价指标体系的建立从管理的软性指标出发，不再仅注重建筑等硬性指标，为各管理方向提供了比较依据，方便了今后机场绿色政策的制定。

7.4.2　绿色机场评价指标体系的建立步骤

绿色机场整个生命周期包括选址、规划设计、施工和运营四个阶段，其主要有节约、环保、科技和人性化四大特征要素，绿色机场评价指标体系主要是从这四个方面进行选取。首先，在大量实地调研、专家访谈的基础上，明确绿色机场的发展目标，分析各阶段评价指标，遵循绿色机场评价指标选取原则，对评价指标进行初步筛选，将各阶段的评价指标统计汇总，即可初步构建出绿色机场评价指标体系；然后，对初选指标进行合理的优化；最后，构建出一个科学的、贯穿绿色机场全生命周期的评价指标体系。建立科学的绿色机场评价指标体系是正确评价机场生态管理水平、探索增强机场可持续发展能力的有效途径和关键环节。本节在借鉴《绿色建筑评价标准》的基础上，根据前面对绿色机场构成和内涵的分析，遵循科学的指导原则，建立绿色机场评价指标体系。

借鉴国内通用的指标体系构建方法和研究框架，可以通过以下 5 个步骤(图 7-1)来完成绿色机场评价指标体系的构建。

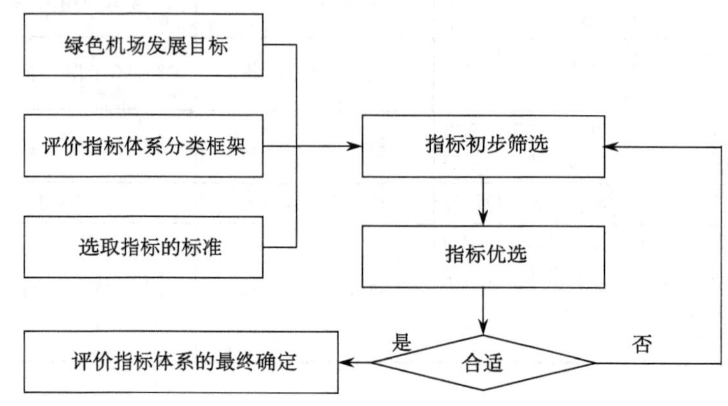

图 7-1 评价指标选取步骤流程图

1) 确定绿色机场发展目标

广泛参考国内外相关机构组织和已建或在建的绿色机场提出的发展目标与战略，借鉴国内外科研机构和学者的研究成果，总结提炼，明确绿色机场的内涵和发展目标。

2) 确定评价指标体系分类框架

根据绿色机场发展目标，借鉴国际通用的相关评价指标体系的分类框架，参考当前在建绿色机场的评价指标体系分类框架，通过多轮专家研究探讨，确定绿色机场评价指标体系的分类框架。

3) 确定选取指标的标准

根据绿色机场建设发展的需求，参照国内及国外先进的指标体系选取标准，并结合我国实际国情，提出绿色机场评价指标体系的指标选取标准。

4) 选取指标

以环境指标分类框架为指导，通过广泛查阅联合国、欧盟等国际权威组织，以及生态环境部等国家部门确定的指标体系，综合比对选取确定初选指标库。

5) 遴选优化指标

为了使评价指标具有完整的代表性，同时避免选择的指标数量太多产生的关联性，要对初选指标进行合理的优化。根据指标选取标准，综合利用专家评分、专家小组讨论、机场实地调研等方法，遴选确定最终指标。

7.4.3 绿色机场评价指标的设置原则

绿色机场评价指标的设置需要确保评价工作的客观、科学。为了保证绿色机场评价结果真实、可靠，选取的指标既要结合社会、经济和环境的实际情况，又要能够反映出机场绿色发展的关键问题。在指标选择上同时要注意兼顾直接影响和间接影响、兼顾时间和空间动态指标、兼顾变量间的相互影响及变量与外部环境的交换关系。在设计绿色机场评价指标体系时，应遵循以下原则。

(1) 科学性原则。指标要有明确的科学定义与计算方法，可以用来定量监测或定性评价。

(2) 普适性原则。指标应适用于不同地理区域、性质、类型和规模的机场，避免由于地理区位、城市规模和发展水平等因素导致的指标自身差异。

(3) 决策相关原则。指标应该能够反映机场在各个方面的情况，最好直接与政府制定的政策相关联。

(4) 易于获取原则。指标应该能够容易获取或者容易计算得到，尽量选取纳入机场监测范围的指标和获取成本较低的指标。

(5) 时效性原则。指标应该能够及时获取，以定期地反映机场的发展状况。

(6) 简明性原则。指标应该简单明了，显而易见。

(7) 敏感性原则。指标变化应能明显反映该指标指示的要素是变好还是变坏，要有较好的区分度。

(8) 相关性原则。指标应当能够将机场各子系统间的相关关系很好地反映出来，以利于应用者和决策者了解并掌握机场可持续发展的程度。

(9) 可操作性原则。应挑选易于计算、易获得并且能够较好反映机场可持续发展情况的指标。

(10) 动态发展性原则。指标应能够客观地描述机场的现状，能够适应不同时期机场发展的特点，能够在动态过程中较为灵活地评价机场发展是否可持续以及可持续的程度。

7.4.4　评价指标适用性选择

绿色机场建设一方面要考虑到机场的基础设施特性，也就是说绿色机场与绿色建筑有密切的关系。通过对《绿色建筑评价标准》(GB/T 50378—2019) 之公共建筑的研究，得出绿色机场与绿色建筑的特点存在一定的相近性。因为机场本身为国家公共基础设施，机场的重要部分，如航站楼、停车场等属于公共建筑，所以在绿色机场评价体系指标设计、基本内容和评价方法确定等方面可参考《绿色建筑评价标准》的相关内容。但是，由于机场在建筑特点、具体功能等方面与绿色建筑存在较大差异，绿色机场评价指标体系设计过程中还要考虑机场区别于绿色建筑的个性特点，应有选择地将其纳入绿色机场评价指标体系中。因此在建立绿色机场评价指标时，应对绿色建筑评价指标进行适用性筛选。

1. 机场与绿色建筑的对比分析

1) 机场与绿色建筑的共性特点

机场与绿色建筑的共性主要表现在设施类别、服务特性、访问/使用人次和人员逗留时间等几方面，如表 7-5 所示。

表 7-5　机场与绿色建筑的共性分析

对比项	机场	绿色建筑
设施类别	城市交通基础设施	其他类别基础设施
服务特性	航空运输服务；服务对象包括旅客、航空公司及货主等	根据建筑类别的不同提供不同的公共服务功能
访问/使用人次	使用机场设施的人次较多，且增长明显	作为公共建筑，使用该设施的人次相对其他建筑较多
人员逗留时间	人员在机场逗留时间较长	根据建筑功能特点，人员均会在该建筑中逗留一段时间

2）机场与绿色建筑的差异对比

机场与绿色建筑的差异主要表现在设施规模、服务功能、设施类别、生态环境影响、社会影响/媒体关注度和经济影响等几方面，如表 7-6 所示。

表 7-6　机场与绿色建筑的差异分析

对比项	机场	绿色建筑
设施规模	规模大、设施类别多	相对规模小、设施类别单一
服务功能	服务功能广泛，包括：①旅客办票、行李服务、安检、海关联检、登机服务等基本服务功能；②零售、餐饮、娱乐休闲等消费服务功能；③旅客高端服务；④特殊旅客服务等；⑤货物运输等	服务功能较为单一，通常不具备较多功能设施集中于一体
设施类别	形成各类设施建筑群，包括：①飞行区设施群；②航站楼建筑群；③公共区（楼前交通及停车场）设施群；④办公区域设施群；⑤酒店、会议中心等周边配套设施群	设施类别单一，数量规模小
生态环境影响	①在前期建设和后期运营过程中均存在较为明显的能源耗费和污染物排放等问题；②机场运行安全中的鸟击防范对周边生态环境有一定的依赖	①根据设施功能的不同，在能源耗费和污染物排放方面体现出不同的特点；②基本不存在对周边环境的依赖或依赖性较小
社会影响/媒体关注度	机场地区相关职业就业人数较多；成为当地新闻媒体高度关注的焦点	社会影响及媒体关注程度较小
经济影响	机场对当地经济影响较大，有地方“经济发动机”和“经济起搏器”之称	对地方经济影响相对较小

2. 绿色建筑评价指标适用性筛选

通过将机场与绿色建筑进行特征对比，得出结论如下。

（1）绿色机场评价指标体系设置中的航站楼相关指标可以绿色建筑评价为基础，结合机场的功能特点来设计。

（2）绿色机场评价指标设计过程中应选取具有代表性的、与机场功能特点关联度较大的指标，如生态环境中的鸟击防范指标。

（3）绿色建筑评价指标对绿色机场来讲存在适用项和不适用项，应加以区分，如表 7-7 所示。

表 7-7　绿色建筑评价指标适用项筛选

绿色建筑评价指标	适用项	不适用项
建筑节能类指标	节能及能源利用指标	不符合机场设施和功能特点的指标
节地类指标	节地指标	与机场行业标准要求有矛盾的项目指标

续表

绿色建筑评价指标	适用项	不适用项
节材类指标	节材与材料资源利用指标	与机场建设实际情况无明显联系或不相干的指标
节水类指标	节水与水资源利用指标	
环保类指标	环境质量指标	

7.4.5　绿色机场评价指标初选及优化

1. 绿色机场选址阶段的评价指标

机场选址阶段对机场的后续发展至关重要，此阶段的评价主要从环保和节约的角度，考虑影响机场选址的内部因素和外部因素，主要有以下评价指标(表 7-8)。

1) 能源供应水平

能源供应水平主要指机场的电能供应、航油供应状况等，尽量选择能源供应充足的区域作为场址，减少工程量，节省投资。

2) 机场运行条件

一定要根据当地的气候条件、净空条件和空域条件选择合适的场址。

3) 环境污染水平

机场周围环境，如水环境、大气环境等对机场运营和旅客的健康有较大影响，同时要考虑飞机噪声对周边环境的影响，选址时需要谨慎评估场址的环境污染状况。

4) 机场建设和扩建条件

绿色机场的选址不仅要满足机场近期施工建设的需要，还需综合考虑远期发展和扩建的条件。选择平坦开阔的地形区有利于机场的正常运营和可持续发展。

5) 交通的通达水平

民用机场离市区太远会增加旅客出行成本，距离太近又影响城市居民的正常生活。因此，选择一个能让城市居民交通方便并与城市距离适中的地方作为机场场址是比较人性化的。

表 7-8　机场选址阶段的评价指标初选

特性	机场选址阶段
资源节约	能源供应水平
环境友好	机场运行条件、环境污染水平
科技创新	机场建设和扩建条件
人性化	交通的通达水平

2. 绿色机场规划设计阶段的评价指标

绿色机场规划设计主要通过科学地分析机场能耗、环保状况，运用新技术、新材料设计出一个节能、环保、人性化的机场系统。绿色机场规划设计阶段的主要评价指标如下(表 7-9)。

1) 机位分布

根据机场的机位分布特点，计算各个机位的平均滑行时间，提出一种机位分配的优化方案，以节约飞机滑行时间，提高航班运行效率。

2) 空调节能

机场建筑物的空调节能主要体现在以下三个方面：高效的空调使用设计规划、经济的空调设备类型、科学的运行管理。

3) 屋面节能

主要通过一系列的屋面技术设计，改善机场航站楼和建筑物的热工性能，达到节能的目的。

4) 窗户节能

按照建筑节能设计标准进行设计，使机场建筑物的窗墙比达到一定的标准。设计可以智能开关的玻璃幕墙窗和航站楼天窗，不仅节能，更有助于改善航站楼内的环境。

5) 自然通风设计

自然通风设计主要利用的是风压原理，设计时要注意门窗的相对位置、航站楼内固有设施设备的位置等对风在建筑内部流动的影响，科学的自然通风设计能在很大程度上实现节能。

6) 自然采光设计

自然采光设计主要指对航站楼等建筑物的设计，如玻璃幕墙和天窗设计等，把自然光线引入室内，减少电力照明的时间和成本。可以通过一系列的自然采光、空间的设置、绿色生态的介入使室内空间也充满阳光的味道，使人们仿若置身精心设计的自然空间状态中。

7) 绿化设计

机场绿化的功能主要有改善生态环境、美化场容场貌等。机场绿化景观应以植物造景为主，增加机场绿化覆盖率，改善机场及周边的生态环境，提升场区环境形象；注重树种选择，满足防火、滞灰尘、抗污染、降低噪声等要求，并尽量避免种植鸟嗜植物，满足各功能分区的人性化、生态、空防和飞行安全、防灾抗灾功能要求。

8) 智能控制的应用

机场内使用智能建筑管理系统能有效地控制通风设备、供热设备和空调系统，实现在无人操作情况下的自动化管理控制。对于照明系统的智能化控制，在保证正常照明的情况下，可以达到人走灯灭的效果。该系统能监控机场内数千个数据点，能提供准确的数据和有效的算法，在此基础上更易于进行设备优化和能源节约。

9) 机场布局规划

在机场总体规划设计阶段要做好机场平面布局，规划好飞行区与航站楼的布局，把握机场近远期发展的关系，为机场的建设、运营提供科学的指导；同时，要符合民用机场总体布局规划。

10) 社会经济发展水平

城市的社会经济发展水平影响机场的选址和建设规模，例如，城市的规模、人口数量、工业发展水平、贸易水平等会影响机场的选址，反过来机场的选址也会影响城市工业和对外贸易的发展，因此合理的机场选址及建设应与城市的社会经济协调发展。

11) 人性化的航站楼设计

航站楼设计要体现科技进步、绿色低碳，还要进行航站楼的人性化体系设计，主要包括高效、易懂的引导系统，完善的综合服务设施，便捷的交通体系，舒适的室内外环境等。

表 7-9　机场规划设计阶段的评价指标初选

特性	机场规划设计阶段
资源节约	机位分布、空调节能、屋面节能、窗户节能
环境友好	自然通风设计、自然采光设计、绿化设计
科技创新	智能控制的应用、 机场布局规划
人性化	社会经济发展水平、人性化的航站楼设计

3. 绿色机场施工阶段的评价指标

绿色机场施工阶段不仅要消耗大量的资源，对环境也有多方面的影响，综合考评绿色机场施工状况，主要有以下评价指标(表 7-10)。

1) 能源消耗与节约

机场建设施工过程中能源消耗巨大，节能是施工过程的一个重点，通过选用配套的施工设备、减少物料运送距离等措施降低施工过程中能源的消耗。

2) 土地的节地与保护

为了节约用地，要提前对施工场区进行规划，合理布局临时用房、施工通道，并根据施工规模、人员数量及材料使用量，控制施工占用的土地。

3) 材料的消耗和节约

机场施工要合理地利用材料资源，尽量使用可回收利用的建筑材料、耐久性高的材料、低能耗/低排放量的新型材料，并且应适当选择本地材料，科学设计材料的搬运线路，减少材料运输成本。

4) 水资源节约

施工过程中应节约用水，提高水的利用率，减少废水在施工区的排放。

5) 施工现场环境保护

施工现场环境保护主要从场地环境保护、施工垃圾管理、噪声环境控制、水资源保护、粉尘污染控制以及夜间施工时段限制等方面着手。就地取材，取土后及时采取绿化等工程防护措施。

6) 科学的施工方案

施工前制定施工方案，并在多个备选方案中选取最科学合理的一个作为机场建设工程的指导，根据方案制定出具体的节约能源、节约材料资源、节约水资源及环境保护等施工措施。

7) 方案的实施与管理

将建筑工程要达到的绿色施工目标和指标的数量做到具体的数值规定。高效执行施工方案，严格实施节能、节材、节水、节电及保护场区环境的各项施工措施。

8) 施工人员安全和健康

对施工场地进行合理布置，在危险施工区设置警告牌，制定施工防粉尘、防毒气、防辐射等预防措施，确保施工人员的人身安全。为施工人员提供安全、卫生的生活环境，加强施工人员饮食、住宿的卫生管理，确保施工人员健康工作。

表 7-10　机场施工阶段的评价指标初选

特性	机场施工阶段
资源节约	能源消耗与节约、土地的节地与保护、材料的消耗和节约
环境友好	水资源节约、施工现场环境保护
科技创新	科学的施工方案、方案的实施与管理
人性化	施工人员安全和健康

4. 绿色机场运营阶段的评价指标

绿色机场的运营阶段是绿色机场全生命周期内时间最长的一个阶段，该阶段节能环保技术应用和实际操作，将明显反映对环境的影响，主要有以下评价指标(表 7-11)。

1) 运营与维护费用的减少

运营与维护费用的减少指由于机场的节能设计以及节能材料的使用所带来的能源消耗减少、维护节能设备的人工成本和经济费用的减少。

2) 污水处理率

污水处理率指对排放的废水进行处理的量占总排放量的比例，《中国民用航空发展第十二个五年规划》制定的目标是，污水处理率达到 85%以上。机场系统废水在排放前应进行分类处理，处理后达到一定健康标准的可以用于绿化等二次使用，不适宜二次利用的再排放出去，尽量减少废水的直接排放。

3) 固体废弃物处理

《中国民用航空发展第十二个五年规划》制定的目标是垃圾无害化率达到 85%。机场固体废弃物排放包括场区固体废弃物排放、到达机场飞机的固体废弃物排放。

4) 废气的排放和处理

机场废气包括场区废气排放、飞机起飞及降落废气排放，应监测机场废气的处理和减排状况。

5) 噪声环境监控

噪声环境监控指机场运营过程中对噪声的治理和改善状况，机场的噪声包括飞机起飞、降落及运输机械产生的噪声。

6) 用能管理

根据机场的节能设计，不断提高用能效率。

7) 节能技术的持续应用

节能技术的持续应用是指机场节能减排技术和减少能耗技术的应用，机场节能是一个长期的过程，不仅需要每位机场工作人员的积极参与，更需要先进的节能技术持续投入使用。

8) 人性化服务状况

人性化服务同其他绿色要素一样，是建设绿色机场的四大特性之一，具有丰富的人文色彩。提高服务质量，精益求精地为旅客提供热情周到的服务；倾听旅客需求，在满足旅客常规需求的基础上，以创新的姿态满足旅客的个性化需求。

表 7-11　机场运营阶段的评价指标初选

特性	机场运营阶段
资源节约	运营与维护费用的减少
环境友好	污水处理率、固体废弃物处理、废气的排放和处理、噪声环境监控
科技创新	用能管理、节能技术的持续应用
人性化	人性化服务状况

5. 全生命周期的绿色机场评价指标体系

对绿色机场各生命周期的评价指标进行汇总整理，初步构建了全生命周期的绿色机场评价指标体系，如表 7-12 所示。

表 7-12　全生命周期的绿色机场评价指标体系初步筛选

	一级指标/阶段	二级指标
全生命周期的绿色机场评价指标体系	机场选址阶段	能源供应水平
		机场运行条件
		环境污染水平
		机场建设和扩建条件
		交通的通达水平
	机场规划设计阶段	机位分布
		空调节能
		屋面节能
		窗户节能
		自然通风设计
		自然采光设计
		绿化设计
		智能控制的应用
		机场布局规划
		社会经济发展水平
		人性化的航站楼设计
	机场施工阶段	能源消耗与节约
		土地的节约与保护
		材料的消耗和节约
		水资源节约
		施工现场环境保护
		科学的施工方案
		方案的实施与管理
		施工人员安全和健康

续表

	一级指标/阶段	二级指标
全生命周期的绿色机场评价指标体系	机场运营阶段	运营与维护费用的减少 污水处理率 固体废弃物处理 废气的排放和处理 噪声环境监控 用能管理 节能技术的持续应用 人性化服务状况

绿色机场评价指标体系在初步构建之后，发现有少部分指标之间存在关联性，这必将对评价效果产生影响。为了使整个指标体系更具可操作性，需要机场方面的专家、绿色机场建设者和管理者讨论、协商，验证指标体系的实用性，完成对指标的优化。

通过调查问卷，对初选指标体系进行有益的优化。把“空调节能”、“屋面节能”和“窗户节能”三个指标合并为一个指标“围护结构节能”。优化和增加了“飞行区节能设计”、“施工过程的资源节约”、“碳排放的控制”、“节能新技术在施工中的应用”和“非化石燃料在一次能源消耗中的比重”等指标，优化的指标如表 7-13 所示。

表 7-13　指标优化汇总表

指标所属阶段	初始的指标	优化后的指标	增加的指标
机场规划设计阶段	机位分布、机场布局规划	飞行区节能设计	—
	空调节能、屋面节能、窗户节能	围护结构节能	
机场建设阶段	能源消耗与节约、土地的节约与保护、材料的消耗和节约、水资源节约	施工过程的资源节约	节能新技术在施工中的应用
机场运营阶段	废气的排放和处理	碳排放的控制	非化石燃料在一次能源消耗中的比重

优化和增加指标的含义如下。

1) 飞行区节能设计

合理布局机场飞行区，设计科学的机位分布和地面交通线路，从而减少飞机降落和等待起飞需要的时间，进而降低机场的碳排放量。

2) 围护结构节能

围护结构节能指通过应用窗户节能技术、墙体节能技术等改善建筑物的热工性能，使室内温度接近一个舒适的温度，从而达到节能的效果。

3) 施工过程的资源节约

施工过程的资源节约指施工过程中对土地资源、水资源及材料资源的节约和高效利用。

4) 节能新技术在施工中的应用

节能新技术在施工中的应用指机场节能减排技术和减少能耗技术的应用，机场节能是一个长期的过程，不仅需要每位机场工作人员的积极参与，更需要先进的节能技术持续投入使用。

5) 碳排放的控制

控制碳排放是绿色机场建设运营的重点。绿色机场建设要从减少碳排放做起，机场碳排放的最大来源是飞机降落和排队起飞时的废气排放，其次是机场的运输设备和航站楼能源消耗带来的碳排放。

6) 非化石燃料在一次能源消耗中的比重

可以适当利用非化石燃料能源，减少碳排放。

7.4.6　绿色机场评价指标体系的构建

根据前面绿色机场评价指标体系的优化结果，得到最终的全生命周期的绿色机场评价指标体系。该指标体系共分三级，其中一级指标 4 个，二级指标 28 个，如表 7-14 所示。

表 7-14　全生命周期的绿色机场评价指标体系

	一级指标/阶段	二级指标
全生命周期的绿色机场评价指标体系	机场选址阶段	能源供应水平
		机场运行条件
		环境污染水平
		机场建设和扩建条件
		交通的通达水平
	机场规划设计阶段	飞行区节能设计
		围护结构节能
		自然通风设计
		自然采光设计
		绿化设计
		智能控制的应用
		社会经济发展水平
		人性化的航站楼设计
	机场施工阶段	施工过程的资源节约
		施工现场环境保护
		科学的施工方案
		方案的实施与管理
		节能新技术在施工中的应用
		施工人员安全和健康
	机场运营阶段	运营与维护费用的减少
		污水处理率
		固体废弃物处理
		碳排放的控制
		噪声环境监控
		非化石燃料在一次能源消耗中的比重
		用能管理
		节能技术的持续应用
		人性化服务状况

7.5　绿色机场评价方法

7.5.1　模糊综合评判模型

模糊综合评判的基本思想是利用模糊线性变换原理和最大隶属度原则，考虑与被评价事物相关的各个因素，对其做出合理的综合评价。它主要包括三个步骤：确定权重、确定模糊关系矩阵和选择算子。

1. 单层次模糊综合评判模型

给定两个有限论域：

$$U=\{u_1,u_2,\cdots,u_m\} \tag{7-1}$$

$$V=\{v_1,v_2,\cdots,v_n\} \tag{7-2}$$

式(7-1)中，U代表所有的评判因素所组成的集合；式(7-2)中，V代表所有的评价等级所组成的集合。

如果着眼于第i(i=1，2，…，m)个评判因素u_i，其单因素评判结果为R_i=[r_{i1}，r_{i2}，…，r_{in}]，则m个评判因素的评判决策矩阵为

$$R=\begin{bmatrix} R_1 \\ R_2 \\ \vdots \\ R_m \end{bmatrix}=\begin{bmatrix} r_{11} & r_{12} & \cdots & r_{1n} \\ r_{21} & r_{22} & \cdots & r_{2n} \\ \vdots & \vdots & \ddots & \vdots \\ r_{m1} & r_{m2} & \cdots & r_{mn} \end{bmatrix} \tag{7-3}$$

式(7-3)就是U到V上的一个模糊关系。

如果对各评判因素的权数分配为：A=[a_1，a_2，…，a_m](显然，A是论域U上的一个模糊子集，且$0\leqslant a_i<1$，$\sum_{i=1}^{m}a_i=1$)，则应用模糊变换的合成运算，可以得到论域V上的一个模糊子集，即综合评判结果：

$$B=A\times R=[b_1,b_2,\cdots,b_n] \tag{7-4}$$

2. 多层次模糊综合评判模型

多层次模糊综合评判模型方法是对众多因素进行分类，先从大的方面考虑，再从小的方面考虑。评判时先评判小的方面，再评判大的方面。多层次模糊综合评判模型的建立，可按以下步骤进行。

(1)对评判因素集合U，按某个属性，将其划分成m个子集，使它们满足：

$$\begin{cases} \sum_{i=1}^{m}U_i=U \\ U_i\cap U_j=\varnothing \quad (i\neq j) \end{cases} \tag{7-5}$$

这样，就得到了第二级评判因素集合：

$$U=\{U_1,U_2,\cdots,U_m\} \tag{7-6}$$

式中，$U_i=\{u_{ik}\}$ (i=1，2，…，m；k=1，2，…，n) 表示子集 U_i 中含有 n 个评判因素。

(2) 对于每一个子集 U_i 中的 n 个评判因素，按单层次模糊综合评判模型进行评判，如果 U_i 中诸因素的权数分配为 A_i，其评判决策矩阵为 R_i，则得到第 i 个子集 U_i 的综合评判结果：

$$B_i = A_i \cdot R_i = \{b_{i1}, b_{i2}, \cdots, b_{in}\} \tag{7-7}$$

(3) 对 U 中的 m 个评判因素子集 U_i (i=1，2，…，m) 进行综合评判，其评判决策矩阵为

$$B = \begin{bmatrix} B_1 \\ B_2 \\ \vdots \\ B_m \end{bmatrix} = \begin{bmatrix} b_{11} & b_{12} & \cdots & b_{1n} \\ b_{21} & b_{22} & \cdots & b_{2n} \\ \vdots & \vdots & \ddots & \vdots \\ b_{m1} & b_{m2} & \cdots & b_{mn} \end{bmatrix} \tag{7-8}$$

如果 U 中的各因素子集的权数分配为 A，则可得综合评判结果：

$$B^* = A \cdot R \tag{7-9}$$

式中，B^*既是 U 的综合评判结果，也是 U 中的所有评判因素的综合评判结果。这里需要强调的是，在式 (7-7) 或式 (7-9) 中，矩阵合成运算的方法通常有两种：一是主因素决定模型法，即利用逻辑算子 $M(\wedge,\vee)$ 进行取大或取小合成，该方法一般仅适合于单项最优的选择；二是普通矩阵模型法，即利用普通矩阵算法进行运算，这种方法兼顾了各方面的因素，因此适宜于多因素的排序。

若 U 中仍含有很多因素，则可以再对它进行划分，得到三级以至更多层次的模糊综合评判模型。多层次的模糊综合评判模型不仅可以反映评判因素的不同层次，而且避免了由于因素过多而难以分配权重的弊病。

7.5.2　层次分析法

层次分析法 (AHP) 是一种解决多目标复杂问题定性与定量相结合的决策分析方法。AHP 将定性分析与定量分析相结合，依据决策者的经验对被评价因素的相对重要性进行判定，并给出每个因素在方案中的权重。利用权重计算每个方案的综合评价结果，从而选出最优的方案。

在模糊综合评判过程中，各因素子集的权重分配常由层次分析法来确定，其基本步骤如下：建立递阶层次结构模型、建立判断矩阵、各层次因素权重的确定、一致性检验。

1. 建立递阶层次结构模型

层次分析法的第一步是要把研究问题层次化，构造层次化的结构模型。随着层次结构模型的建立，组成系统的各因素自己形成具有权属关系的若干层次 (图 7-2)。随着航空运输业绿色机场评价指标体系的构建，便形成了所需建立的递阶层次结构模型。

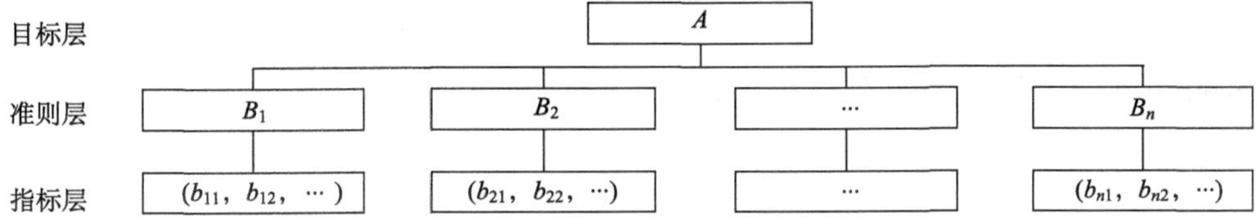

图 7-2　评价指标体系递阶层次结构图

2. 建立判断矩阵

在递阶层次结构模型建立后，根据对上层指标的影响程度，对下层指标中各因素的重要程度进行两两比较，并用规定的标度值进行标示，最终写成矩阵的形式，便建立了判断矩阵。

假设在递阶层次结构模型中的某一层次含有 n 个因素，$X=\{x_1, x_2, \cdots, x_n\}$，要根据它们对上层指标的影响程度，确定在该层次中相对于某一因素的重要程度。用 a_{ij} 表示第 i 个因素相对于第 j 个因素的比较结果，令 $a_{ij}=\frac{1}{a_{ji}}$，则判断矩阵为

$$A=(a_{ij})_{n\times n}=\begin{bmatrix} a_{11} & a_{12} & \cdots & a_{1n} \\ a_{21} & a_{22} & \cdots & a_{2n} \\ \vdots & \vdots & \ddots & \vdots \\ a_{n1} & a_{n2} & \cdots & a_{nn} \end{bmatrix} \tag{7-10}$$

式中，a_{ij} 元素的值通常是由专家打分估算得来的，两因素之间比较的尺度按 1～9 比例标度对重要程度赋值，如表 7-15 所示。

表 7-15　标度列表

标度	含义
1	第 i 个因素与第 j 个因素的重要性相同
3	第 i 个因素比第 j 个因素稍重要
5	第 i 个因素比第 j 个因素明显重要
7	第 i 个因素比第 j 个因素强烈重要
9	第 i 个因素比第 j 个因素绝对重要
2、4、6、8	表示上述相邻判断的中间值

3. 各层次因素权重的确定

(1) 将判断矩阵每一列归一化。

$$\overline{a_{ij}}=\frac{a_{ij}}{\sum_{i=1}^{n}a_{ij}} \quad (i=1, 2, \cdots, n) \tag{7-11}$$

(2) 对判断矩阵按列进行归一化后，再按行求和。

$$\overline{\omega_i}=\sum_{j=1}^{n}\overline{a_{ij}} \quad (i=1, 2, \cdots, n) \tag{7-12}$$

(3) 将向量 $\overline{\omega}=\left(\overline{\omega_1},\overline{\omega_2},\cdots,\overline{\omega_n}\right)^{\mathrm{T}}$ 规范化。

$$\omega_i=\frac{\overline{\omega_i}}{\sum_{i=1}^{n}\overline{\omega_i}} \quad (i=1, 2, \cdots, n) \tag{7-13}$$

(4) 计算最大特征值，公式如下：

$$\lambda_{\max}=\sum_{i=1}^{n}\frac{(A\omega)_i}{n\omega_i}=\frac{1}{n}\sum_{i=1}^{n}\frac{\sum_{j=1}^{n}a_{ij}\omega_j}{\omega_i} \tag{7-14}$$

4. 一致性检验

判断矩阵的一致性检验主要通过最大特征值 $\lambda_{\max}$ 与 n 的比较来确定，若 $\lambda_{\max}$ 比 n 小得越多，则判断矩阵的一致性越弱，越能准确地反映各因素的重要程度。因此，在指标因素权重的确定过程中，需对判断矩阵进行一致性检验，以保证准确性，其基本步骤如下。

(1) 计算判断矩阵一致性指标 CI：

$$\mathrm{CI}=\frac{\lambda_{\max}-n}{n-1} \tag{7-15}$$

(2) 计算判断矩阵一致性比率 CR：

$$\mathrm{CR}=\frac{\mathrm{CI}}{\mathrm{RI}} \tag{7-16}$$

式中，RI 指平均随机一致性指标，当 n=1，2，…，9 时，RI 值如表 7-16 所示。

表 7-16　平均随机一致性指标 RI 值

n	1	2	3	4	5	6	7	8	9
RI	0	0	0.58	0.90	1.12	1.24	1.32	1.41	1.49

在 $n\geqslant3$ 的情况下，CR<0.1 时，判断矩阵通过一致性检验；反之，判断矩阵未通过一致性检验，需对其进行适当修正。层次分析法是一种常用的系统分析方法，通过结合定性分析与定量分析决策，使决策的过程数量化、层次化。

7.5.3　多层次模糊综合评价模型

采用多层次模糊综合评价法对绿色机场进行评价，其具体步骤包括建立多层次模糊综合评价模型、确定绿色机场评价指标的权重、计算各单因素隶属度、进行模糊综合评价。

1. 绿色机场多层次模糊综合评价模型的构建

构建绿色机场多层次模糊综合评模型的基本步骤如下。

(1) 设有两个有限论域：$U=\{u_1,u_2,\cdots,u_n\}$ 和 $V=\{v_1,v_2,\cdots,v_m\}$，其中 U 代表综合评价的多种因素组成的集合，称为因素集；V 为多种判断构成的集合，称为评价集或评语集。

(2) 一般来说，各因素对被评价事物的影响是不一致的，所以因素的权重分配是 U 上的一个模糊向量，记为 $W=(w_1,w_2,\cdots,w_n)\in F(U)$，式中 w_n 为第 n 个因素 u_n 所对应的权重，且满足 $w_1+w_2+\cdots+w_n=1$。（详见 7.5.2 节。）

(3) 寻找因素集中各元素对备择集中各元素的隶属关系，建立隶属函数，每个因素构成一个模糊评价向量 $R_i=(r_{i1},r_{i2},\cdots,r_{im})$，所有单因素的模糊评判向量构成了模糊评价矩阵 R，

如 $R=\begin{bmatrix} r_{11} & r_{12} & \cdots & r_{1m} \\ r_{21} & r_{22} & \cdots & r_{2m} \\ \vdots & \vdots & \ddots & \vdots \\ r_{n1} & r_{n2} & \cdots & r_{nm} \end{bmatrix}$。

(4) 由于评语集中的 m 个元素也并非绝对肯定或者否定的，因此综合后的评价可以看成 V 上的模糊集，记为 $B=(b_1,b_2,\cdots,b_m)\in F(V)$，构造模糊变换 T_R：$F(U)\to F(V)$，$W\to W\cdot R$，这样由 (U,V,R) 三元体就构成了一个模糊综合评价数学模型。此时若输入一个权重分配 $W=(w_1,w_2,\cdots,w_n)$，就可以得到一个综合评价 $B=(b_1,b_2,\cdots,b_m)$，如果 $B=\max(b_1,b_2,\cdots,b_m)$，则综合评价结果为对该事物做出评价 B（最大隶属原则）。

(5) 模糊综合评价模型就是将层次分析法得到的指标权重集 W 和模糊评价矩阵 R 相乘，得到综合评价结果。

设 $W=(w_1,w_2,\cdots,w_n)$ 为 $U=\{u_1,u_2,\cdots,u_n\}$ 的权重，得一级模糊综合评价 $B_i=W_i\cdot R_j=(w_1,w_2,\cdots,w_n)\begin{bmatrix} r_{11} & r_{12} & \cdots & r_{1m} \\ r_{21} & r_{22} & \cdots & r_{2m} \\ \vdots & \vdots & \ddots & \vdots \\ r_{n1} & r_{n2} & \cdots & r_{nm} \end{bmatrix}(i=1,2,\cdots,n;\ j=1,2,\cdots,m)$，其中 R 为一级模糊综合评价的单因素评价矩阵。

将 B_i 作为单因素评价等级的隶属度，得评价单因素评价矩阵为

$$R=(B_1,B_2,\cdots,B_m)^{\mathrm{T}}$$

设 $U=\{u_1,u_2,\cdots,u_n\}$ 的权重为 $W=(w_1,w_2,\cdots,w_n)^{\mathrm{T}}$，则

$$B=W^{\mathrm{T}}\cdot R=(w_1,w_2,\cdots,w_n)\cdot(B_1,B_2,\cdots,B_m)^{\mathrm{T}}$$

参照最大隶属度原则，将评价结果 B_i (i=1，2，…，m) 所对应的评价集中的 v_i 作为综合评价的结果。

2. 确定绿色机场评价指标的权重

主要采用层次分析法确定评价指标的权重，层次分析法的应用主要分为四个步骤。

1) 建立递阶层次结构模型

建立递阶层次结构模型是运用层次分析法的一个关键环节。将决策的目标、考虑的因素和决策对象按它们之间的相互关系分为目标层、准则层和指标层，并绘制出递阶层次结构图。

2) 构造判断（成对比较）矩阵

在确定各层次各因素之间的权重时，如果完全是定性的结果，则往往很难被所有人认可。因而要把决策问题量化处理，构造一致性判断矩阵。在因素所在的层次范围内，进行两两相对重要性比较。

判断矩阵的元素 a_{ij} 采用 Saaty 提出的自然数 1～9 标度法给出，判断矩阵元素 a_{ij} 的标度及其含义见表 7-15。

3) 层次单排序及其一致性检验

对应于判断矩阵最大特征根 λ_{max} 的特征向量，经归一化(使向量中各元素之和等于 1)后记为 W。W 的元素为同一层次因素对于上一层次某因素相对重要性的排序权值，即权重，这一过程称为层次单排序。能否确认层次单排序，需要进行一致性检验，一致性检验是检验 A 的不一致程度是否在允许范围。

由于 λ 连续地依赖于 A_{ij}，则 λ 比 n 大得越多，A 的不一致性越严重。用最大特征值对应的特征向量作为被比较因素对上层某因素影响程度的权向量，其不一致程度越大，引起的判断误差越大。因而可以用 $\lambda-n$ 数值的大小来衡量 A 的不一致程度。一致性检验方法见 7.5.2 节。

4) 层次总排序及其一致性检验

计算某一层次所有因素对于最高层(目标层)相对重要性的权值，称为层次总排序。这一过程是从最高层次到最底层次依次进行的。A 层 m 个因素 A_1，A_2，…，A_m 对总目标 Z 的排序为 a_1，a_2，…，a_m。B 层 n 个因素对上层 A 中因素为 A_j 的层次单排序为：b_{1j}，b_{2j}，…，b_{nj} (j=1，2，…，m)。

B 层的层次总排序为

$$\begin{aligned}&B_1\text{：}\ a_1b_{11}+a_2b_{12}+\cdots+a_mb_{1m}\\&B_2\text{：}\ a_1b_{21}+a_2b_{22}+\cdots+a_mb_{2m}\\&\ \vdots\\&B_n\text{：}\ a_1b_{n1}+a_2b_{n2}+\cdots+a_mb_{nm}\end{aligned}\tag{7-17}$$

即 B 层第 i 个因素对总目标的权值为：$\sum_{j=1}^{m}a_jb_{ij}$ 。

设 B 层 B_1，B_2，…，B_n 对上一层(A 层)中因素 A_j (j=1，2，…，m)的层次单排序一致性指标为 CI_j，平均随机一致性指标为 RI_j，则层次总排序的一致性比率为

$$\mathrm{CR}=\frac{a_1\mathrm{CI}_1+a_2\mathrm{CI}_2+\cdots+a_m\mathrm{CI}_m}{a_1\mathrm{RI}_1+a_2\mathrm{RI}_2+\cdots+a_m\mathrm{RI}_m}\tag{7-18}$$

当 $\mathrm{CR}<0.1$ 时，认为层次总排序通过一致性检验，层次总排序具有满意的一致性，否则需要重新调整那些一致性比率高的判断矩阵的元素取值。

到此，根据最下层(决策层)的层次总排序做出最后决策。

3. 计算各单因素隶属度

从一个指标(U_i)出发进行评价，确定被评价的对象对评价集各元素的隶属程度(对于定性分析指标，采用模糊统计方法确定其对评价集的隶属关系)。

模糊统计是请参与评价的各位专家(假设 k 位专家)，按划定的 4 个评价等级(优秀、良好、一般、较差)，给各评价指标确定等级，然后依此统计各指标评价等级 v_j 的频数 m_{ij}，计算各指标的隶属度：

$$r_{ij}=m_{ij}/k\tag{7-19}$$

式中，m_{ij} 表示 U_i 属于 v_j 的频数；k 为参与评价的专家数量。

可得相对于指标 U_i 的单因素模糊评价：$R_i=\{r_{i1},\ r_{i2},\ r_{i3},\ r_{i4}\}$。

4. 进行模糊综合评价

利用综合评价数学模型求出评价值 B_i，参照最大隶属度原则，将评价值 $B_i(i=1, 2, \cdots, m)$所对应的评价集中的 v_i 作为综合评价的结果。根据评价结果给出综合评价结论，并可根据各单因素的隶属度对单个指标进行分析。

7.5.4 A 机场绿色评价实证分析

A 机场位于天津市东丽区，距市中心 13km，紧邻滨海新区，地理位置得天独厚，能源供应充足，基础设施完善。同时将高速公路、京津城际铁路和三条地铁线引入 A 机场，改善人们对 A 机场交通不便的印象。

机场现有航站楼面积 2.5 万 m^2，货库 2.95 万 m^2，跑道长 3600m，飞行区等级 4E 级，可满足各类大型飞机全载起降的需求。截至 2006 年底，A 机场开通航线 59 条，通航城市 48 个，其中国内城市 30 个。

1. 建立模糊层次分析模型

根据 7.4.6 节构建的绿色机场评价指标体系，确定 A 机场的评价指标。要进行模糊综合评价，就需要确定各指标的权重。确定指标权重使用的是层次分析法，首先要建立层次结构模型。根据各指标的层次关系，建立如图 7-3 所示的模糊层次结构模型(仅考虑到第 2 层)。

A 机场的绿色机场评价选取的多层次模糊综合评价模型就是将层次分析法得到的指标权重集 W 和模糊评价矩阵 R 相乘，得到综合评价结果 B。

根据最大隶属度原则，将评价结果 $B_i(i=1, 2, \cdots, m)$所对应的评价集中的 v_i 作为综合评价的结果。

2. 确定指标的权重

为了尽量克服指标权重的主观性，采用层次分析法确定各指标的权重，邀请了 15 位相关专家，对绿色机场各层次的指标进行两两对比打分，然后计算每位专家构建的判断矩阵，得出指标权重并对指标权重进行一致性检验，最后汇总权重，算出相同指标权重(每个指标有 15 个权重)的算术平均数，例如，“绿化设计”指标的权重为：$W_{绿化设计}=(W_1+W_2+\cdots+W_{15})/15$。下面将以一位专家的权重计算步骤为例介绍指标的计算过程。

1) 绿色机场准则层权重的确定

(1) 建立绿色机场评价的层次结构模型，构建出绿色机场评价指标体系层次结构图(图 7-3)。该指标体系共分为三个层次，其中准则层有 4 个指标，指标层有 28 个指标。

(2) 构造判断矩阵并计算权重。

参照 7.5.3 节介绍的确定指标权重的方法，15 位专家运用层次分析法对绿色机场各层次的指标进行两两对比打分。根据专家构造的判断矩阵，采用特征向量中的“和积法”计算评价指标权重。检验判断矩阵的一致性，若具有较好的一致性，则保留指标权重；否则，对判断矩阵进行调整。

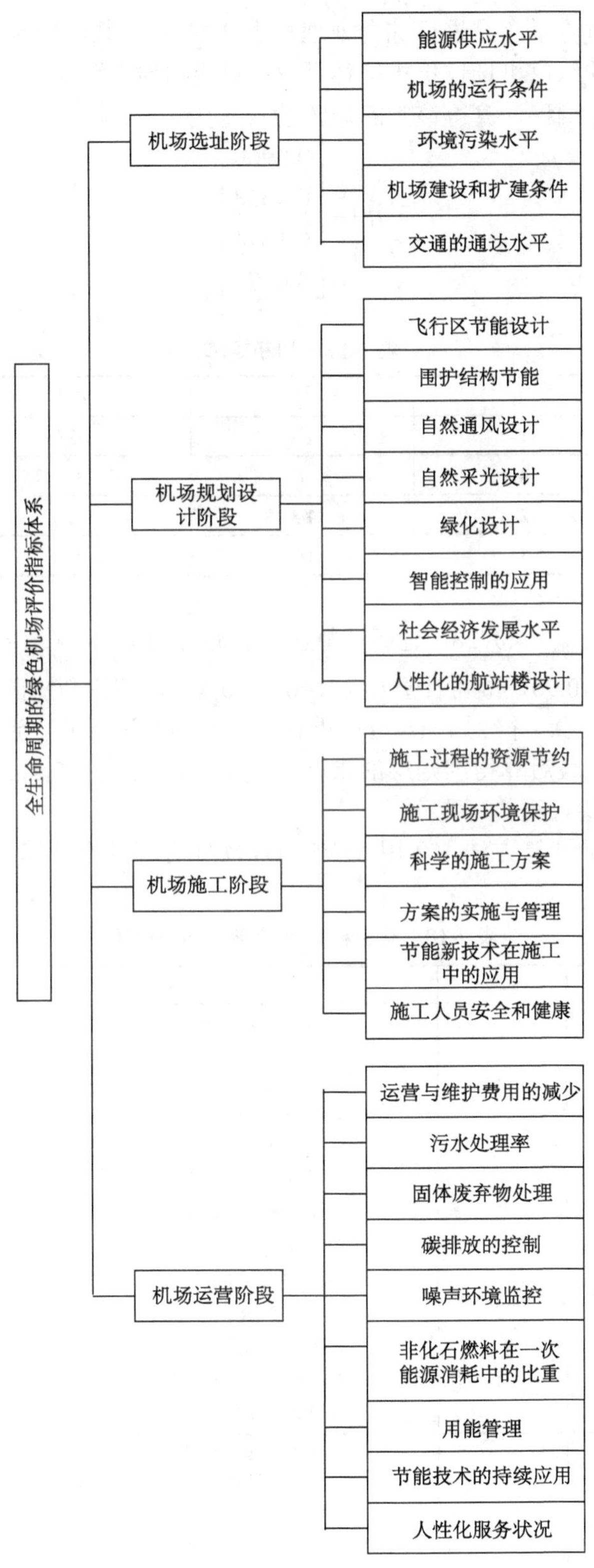

图 7-3　绿色机场评价的层次结构图

运用 MATLAB 对专家意见进行综合处理，表 7-17 是以某位专家对推则层指标 A、B、C、D 与全生命周期的绿色机场评价指标体系(G)构造的判断矩阵 A。

用 MATLAB 软件编程计算得该判断矩阵的权重为

$$W_1=\begin{bmatrix}0.0960\\0.4658\\0.1611\\0.2771\end{bmatrix}$$

表 7-17　判断矩阵

G	A	B	C	D
A	1	1/4	1/2	1/3
B	4	1	3	2
C	2	1/3	1	1/2
D	3	1/2	2	1

计算最大特征根 λ_{max} =4.0728，进而计算出一致性指标 $\mathrm{CI}=(\lambda_{max}-n)/(n-1)=0.0243$，查表得到修正系数 RI=0.90，故可计算出 CR=0.0270<0.1，该判断矩阵通过了一致性检验。

根据以上的计算步骤，得到了 15 份权重结果，都具有满意的一致性检验结果，计算各个指标权重的平均数，最后算得准则层的指标权重是：W_1=(0.1125，0.3526，0.2337，0.3012)

2)绿色机场指标层权重的确定

应用准则层权重的计算方法，运用 MATLAB 软件进行综合计算，得到指标层的权重，如表 7-18 所示。

表 7-18　绿色机场评价指标体系权重

目标层	准则层	权重	指标层	权重
全生命周期的绿色机场评价指标体系	选址阶段	0.1125	能源供应水平(A_{11})	0.1096
			机场的运行条件(A_{12})	0.2490
			环境污染水平(A_{21})	0.0836
			机场建设和扩建条件(A_{31})	0.5241
			交通的通达水平(A_{41})	0.0337
	规划设计阶段	0.3526	飞行区节能设计(B_{11})	0.1569
			围护结构节能(B_{12})	0.2416
			自然通风设计(B_{21})	0.0464
			自然采光设计(B_{22})	0.0464
			绿化设计(B_{23})	0.0184
			智能控制的应用(B_{31})	0.0926
			社会经济发展水平(B_{32})	0.0275
			人性化的航站楼设计(B_{41})	0.3702
	施工阶段	0.2337	施工过程的资源节约(C_{11})	0.0469
			施工现场环境保护(C_{21})	0.0824
			科学的施工方案(C_{31})	0.4550
			方案的实施与管理(C_{32})	0.2623
			节能新技术在施工中的应用(C_{33})	0.1246
			施工人员安全和健康(C_{41})	0.0288

续表

目标层	准则层	权重	指标层	权重
全生命周期的绿色机场评价指标体系	运营阶段	0.3012	运营与维护费用的减少(D_{11})	0.0762
			污水处理率(D_{21})	0.1456
			固体废弃物处理(D_{22})	0.0183
			碳排放的控制(D_{23})	0.0183
			噪声环境控制(D_{24})	0.3359
			非化石燃料在一次能源消耗中的比重(D_{25})	0.0481
			用能管理(D_{31})	0.1050
			节能技术的持续应用(D_{32})	0.2222
			人性化服务状况(D_{41})	0.0304

3) 绿色机场评价指标权重汇总和分析

对准则层和指标层的权重进行统计汇总，可知绿色机场的规划设计阶段相对于其他三个阶段更为重要，其权重达到 0.3526，说明专家认为规划设计阶段对绿色机场建设运营有最重要的影响。

3. 各单因素隶属度的计算

应用模糊综合评价法对 A 机场进行评价，建立了各个指标的评价集，见表 7-19。

表 7-19　A 机场绿色机场评价指标评价集

指标	评价集			
能源供应水平(A_{11})	优秀	良好	一般	较差
机场的运行条件(A_{12})	优秀	良好	一般	较差
环境污染水平(A_{21})	优秀	良好	一般	较差
机场建设和扩建条件(A_{31})	优秀	良好	一般	较差
交通的通达水平(A_{41})	优秀	良好	一般	较差
飞行区节能设计(B_{11})	优秀	良好	一般	较差
围护结构节能(B_{12})	优秀	良好	一般	较差
自然通风设计(B_{21})	优秀	良好	一般	较差
自然采光设计(B_{22})	优秀	良好	一般	较差
绿化设计(B_{23})	优秀	良好	一般	较差
智能控制的应用(B_{31})	优秀	良好	一般	较差
社会经济发展水平(B_{32})	优秀	良好	一般	较差
人性化的航站楼设计(B_{41})	优秀	良好	一般	较差
施工过程的资源节约(C_{11})	优秀	良好	一般	较差
施工现场环境保护(C_{21})	优秀	良好	一般	较差
科学的施工方案(C_{31})	优秀	良好	一般	较差
方案的实施与管理(C_{32})	优秀	良好	一般	较差
节能新技术在施工中的应用(C_{33})	优秀	良好	一般	较差
施工人员安全和健康(C_{41})	优秀	良好	一般	较差
运营与维护费用的减少(D_{11})	优秀	良好	一般	较差

续表

指标	评价集			
污水处理率(D_{21})	优秀	良好	一般	较差
固体废弃物处理(D_{22})	优秀	良好	一般	较差
碳排放的控制(D_{23})	优秀	良好	一般	较差
噪声环境控制(D_{24})	优秀	良好	一般	较差
非化石燃料在一次能源消耗中的比重(D_{25})	优秀	良好	一般	较差
用能管理(D_{31})	优秀	良好	一般	较差
节能技术的持续应用(D_{32})	优秀	良好	一般	较差
人性化服务状况(D_{41})	优秀	良好	一般	较差

隶属度的确定是模糊综合评价的关键之一，依据A机场绿色机场评价指标体系可知，对A机场的绿色综合评价需用28个指标来反映，评价结果也不能简单地用好与坏表示。

针对这类有模糊性的评价对象，结合模糊综合评价的优点与特性，选取模糊综合评价方法对A机场建设项目进行综合评价。具体模型和步骤如下。

(1) 对于绿色机场评价，建立评价集$V=\left\{v_1\left(\text{优秀}\right), v_2\left(\text{良好}\right), v_3\left(\text{一般}\right), v_4\left(\text{较差}\right)\right\}$。

(2) 专家评价。

邀请对A机场建设运营较熟悉的专家分别对各个评价指标进行打分，打分方法是从四个评价级别“优秀、良好、一般、较差”中选择认为最符合的某一级别。

(3) 根据每位专家对每个二级指标进行的评价，统计计算得出如下单因素模糊评价矩阵。

①机场选址阶段的模糊评价矩阵为

$$R_{11}=\begin{bmatrix} 0.375 & 0.500 & 0.125 & 0 \\ 0.625 & 0.250 & 0.125 & 0 \\ 0.500 & 0.375 & 0.125 & 0 \\ 0.125 & 0.500 & 0.250 & 0.125 \\ 0 & 0.250 & 0.375 & 0.375 \end{bmatrix}$$

②机场规划设计阶段的模糊评价矩阵为

$$R_{12}=\begin{bmatrix} 0 & 0.750 & 0.250 & 0 \\ 0 & 0.250 & 0.750 & 0 \\ 0 & 0.125 & 0.750 & 0.125 \\ 0 & 0.750 & 0.125 & 0.125 \\ 0 & 0.250 & 0.250 & 0.500 \\ 0 & 0.250 & 0.625 & 0.125 \\ 0 & 0.625 & 0.250 & 0.125 \\ 0 & 0.375 & 0.500 & 0.125 \end{bmatrix}$$

③机场施工阶段的模糊评价矩阵为

$$R_{13}=\begin{bmatrix}0 & 0.625 & 0.250 & 0.125\\0 & 0.625 & 0.250 & 0.125\\0.125 & 0.500 & 0.250 & 0.125\\0 & 0.625 & 0.375 & 0\\0 & 0.750 & 0.250 & 0\\0 & 0.125 & 0.500 & 0.375\end{bmatrix}$$

④机场运营阶段的模糊评价矩阵为

$$R_{14}=\begin{bmatrix}0 & 0.375 & 0.375 & 0.250\\0.125 & 0.500 & 0.250 & 0.125\\0.250 & 0.500 & 0.250 & 0\\0 & 0 & 0.750 & 0.250\\0 & 0 & 0.375 & 0.625\\0 & 0.125 & 0.625 & 0.250\\0.125 & 0.125 & 0.500 & 0.250\\0 & 0.375 & 0.500 & 0.125\\0 & 0.625 & 0.125 & 0.250\end{bmatrix}$$

4. 进行模糊综合评价

二级模糊综合评价结果分别为

(1) $B_{11}=W_{11}\cdot R_{11}=(0.3040,0.4189,0.1989,0.0782)$。

(2) $B_{12}=W_{12}\cdot R_{12}=(0.0000,0.4024,0.5155,0.0821)$。

(3) $B_{13}=W_{13}\cdot R_{13}=(0.0569,0.5693,0.2900,0.0838)$。

(4) $B_{14}=W_{14}\cdot R_{14}=(0.0359,0.2320,0.4067,0.3254)$。

一级模糊综合评价结果为

$$\begin{aligned}B&=W_1\cdot R\\&=(0.1125,0.3526,0.2337,0.3012)\begin{bmatrix}0.3040 & 0.4189 & 0.1989 & 0.0782\\0.0000 & 0.4024 & 0.5155 & 0.0821\\0.0569 & 0.5693 & 0.2900 & 0.0838\\0.0359 & 0.2320 & 0.4067 & 0.3254\end{bmatrix}\\&=(0.0583,0.3919,0.3944,0.1553)\end{aligned}$$

得出模糊综合评价的结果为：绿色机场评价向量 $B=(0.0583,0.3919,0.3944,0.1553)$，根据最大隶属度原则 max(0.0583,0.3919,0.3944,0.1553)=0.3944，即对“一般”的隶属度最大，得出 A 机场的综合评价为“一般”。

5. A 机场评价结论

1) 总体评价

A 机场的绿色机场评价采用了模糊综合评价模型，做出了比较客观的评价结论。从模糊综合评价模型的综合分析结果可以看出，A 机场绿色机场建设评价结果对“一般”的隶属度最大，说明 A 机场的绿色机场建设状况不太理想，绿色机场建设还有较大的发展空间。特别是在噪声环境控制、碳排放的控制等方面还需要多投入人力、物力。

根据模糊综合评价的结果不难发现，对“良好”的隶属度为 0.3919，稍低于对“一般”的隶属度，由此我们还可以看到 A 机场在建设绿色机场方面也有做得不错的地方。例如，在 A 机场二期航站楼的建设过程中，制定了切实可行的施工方案并严格实施方案的各项措施，保护施工区生态环境的同时，保证二期航站楼的在建设工期内顺利完成。

2) A 机场分阶段评价

(1) 选址阶段评价。

由上面计算的选址阶段的模糊评价矩阵 R_{11} 可以看出，A 机场的运行条件、能源供应水平及建设和扩建条件都比较好，而交通的通达水平不太理想。参照选址阶段的模糊综合评价：$B_{11}=W_{11}\cdot R_{11}=(0.3040,0.4189,0.1989,0.0782)$ 可知，选址阶段对“良好”的隶属度最高。综上所述，A 机场的选址工作做得还是比较理想的，在机场交通上需要稍加改善。

(2) 规划设计阶段评价。

规划设计阶段对绿色机场建设尤为重要，根据 A 机场规划设计阶段的模糊评价矩阵 R_{12} 可知，在飞行区节能设计、自然采光设计与社会经济发展水平等方面做得不错，但是在围护结构节能、自然通风设计、智能控制的应用等方面还存在着不足。所以造成规划设计阶段的模糊评价对“一般”的隶属度最高，从而影响了 A 机场后续绿色机场的建设。

(3) 施工阶段评价。

根据 A 机场施工阶段模糊评价矩阵 R_{13} 可知，该机场在科学的施工方案、施工过程的资源节约和施工现场环境保护方面的工作值得肯定，再参照 A 机场的模糊综合评价结果：$B_{13}=W_{13}\cdot R_{13}=(0.0569,0.5693,0.2900,0.0838)$，可知 A 机场在施工阶段对“良好”的隶属度最大，总体来看，A 机场施工阶段状况比较好，但是在施工人员安全和健康方面还需要改善。

(4) 运营阶段评价。

依据 A 机场施工阶段模糊评价矩阵 R_{14} 可知，A 机场作为已经运行的机场，不能要求它从设计到施工都严格遵循绿色机场的理念，因而 A 机场的绿色机场建设将主要在运营阶段和扩建项目中。

A 机场噪声污染严重，影响社区人们的生活，同时在碳排放的控制、节能技术的持续应用方面做得不足。碳排放的增加影响大气环境，结合近年频发的雾霾天气，A 机场应该有更强烈的意识和责任感去建设绿色机场。

通过对 A 机场的全面评价，找出 A 机场各个阶段的优势和不足，从而有针对性地采取改善措施，推进 A 机场的绿色机场建设。

6. A 机场发展建议

(1) 加强对绿色机场的宣传，强化机场建设各参与方及运营管理部门的绿色意识，提高人们实践节约、环保、科技和人性化服务理念的能力，使人们更多地了解绿色机场，参与绿色机场建设。

(2) 加大对 A 机场的噪声治理力度，减少噪声对周围民众生活和工作的影响。通过鼓励引进低噪声类型的飞机，对该类型的飞机进行奖励和补贴，来减少 A 机场的噪声。对进入和飞离机场的飞机加强噪声监控和测评，实行噪声分级别收费，对噪声影响越大的飞机收费越高。

(3) 强化绿色机场空间数据基础设施研究。在绿色机场建设过程中，充分利用高新技术手段，收集、整合、分析各种数据资源，为绿色机场评价标准的构建提供有力的数据支撑，最终使评价体系的可操作性得到优化。

(4) 注重技术教育，加快培养绿色机场建设和管理人才，建设绿色机场要动员广大员工参加，应依靠民间的力量。

(5) 完善绿色机场评价标准和绿色机场评价实施机制。要建立健全绿色机场规划设计、施工、运营各环节管理机制和技术政策法规，强制性地执行现有的法规和节能标准。同时，通过出台减少碳排放的激励政策，鼓励民航相关企业发展绿色经济，推动绿色机场建设。

7.6　绿色机场建设发展措施

节约、环保、科技和人性化是绿色机场的特征，绿色机场本质上要求机场管理部门运用循环经济思想指导机场的生产运营活动，在符合人性化的基础上将机场运营活动中所需的资源通过回收、再生等方法循环利用后获得二次使用价值，既可以节能降耗，减少污染物排放，还可以降低运营成本，为机场带来直接经济效益。

这就需要中国民用航空局以及地方政府作为政策制定者在制度方面出台相应的法规，鼓励机场发展循环经济。对能积极开展资源节约、资源及废弃物回收和再利用的机场给予政策层面和经济层面的优待。也需要机场秉承以“低耗”为核心的可持续化发展观，在成本收益分析的基础上合理运用新技术、新工艺，引进新设备、新材料，减少资源使用总量的同时，提高资源的利用率。同时，加大对低碳机场建设的战略规划力度，不仅要加大对机场能源消耗的控制，还要注重对机场周边生态环境的保护。

7.6.1　节地与土地资源利用

土地是不可再生的稀缺资源，节约用地事关国计民生和社会稳定。应对机场的规划建设进行科学合理的研究论证，在对机场选址及占地面积进行规划时，要注重对土地资源的合理利用及开发保护。建设绿色机场需坚持以下四个原则：一是在满足机场运行安全和效率的前提下，尽量节约用地，少占或不占耕地；二是合理规划用地分区，确保土地资源利用效率；三是在保障机场安全运行的条件下，结合地理环境条件进行工作区规划；四是开发利用地下空间，采用新型结构体系与高强轻质结构材料，提高建筑空间的使用率。

7.6.2　节能与能源利用

我国是能源消耗大国，资源紧缺。机场行业在我国以超常规的发展轨迹实现了高速增长，机场行业的地位和作用也在不断提升，节能减排工作已成为机场行业贯彻国家战略方针、降低运输成本、增加市场竞争力、提高经济效益的一项重要工作。同时，由于机场的窗口和涉外属性，在机场中提倡节能减排、绿色环保等理念有助于改善和强化行业整体乃至区域的综合形象，而且对交通行业和全社会的可持续发展意义深远。因此，节能减排作为机场建设和运行的重要主题，机场应紧密结合自身的地域特点，做好能源总体规划，可以采取以下措施。

(1) 合理设计建筑配置、外形、朝向，充分利用自然通风和自然采光等被动式节能技术；建筑外墙采用隔热环保材料，增大建筑的自然采光，以减少空调系统及人造光源的使用；选用主动式节能的系统设备，采取智能化的调控措施。

(2) 选择适宜的能源品种和结构，扩大可再生能源和清洁能源的使用比例，以实现用能总量减少和能源高效利用；建立固体废弃物循环再生系统，实现可循环固体废弃物的再利用；对可做焚烧处理的固体废弃物，在垃圾焚烧厂进行集中焚烧处理，用于发电或供热。

(3) 选择科学合理的设计，以提高建筑整体节能水平，通过对建筑平面布局和形状、体形系数、表面面积系数、长宽比和朝向等形体的设计及墙体、门窗、屋顶、热缓冲区等部位的优化设计，有效改善建筑的保温隔热性能，降低建筑能耗。

(4) 在新旧机场改扩建过程中，充分利用风向、地形等有利因素，采用有抗滑、低噪、耐久作用的全幅沥青铺设跑道，使跑道设置更加合理，减少飞机滑行的时间，以有效减少飞机在起降过程中的能源消耗。同时，在机场建设布局中融入自然的理念，建设范围更大的绿化区，充分发挥绿色植物吸收二氧化碳等温室气体的作用。

(5) 加大对新能源的利用，采用太阳能与机场建筑一体化设计，将太阳能利用设施与建筑有机结合，在航站楼屋顶上规划建设大型太阳能光伏发电场，利用太阳能集热器替代屋顶覆盖层或替代屋顶保温层，既可消除太阳能集热器布置对建筑物形象的影响，又避免了重复投资，降低了成本，具有明显的节能效益。

7.6.3 节水与水资源利用

我国人均水资源占有量低于世界水平，节约用水是机场建设管理者的社会责任和应尽的义务。机场作为一个用水大户，其水资源的利用率就显得极为重要，雨水回用是行之有效的解决途径之一。机场雨水的收集和利用可以采用多种形式。

(1) 建设渗透路面、沟、渠、井、塘及绿地，让雨水直接回渗地下。这是一种投资少、见效快、能发挥综合效益的生态型利用方式。

(2) 运用虹吸式雨水排水系统将屋面、地面雨水渗透引至地下，不仅可涵养地下水，还可以减轻机场雨洪负荷。

(3) 与机场内的景观和水系结合，将雨水用于景观或水系的补水。

7.6.4 节材与材料资源利用

大型民用机场的建设与运行需要耗费大量材料和资源。绿色机场建设要做好材料消耗与利用的总体规划；优先选用本地建材；尽量使用环保建材；提高可再利用、可再循环材料的回收率和再利用率；做好建筑装修一体化设计，避免重复装修，提高绿色环保建材的使用。

7.6.5 改善机场地面交通服务

修建直达机场的轨道交通系统。由于机场选址离市中心较远，旅客乘坐地面交通工具需较长时间才能到达机场换乘飞机。地铁、轻轨等轨道交通具有运量大、能耗低、准时率高、速度快等特点，是实现机场与市中心快速通勤的有效方式。应建设环保型的换乘系统。机场内部传统的巴士换乘系统大多以燃油发动机为动力，加大了机场地面交通排放，投入清洁能源驱动的环保车辆，在提高能源使用效率的同时，也降低了污染。另外，可以加大绿化投资力度，栽种具有本地特色的树木及花草，形成新颖别致的绿色景观造型，将市中心通往机场的道路建设成为缤纷多彩的绿色机场大道。在机场航站楼中建设“一体化、零换乘”公共交通中心，将机场巴士、轨道交通、长途汽车、出租车等交通工具以及停车场、候车场等交通设施整合在一起，使旅客可以通过电梯、自动扶梯、步行通道等设备设施，分别前往私人汽车、公交巴士、机场巴士、轨道交通等不同交通点，提供给旅客多种便捷、人性化的交通方式。

7.6.6　环境适航

环境适航是指周边环境，包括机场周边空域、净空环境、电磁环境、气象水文、生态环境、地质条件、陆侧交通条件、人文环境等，在机场全生命周期内适合于机场的空中和地面活动。绿色机场建设应在选址及规划设计阶段充分考虑环境安全和环境影响，应在噪声环境、净空环境、电磁环境等方面严格执行国家、行业相关标准并开展实时监控；机场周围环境条件应不利于鸟类生存，减少鸟害；尽量避开灾害易发区，做好防灾、减灾预案；对垃圾进行分类收集，防治垃圾无序倾倒和二次污染；保持水土，减少空气污染，减少液体、固体废弃物排放等，保护自然和生态环境；控制噪声污染，采用综合降噪手段。

7.6.7　飞机运行高效

飞机是机场运行的主体，是航空运输区别于其他交通运输方式的核心特征。在新建或改扩建机场的规划设计阶段，应着重就跑道、滑行道规模和结构以及站坪机位布局与运行流程等与空管部门、运行单位等充分研究论证，并适时借助仿真模拟等技术，优化跑道、滑行道、站坪设计和飞行区、飞机地面运行流程，优化远近机位、组合机位及可转换机位的比例；在运营阶段应着重搭建起高效的地面保障系统，形成日常运行、特别是特殊情况下的协同决策和保障机制，提升飞机地面运行效率，提高机场在特殊气候条件下的运行保障能力，实现飞机的安全、高效运行。

7.6.8　旅客流程运行高效

旅客是机场最主要的用户。航站楼的旅客都是按照到达和离港的目的有序流动的，该流动过程称为旅客流程。旅客流程是否高效直接关系到机场的旅客体验与服务质量。绿色机场建设和运营中应努力优化旅客设施布局，简化旅客服务流程，减少旅客办理值机、联检、安检、中转等关键流程手续的时间，建立综合交通体系，实现多种交通方式的无缝接驳；尽量缩短旅客步行距离；提供规范、清晰、易识别的旅客引导系统；广泛应用先进信息化技术和旅客自助服务设施；加强行李、旅客运输(如捷运)、信息弱电等关键系统的规划建设和运行管理，提高旅客流程运行效率。

7.6.9　设施运行高效

建设绿色机场要求按照机场建设近、远期规模及功能区布局，合理配置先进、适宜的设施，并运用智能化、节能化等技术，实现建成投用后的设施高效运转。对运行中的设施，应着力建立设施设备管理信息系统，实现对于设施设备全生命周期的管理，提高设施设备使用效率，提升设施的应急响应能力。

7.6.10 旅客人性化服务

绿色机场建设应以满足旅客需求为导向，从规划设计阶段就要重视合理配置旅客服务设施，使候机环境更舒适和谐、旅客流程更便捷顺畅、服务设备功能更完备；应深入研究旅客行为及需求，关注旅客体验和感受，充分运用先进信息技术增加自助服务设施、App软件平台应用、互联网服务设施等，提升无障碍设施普及率，向旅客提供多样化、个性化、快捷、优质的服务，持续提高旅客满意度，创造和谐机场。

7.7 国内外绿色机场建设的实践

7.7.1 国外绿色机场的实践

欧美等地的发达国家基于各种法规的约束，对机场节能与环境保护十分重视，特别是在节能环保管理体系和采用先进环保技术方面有许多可借鉴的经验，其实践工作主要体现在智能建筑与节能、噪声控制、物质循环利用等方面。

国外的绿色机场建设主要在节约、环保和人性化等方面开展工作并取得了一定的成果。目前，很多机场都以达到“能源与环境设计先锋”(LEED)标准作为绿色机场的标志， 但都没形成一个全面的(即从机场的选址、规划设计、施工到运营维护等)、全局的、完整的绿色机场建设指标体系，缺乏可全面参照的标杆式的绿色机场建设标准。

新加坡樟宜国际机场的可持续性发展主要集中在废气管理、能源管理、垃圾管理、噪声管理和水管理五个方面，每个方面都有具体的举措进行科学处理与控制，另外，新加坡樟宜国际机场在社会责任方面创立基金会来积极帮助弱势青年，积极为他们提供教育、技术培训及生活帮助。

为了推动改善环境，德国慕尼黑机场有限公司制定了“四大支柱战略”理念，即通过科技进步和创新，尤其是在发动机的研发领域减少二氧化碳排放量；以高效的基建设施去适应机场的容量需求，避免所持有土地的污染；实行优化地表变化措施；实行节约激励方案。在水域、噪声、能源、鸟类保护上都做了科学的设计和规划。在安全保障上，利用安全管理系统监控所有业务流程进行风险识别，采取有效措施，减少风险，防止事故发生。

亚特兰大国际机场的可持续发展报告中曾明确指出，其未来发展战略的重点是寻求与各种公共组织、机场投资的利益相关者的合作。该机场还认识到安全运营是机场可持续发展的前提，安全是亚特兰大国际机场的核心业务之一。其致力于开发、实施、维护和不断改善的安保策略，实现一个安全管理体系(SMS)，能够使航班、员工、租户和其他业务伙伴在一个安全的环境中正常工作。

1. 美国洛杉矶洛根国际机场

美国洛杉矶洛根国际机场首获绿色认证。美国洛杉矶洛根国际机场在20世纪80年代实施了一次大规模改造，在改造过程中，机场管理机构及施工方回收利用了超过 75%的建造及拆卸废料，机场其他的建筑材料也尽可能采用本地的可持续建筑材料。在航站楼内，不仅地板使用回收材料率达 80%，就连地毯、座椅也尽可能回收使用，并使用了节能的空调系统和电力照明系统，大大地降低了能源消耗，而新的管道系统将加强水资源保护。美国洛杉矶洛根国际机场坚持绿色环保的理念，机场成为绿色机场建设的楷模，实现了减少10%的能源使用，减少 30%的水资源损耗，100%重新利用现有建筑结构，75%建筑材料回收再利用，其航站楼在 2005 年获得了认证，成为世界第一个获得绿色认证的机场。

2. 新西兰奥克兰国际机场

奥克兰国际机场(OAK)隶属于奥克兰港务局。机场无论在其日常运营还是未来发展战略方面，都一直积极促进建立可持续发展的机场运营环境，在机场运营环境保护方面的能力一直处于世界领先水平。奥克兰港采用了一套适合可持续发展的环保政策，又称“三 E”政策，该政策建立在环保责任、经济发展、社会公正三大价值体系之上。

奥克兰国际机场环境管理方案关注空气质量和使用可替代性燃料、减少施工量、能源与环境设计先锋(LEED)认证、减少噪声、回收固体废弃物再利用、暴雨积水处理工程、水域和沼泽、野生动物管理等。

在空气质量和可替代性燃料方面，奥克兰国际机场正通过可替代燃料项目，积极致力于减少有害气体的排放，包括使用压缩天然气(CNG)以及生物燃料驱动的交通工具、使用可充电电池、利用太阳能、减少员工上下班的尾气排放量、与海湾快车(BART)合作开发的多模式公共交通项目等。

在利用太阳能方面，奥克兰国际机场的最大货运承租商——联邦快递，实行了一项太阳能项目。2005 年，联邦快递在其房顶上装了一套 904kW 的光伏特系统，该设施总面积达 $81000ft^2$，预计能满足联邦快递的能源需求。该系统的最高产出量相当于 900 户家庭一白天的耗能总量。

在地面能源供给设备方面，奥克兰国际机场在新建的和经过整修的航空集散站登机口均置备了地面能源供给设备和必备空中设备。另外，将改进已有登机口，使之与现有设备相匹配。通过在登机口提供这些服务，飞机停在登机口时就不再需要靠原有辅助能源设备发电了。因为辅助能源设备是专门用飞机喷气燃油驱动的，所以新制备的地面能源供给设备和必备空中设备与原有辅助能源设备一起使用将有助于减少废气排放。

3. 日本机场

日本机场实行精细化节能管理方法。众所周知，日本已然成为全球的“节能领跑者”，这与日本企业高度精细化的节能管理方式密不可分。这种方式主要体现在以下环节。

1) 节能目标管理

日本机场实施领先者制度，也就是一种节能标准的更新制度，即节能的参考性标准是依据当前最先进的水平，即领先者的水平来制定的。这个参考标准只能适用于一段时间，如五年，五年之后这个参考性的标准就变成强制性的要求。当旧的领先者水平成为强制性指标时，新的领先者标准又会诞生。这样一来，就迫使企业必须持续不断地提高自己的管理水平，不断降低能耗。

2) 能耗测量

日本强调“三现主义”，即现场、现有物品、现实，讲究“用数据说话”，在测量的基础上对能源消费状况、管理水平、利用效率、消耗指标等进行检查，为后续定性分析节能潜力和整改措施提供依据。

3) 能耗监测

通过必要的能耗信息采集，可对设备设施运营状况等相关参数进行显示、报警等，供运行人员进行实时监视。通过自控系统或人工操作实现实时调节和控制，并及时采取适当的维护维修措施，保证设备的优化运行。

4) 能耗控制

能耗控制的核心理念就是“局部详细对策，整体综合管理”。一般来说，能耗控制系统包括众多功能各异且相对独立的耗能设备及子系统，如空调系统、照明系统、遮阳控制系统、风冷热菜控制、多联机空调联网控制系统等。这些系统都可以集成在楼宇自控系统的管理平台上，系统除满足对各种设备进行分点控制、集中管理外，更重要的是能有效利用先进的控制技术和信息集成优势节约能源，使系统产生更大的效益。

7.7.2　国内绿色机场的实践

进入21世纪，中国民航业开展了一系列绿色机场相关领域的研究。随着绿色机场理念的提出，中国不断加大绿色机场实践力度，实践的全面性、系统性不断增强。目前，中国绿色机场实践大致可分为技术应用与实践、全方位探索示范、深化引领示范三个阶段。

2002～2007年，技术应用与实践阶段。该阶段推广应用了节能减排技术与项目，典型代表机场有首都机场东扩工程和上海浦东机场二期工程。首都机场T2航站楼采用了先进的节电设备、智能节能的中央空调系统和自动光感照明设施，T3航站楼采用了自然采光、自然通风等被动式设计，采用了先进智能照明系统和电力监控系统，在空调机组中加装了转轮式全热回收装置，调整了飞行区运行模式，并建立了中国首个噪声监测与控制系统。上海浦东机场二期工程在建设中因地制宜地采用了雨水回用、冷热电三联供、空调水蓄冷及过渡季自然通风、气流组织、自然采光、指廊遮阳等绿色技术。

2007～2012年，全方位探索示范阶段。该阶段打造了行业试点示范工程，开展了绿色机场研究，形成了绿色机场建设基本程序，积累了绿色机场建设经验，其典型代表机场为昆明长水国际机场。2007年，中国民用航空局要求将昆明长水国际机场建设成为“资源节约型、环境友好型、科技创新型和人性化服务的现代化绿色机场”示范工程，通过将昆明长水国际机场作为试点示范工程进行绿色机场建设的研究与实践，探索相关经验，为建立中国绿色机场建设基准奠定了基础。昆明长水国际机场从土地利用、绿化与景观、环境保护以及人性化服务等方面系统开展了绿色机场建设，在设计中提出了多项绿色机场建设指标，并开展了20余项专项研究，绿色实践覆盖了机场的各主要功能区。昆明长水国际机场航站楼是国内首个获得绿色建筑设计三星级认证的航站楼，经成果鉴定，专家一致认为“绿色昆明长水国际机场研究与实现”项目总体上达到了国际先进水平，昆明长水国际机场绿色建设引起美国FAA的关注。

2012～2017年，深化引领示范阶段。该阶段注重顶层设计，注重科技创新引导，绿色机场研究、实践更加深入，并融入了建设运营一体化理念。其典型代表机场为北京大兴国际机场。北京大兴国际机场以规划设计作为重要抓手，在创新设计机场跑道构型，全面推行绿色建筑，建造首个同时实现绿色建筑三星级、节能建筑 3A 级的航站楼，应用可再生能源和清洁能源车，开展海绵机场试点，提升机场综合交通枢纽运行效率，推广应用新技术手段等方面深入实践，形成了一批引领绿色机场建设的示范工程。

下面详细介绍国内典型绿色机场的建设实践。

1. 首都机场

首都机场使用精密的省电系统、人性化的空调环保设备、升级运维区的工作模式等，与此同时，在机场采光度高的区域使用光感应照明系统。首都机场 T2 航站楼一年节能可达 480 万 kW·h。除此之外，首都机场目前全部采用全自动卫生间无水冲洗系统，也能节约机场能耗。作为目前全球规模最大的航站楼之一，首都机场 T3 航站楼(图 7-4)的主体和各个子系统的前期设计，充分考虑了绿色环保措施，例如，航站楼主体结构采用全玻璃砖的形式，屋顶全部开天窗，这样整个白天采光效果相当明显；通过引用先进的信息技术及设备，构建照明系统，通过该系统，可以很准确地显示当前的时间信息、航班信息；同时还可以通过人体感应系统在有人的时候才照明，从而可以大幅度地降低电力能源。对于暖气设备，在原有的空调设备上接入了先进的热量回收装置，通过该设备在夏天的时候可以提前对风进行预降温处理，冬天可以对风进行循环加热处理，大大地减少电力资源的使用。同时通过智能电力控制系统可以对全机场的电力设备进行有效的控制，减少很多无用设备的功率消耗。

图 7-4 首都机场 T3 航站楼

2. 上海浦东机场

2012 年，上海浦东机场率先研发了航站楼空调与照明的空间控制、强度控制和时间控制“三联动”的技术，将空调、照明耗能量与航班客流量同步调整，实现了精细化管理目标。上海浦东机场航站楼的航班联动节能技术应用后，项目节电率达 10%，每年节约电能 1000 多万 kW·h。

上海浦东机场还通过自主改造桥载空调，破解了大飞机供冷难题。上海浦东机场在国内率先推广大型登机桥载空调设备(图 7-5)，在飞机停靠登机桥时，替换飞机自身燃油驱动的空调，使用登机桥附带的空调为大飞机供冷。这项被业内称为“400Hz 桥载电源及空调”的新技术在上海浦东机场的应用下，为光临机场的飞机提供了可靠高效的替代空调方案，有效减少了飞机自身的燃油废气和噪声污染。

图 7-5　上海浦东机场登机桥载空调管道

上海浦东机场能源中心的技术人员在冷却水泵上进行的技术创新也为机场每年节电百万千瓦·时以上。能源中心通过对冷却水系统的改造，用更先进的、变频运行模式的水泵，取代了建设时间较早、使用高耗能阀门的定频运行水泵。与改造之前相比，变频冷却水泵节能率超过 42%，且能源中心的正常运行并未受到影响。

3. 昆明长水国际机场

昆明长水国际机场(图 7-6)从建设之初就是按照环境友好型、节约资源型和提供个性化服务的绿色机场建设原则进行的。昆明长水国际机场在建设过程中主要采用了以下三大建设内容。

图 7-6　昆明长水国际机场

1) 基本策略

在建设机场时，为达到建设绿色机场的目标，昆明长水国际机场首先制定了适应性策略、低耗发展策略、精细化策略、经济高效策略四种基本策略。

适应性策略是在建设机场时要适应国内经济发展水平和实际工程情况。从国内各方面的实际情况出发，在绿色机场工程项目建设过程中，无论是在价值取向，还是在工业化程度上尽量去吸取国外在绿色机场建设方面的先进理念和经验，同时注意机场周围的自然资源及生态情况，以使建立的机场能够最大限度地节约资源和保护环境。

低耗发展策略是以低耗为核心发展绿色机场，即在合理造价范围内减少资源使用，提高资料的利用率，在全生命周期中贯彻绿色机场的低耗理念。

精细化策略是指在项目建设的全生命周期过程中，对项目中的每一个环节都必须从大到小、从上到下地实行精细化的管理，保证每个环节执行效果的同时，便于在项目建设过程中对每个环节进行及时监督和控制。

经济高效策略是要求在整个项目过程中，要正确处理好节约与效率和效益之间的关系，要正确处理好项目与外部环境之间的关系，要正确处理好机场内部各部门之间的关系，以实现项目经济效益在合理化基础上的高效化。

2) 实现目标

机场总节能目标：20%。

设备水利用率：10%。

环境污水废水排放率：0%。

自然雨水利用率：30%。

固体废弃物要求无公害处理率：100%。

工业废料和废土排放率：0%。

整个机场节能减排的服务目标：一般要求不低于 IATA 的 C 类标准。

3) 技术支撑

昆明机场集团有限责任公司建立的绿色机场计划要求机场基本运营维护不受绿色计划的影响，确保正常工作下，航站楼节能、低碳和智能化。相关的技术积累包括机场安全技术、机场绿色运行技术、机场高效运行技术、机场人性化服务四个方面。

4. 广州白云机场

广州白云机场(图 7-7)的绿色机场建设的关注点一直在绿色机场建筑设计上，并曾多次在国内外的绿色建筑颁奖典礼上荣获各种殊荣。其绿色机场建筑设计主要体现在两个方面，具体如下。

(1) 节约土地资源：首先在土地征地方面，严格遵守国家和地方政府的统一规划，分阶段进行建设，同时滚动地向前发展。一方面很充分地使用每一寸土地，另一方面通过有效地规划，减少后期的重复建设。广州白云机场通过精心的设计和规划，目前拥有国内单位面积飞机停靠数量最多的停机场。

(2) 节约能源：机场主体采用张拉膜框架，注重航站楼的外围热工性能。考虑到光线折射关系，墙面普遍采用低投射和低反射的钢化夹胶玻璃，同时，还大量使用了先进的拉膜技术，保证航站楼内温度不受太阳照射影响。

图 7-7　广州白云机场航站楼

思 考 题

7-1　绿色机场的定义及其内涵分别是什么？

7-2　绿色机场有哪些基本要素？为什么？

7-3　绿色机场评价指标体系是如何构建的？

7-4　绿色机场的评价方法包括哪些？各有什么特点？

第 8 章　机场环境风险与应急

8.1　机场环境风险

8.1.1　危险物质

机场涉及的危险物质包含航空煤油、汽油和柴油，其理化性质及危害性分析见表 8-1～表 8-3。根据《危险化学品重大危险源辨别》(GB 18218—2018)，航空煤油、汽油和柴油的临界量分别为 5000t、200t 和 5000t。

表 8-1　航空煤油理化性质及危害性分析

理化性质	主要是由原油蒸馏的煤油馏分经精制加工得到的轻质石油产品，分宽馏分型(沸点为 60～280℃)和煤油型(沸点为 135～280℃)两大类。我国民航飞机用的航空煤油以 3 号喷气燃料为主，航空煤油具有较大的净热值和密度，燃烧速度快，燃烧完全，并具有良好的热安定性和洁净度，不生成积炭和腐蚀性燃烧产物等特点
毒理性分析	急性中毒：吸入高浓度煤油(航空煤油参照本物质)蒸汽，常先有兴奋，后转入抑制，表现为乏力、头痛、酩酊感、神志恍惚、肌肉震颤、运动性共济失调；严重者出现定向力障碍、谵妄、意识模糊等症状；蒸汽可引起眼及呼吸道刺激症状，重者出现化学性肺炎。吸入液态性煤油可引起吸入性肺炎，严重时可发生肺水肿。摄入引起口腔、咽喉和胃肠道刺激症状，可出现与中毒相同的中枢神经系统症状。 慢性影响：主要表现为神经衰弱综合征，还有眼及呼吸道刺激症状、接触性皮炎、皮肤干燥等
	侵入途径：食入、皮肤接触、 吸入
	毒理性数据： LD_{50}，36000 mg/kg(大鼠经口)；7072mg/kg(兔经皮)；LC_{50}，无资料
	环境危害：对环境有危害，对大气可造成污染
储运条件	航空煤油罐储存要有防火防爆技术措施，禁止使用易产生火花的机械设备和工具，罐装时应注意流速(不超过 3m/s)，如果有接地装置，为防止静电积聚，搬运时要轻装轻卸，防止包装及容器损坏
危险性等级分析	参照《职业性接触毒物危害程度分级》(GBZ 230—2010)，航空煤油的危害程度为Ⅳ级轻度危害，属于防护级别

表 8-2　汽油理化性质及危害性分析

理化性质	分子式	C_5H_{12}～$C_{12}H_{26}$	分子量	72～170	熔点	<-60℃
	沸点	40～200℃	相对密度	0.7～0.79	闪点	-50℃
	外观/气味	无色或淡黄色易挥发液体，具有特殊臭味				
	溶解性	不溶于水，易溶于苯、二硫化碳、醇、脂肪				
稳定性与危险性	稳定性：危险标记 7(易燃液体)。 极易燃烧。其蒸汽与空气可形成爆炸性混合物。遇明火、高热极易燃烧爆炸。 与氧化剂能发生强烈反应。其蒸汽比空气重，能在较低处扩散到相当远的地方，遇明火会引着回燃。 燃烧(分解)产物：一氧化碳、二氧化碳。					

续表

毒理学资料	毒性：属低毒类。 急性毒性：LD_{50}，67000mg/kg(小鼠经口)；LC_{50}，103000mg/m^3，2h(小鼠吸入)。 PC-TWA：300mg/m^3，PC-STEL：450mg/m^3。 亚急性和慢性毒性：大鼠吸入3g/m^3，12～24h/天，78天(120号溶剂汽油)，未见中毒症状。大鼠收入2500mg/m^3，130号催化裂解汽油，4h/天，6天/周，8周，体力活动能力降低，神经系统发生机能性改变

表 8-3　柴油理化性质及危害性分析

理化性质	分子式		分子量	180～280	熔点	−18℃
	沸点	282～338℃	相对密度	0.85	蒸气压	4.0kg
	外观气味	—				
	溶解性	微溶于水				
稳定性与危险性	遇明火、高热或与氧化剂接触，有引起燃烧爆炸的危险。若遇高热，容器内压增大，有开裂和爆炸的危险。 燃烧产物：一氧化碳、二氧化碳。 该物质对环境有危害，建议不要让其进入环境，以免对水体和大气造成污染，破坏水生生物呼吸系统。对海藻应给予特别注意					
毒理学资料	—					

机场油罐区、加油站火灾事故产生的毒害物质主要为CO。CO理化性质及危害性分析见表8-4。

表 8-4　CO理化性质及危害性分析

理化性质	分子式	CO	分子量	28.01	熔点	−199.1℃
	沸点	−191.4℃	相对密度	0.97(空气=1)	蒸气压	309kPa/−180℃
	闪点	<−50℃	引燃温度	610℃	爆炸极限	上限：74.2% 下限：12.5%
	外观/气味	无色、无臭气体				
	溶解性	微溶于水，溶于乙醇、苯等多数有机溶剂				
稳定性	—					
危险性	健康危害：一氧化碳在血液中与血红蛋白结合而造成组织缺氧。 急性中毒：轻度中毒者出现头痛、头晕、耳鸣、心悸、恶心、呕吐、无力等症状；中度中毒者除上述症状外，还有皮肤黏膜呈樱红色、脉快、烦躁、步态不稳、浅至中度昏迷症状。 环境危害：对环境有危害，对水体、土壤和大气可造成污染。 燃烧危险：本品易燃					
毒理学资料	接触控制与个人：中国MAC(mg/m^3)，30；苏联MAC(mg/m^3)，20。 毒理性：LD_{50}，无资料；LC_{50}，2069mg/m^{3}时，4h(大鼠吸入)					

8.1.2　机场风险事故

1. 油库区风险事故

油库可能发生的风险为航空煤油泄漏、火灾及爆炸，可能影响的环境要素包括环境空气、地表水、土壤、地下水和周围居民。

油库区风险事故案例见表 8-5。

表 8-5　油库风险事故案例列举

发生时间	发生地点	发生原因及影响程度
2002 年 8 月 24 日	某机场油罐区	员工在焊接 2＃柴油罐入孔口处遮雨盖支架时，违章作业，导致油气爆炸失火，罐体向东北方向抛出约 1.5m，罐内柴油溢出着火，造成 4 人死亡，2 名临时工受伤，油罐报废
2005 年 3 月 19 日	十堰市白浪油库	一辆车号为鄂 C-18146 的大型油罐车在本油库 1 号台装汽油。当装至一半时，罐体前端底部焊缝处突然裂开近 20cm 长的一道裂缝，瞬时间大量汽油急速喷泄
2006 年 1 月 5 日	河南省巩义市第二电厂	储油罐发生泄漏事故，该厂输油管道因天寒冻裂未及时发现，致使罐内 12t 柴油外泄，有 6t 左右柴油进入黄河支流伊洛河

油料自身的物质危险性构成了油库安全的潜在危险性。通过对 192 例油库区事故案例的统计得出表 8-6。从统计数据可看出，跑油(即泄漏)在油库区发生的所有事故中所占比例最高(45%)，所以罐体泄漏应该是机场工程油库区事故预防的重点。

表 8-6　油库区事故分类统计表

事故类型	跑油	着火、爆炸	混油	设备器材损坏	其他
事故数	85	44	35	19	9
比例/%	44	23	18	10	5

油库罐体泄漏主要有两方面的因素：罐体和输油管线的控制阀门泄漏，硬件购买或配置、维护的过程中均有可能出现差错，导致罐体的配件老化、配件次品及配件操作不规范，从而引起罐体泄漏。

油库区罐体泄漏事故发生的常见原因列于表 8-7。

表 8-7　罐体泄漏事故原因分析

类别	原因分析
罐体破裂	罐体老化，因外力及内部原因发生泄漏 受外力挤压，主要包括撞击、裂变 罐体承载超出规定，内部压力过高 外环境振动因素导致罐体裂变，引起物料泄漏 外环境酸雨影响，罐体受到腐蚀 战争、自然灾害等因素造成罐体破裂，导致物料泄漏 罐体维修、维护及切割过程中，违规操作导致物料泄漏

续表

类别	原因分析
阀门泄漏	阀门松动：长时间的振动、开关操作导致阀门在受外因作用下易发生松动，导致存储物料泄漏 外力导致阀门破损：受外力撞击、自然因素引起阀门破裂、毁坏，从而引起存储物料泄漏 控制阀门操作不规范：人为开关控制阀门，并未严格按照操作规范，在未确定阀门是否关闭时用罐体输送物料 阀门老化：受压过强，配件老化，承受过大压力，导致阀门松动或破损，引起物料泄漏 其他事故：由于其他事故发生，导致阀门破坏，引起物料泄漏

2. 汽车加油站风险事故

汽车加油站油罐储存的汽油具有易蒸发、易燃烧、易爆炸、易流淌扩散、易受热膨胀和易产生静电的特性，一旦蒸汽浓度达到燃烧极限，遇到火源即可发生燃烧，造成爆炸。汽车加油站可能发生的风险为油罐泄漏、火灾和爆炸，可能影响的环境要素有环境空气、地表水、土壤、地下水和周围居民。

汽车加油站火险事故树分析如图 8-1 所示。

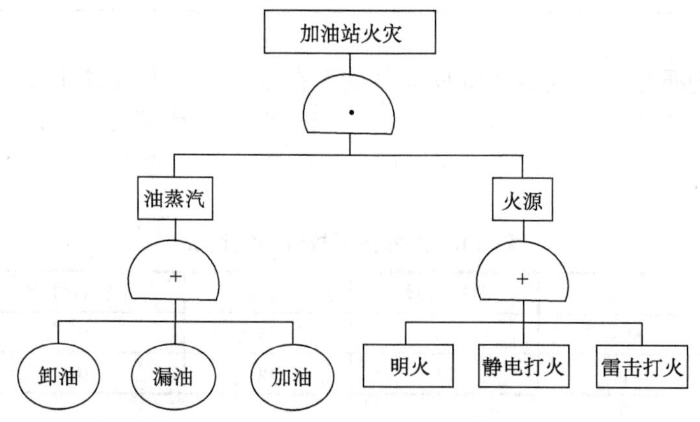

图 8-1　汽车加油站火灾事故树分析

汽车加油站风险与油库区风险类似，主要为泄漏、火灾和爆炸，油蒸汽外逸主要起因于泄漏，火源的存在会引发火灾和爆炸风险。

3. 污水处理站风险事故

机场污水的主要污染因子为 BOD_5、COD、SS、NH_3-N 及石油类等，一旦发生污水处理站失效将导致超标废水外排，可能影响的环境要素有机场附近的水体、土壤和地下水。

污水处理站事故主要由管理操作问题和部分不可抗因素引起，其事故原因分析见表 8-8。污水处理站运行功能失效的主要原因有人为调节违规，造成部分工艺流程失效或生物细菌死亡；进水水质较差并含有灭活活性细菌、微生物的物质，造成生物降解功能失效。

表 8-8　污水处理站事故原因分析

类别	原因分析
管理操作问题	进水水温及 pH 调节错误，导致微生物死亡 进水水量控制不连续，造成微生物数量不稳定，而使得污水处理效率不达标 污水处理站出水口在线监测仪器故障，出水水质不达标未能检测出，使得超标污水进入蓄水池
部分不可抗因素	暴雨侵袭，导致污水处理站进水量过大，超出污水处理站处理能力，使得污水未能达标处理 接收事故排水，造成特殊水质浓度较高，污水处理站处理能力未能满足特殊水质要求 由于污水处理站输水管线问题，部分污水未经过处理或处理未达标就进入蓄水池

8.2　机场环境风险评价

1. 一般性原则

环境风险评价应以防控突发性事故导致的危险物质对环境的急性损害为目标，对建设项目的环境风险进行分析、预测和评估，提出环境风险预防、控制、减缓等措施，明确环境风险监控及应急建议要求，为建设项目环境风险防控提供科学依据。

2. 评价工作程序

评价工作程序见图 8-2。

3. 评价工作等级划分

环境风险评价工作等级分为一级、二级、三级(表 8-9)。根据建设项目涉及的物质及工艺系统危险性和所在地的环境敏感性确定环境风险潜势，按照风险潜势确定评价工作等级。风险潜势为Ⅳ及以上，进行一级评价；风险潜势为Ⅲ，进行二级评价；风险潜势为Ⅱ，进行三级评价；风险潜势为Ⅰ，可开展简单分析。

表 8-9　评价工作等级划分

环境风险潜势	Ⅳ、$Ⅳ^+$	Ⅲ	Ⅱ	Ⅰ
评价工作等级	一级	二级	三级	简单分析

4. 评价工作内容

风险评价基本内容包括风险调查、环境风险潜势初判、风险识别、风险事故情形分析、风险预测与评价、环境风险管理等。

风险识别及风险事故情形分析应明确危险物质在生产系统中的主要分布，筛选具有代表性的风险事故情形，合理设定风险源项。

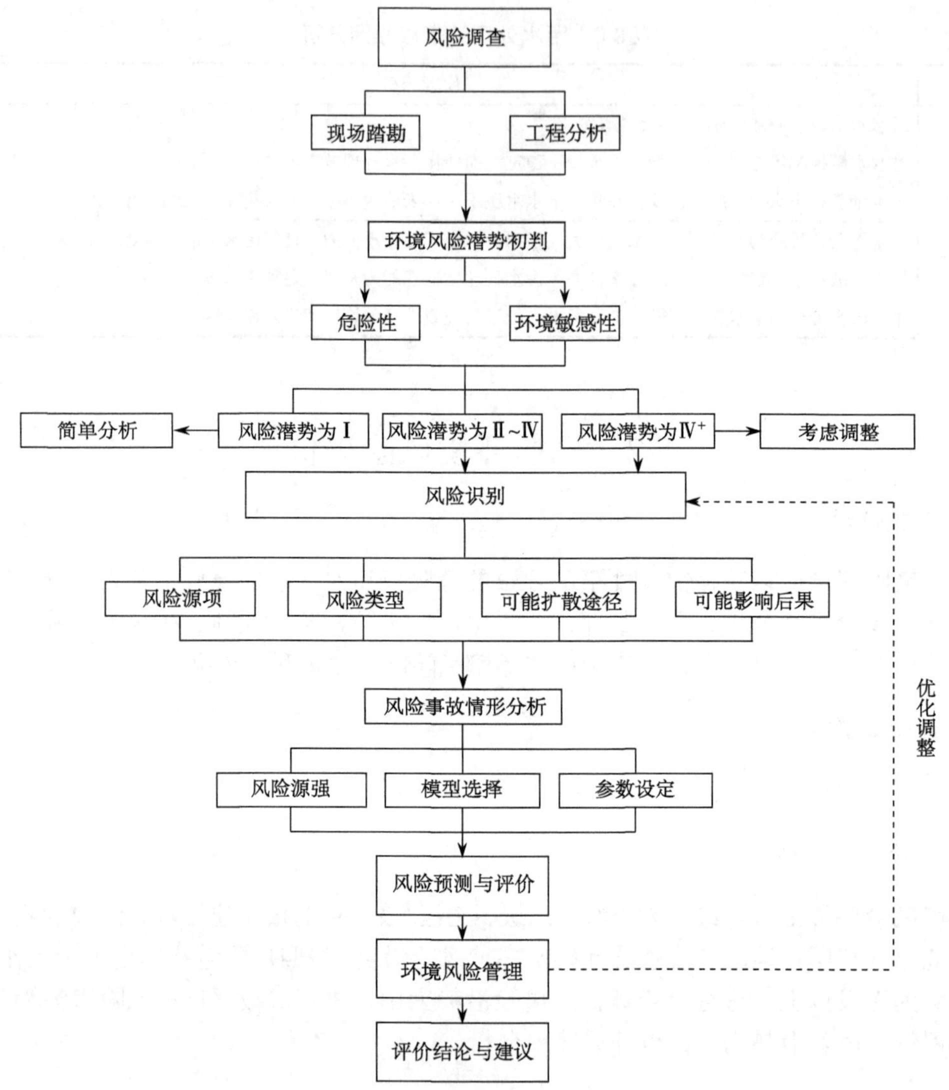

图 8-2　评价工作程序

各环境要素按确定的评价工作等级分别开展预测评价，分析说明环境风险危害范围与程度，提出环境风险防范的基本要求。

(1) 大气环境风险预测。一级评价需选取最不利气象条件和事故发生地的最常见气象条件，选择适用的数值方法进行分析预测，给出风险事故情形下危险物质释放可能造成的大气环境影响范围与程度。对于存在极高大气环境风险的项目，应进一步开展关心点概率分析。二级评价需选取最不利气象条件，选择适用的数值方法进行分析预测，给出风险事故情形下危险物质释放可能造成的大气环境影响范围与程度。三级评价应定性分析说明大气环境影响后果。

(2) 地表水环境风险预测。一级、二级评价应选择适用的数值方法预测地表水环境风险，给出风险事故情形下可能造成的影响范围与程度。三级评价应定性分析说明地表水环境影响后果。

(3) 地下水环境风险预测。一级评价应优先选择适用的数值方法预测地下水环境风险，绘出风险事故情形下可能造成的影响范围与程度；低于一级评价的，风险预测与评价要求参照《环境影响评价技术导则 地下水环境》(HJ 610—2016) 执行。

提出环境风险管理对策，明确环境风险防范措施及突发环境事件应急编制要求。

5. 评价范围

环境风险评价范围应根据环境敏感目标分布情况、事故后果可能对环境产生危害的范围等综合因素确定。综合项目周边所在区域，评价范围外存在需要特别关注的环境敏感目标时，评价范围需延伸至所关心的目标。

8.3　机场环境风险防范措施与应急预案

8.3.1　机场环境风险防范措施

1. 物料泄漏防范措施

油库区物料泄漏防范措施有如下几种。

(1) 在油库存储区及相关区域设立监测探头，对周围环境的易燃易爆气体进行实时监控，以便于在第一时间发现物料泄漏事故，并确定事故发生点。

(2) 定期检查油罐区存储罐、相连接的输油管线及控制阀门，及时将损坏的原配件进行维护和更换，对部分构件进行保养，以减少事故发生的可能性。

(3) 严格按照航油存储区的操作规范工作，避免物料存储条件改变而导致事故发生。

(4) 避免在航油存储区进行土木施工，以减少意外事故导致的罐体和管边阀门破坏。

(5) 对油罐区进行定时巡逻，防止偷盗行为破坏罐体、管道、阀门及相关配件，导致事故发生；在收发油接口、油罐阀门等处应设置警示牌。

(6) 一旦发生油库区溢油，应立刻关闭所有正在作业的油罐阀门，停止燃料运送，检查油水分离池和罐底阀门，关闭入口和出口。为防止大量溢油通过隔油池进入机场排水系统，应迅速用储备吸油棉或泥沙等将扩散溢油固定，避免对机场污水处理站造成冲击。

2. 火灾爆炸事故防范措施

油库区属于一级防火单位，一旦发生火灾和爆炸，不仅会对油库周围居民的生命财产安全造成威胁，同时航空煤油燃烧也会排放大量的石油类物质的烟尘，对大气环境和土壤环境造成污染。

油库区火灾爆炸事故防范措施有如下几种。

(1) 工作区禁止一切火源(包括高热源)。

(2) 在工作区设置火灾监控报警器，便于在有火源出现的第一时间发出信号，工作人员及时采取相应措施，避免火情进一步扩大。

(3) 在工作区配备相应的灭火器材，且确保数量和质量过关。

汽车加油站火灾爆炸事故防范措施有如下几种。

(1) 加油站的选址、设计、施工及设备质量必须符合国家有关安全规定。

(2)加油站及储罐、配管、呼吸阀、安全阀、阻火器、法兰跨接线和静电接地装置必须经常检查、维护，保持良好的状态。

(3)卸油、加油时必须做好现场监护，按照规程操作，防止冒顶、跑油发生。

(4)加强火源管理，杜绝火种，严禁闲杂人员入内。

(5)生产工作人员要熟练掌握操作技术且熟知防火安全管理规定。

3. 消防事故水处理

应按相关规范对油库区围堰进行设计，确保罐区发生泄漏、火灾后，产生的漏油及消防事故水均能够得到有效收集，确保消防事故水不排入外环境。消防事故水经处理达标后再排放，避免储罐泄漏对地表水产生较大的影响。

4. 污水处理站非正常运行防范措施

污水处理站应建设足够大的调节池，确保污水处理站非正常排放时污水可排入调节池，确保超标污水不进入外环境。

5. 应急防护撤离

根据机场环境风险影响预测结果，对影响区域的居民制定相应的应急预案。

8.3.2 应急预案

风险应急预案主要是针对重大风险事故发生时所设定的紧急补救措施，避免更大的人员伤亡和财产损失，在突发的风险事故中，能够迅速准确地处理事故和控制事态发展，把损失降到最低限度。

根据有关法律法规，坚持“预防为主”的指导思想兼有“统一指挥、行之有理、行之有效、行之为速、把损失降到最低”的原则，编制工程风险事故应急预案。

接下来以郴州北湖机场环境风险应急预案为例介绍应急预案的特点。

1. 应急预案组成

1)执行机构设置及职责

机场工程应设置应急预案指挥小组，完善执行机构，明确各成员职责。郴州北湖机场应急预案指挥小组机构设置及职责见表 8-10。

表 8-10 郴州北湖机场应急预案指挥小组机构设置及职责

机构设置	成员	职责
指挥小组组长	公司经理 总负责人	宣布应急预案的启动和终止，授权临时应急指挥部开展救援工作
副组长	副总经理及工程师	制定、修订应急预案，并组织开展定期学习，处于决策层领导组，协调救援组长开展各项应急预案工作
组员	生产技术部	负责生产技术部的事故报警，并及时查找事故原因，做出正确的处理判断，上报领导层，并做好事故处理工作
	安全保障部	控制事故现场，向上级部门汇报事故情况，积极组织应急救援行动

续表

机构设置	成员	职责
组员	保卫部	严格控制人员出入，对事故现场加以控制，快速疏散人群，并将人群安全安置以及履行现场的保卫工作
	医疗卫生部	快速投入现场的救援工作，并指导特殊现场救援人员的保护工作
	物资后勤部	对物资进行补救，并给予应急救援工作物力、财力的支持，保障生产必需品的供给和救援行动的需要
	消防救援部	依据指挥投入救援，快速灭火并对危险设施加以保护和控制；进行事故区的紧急救援；针对不同事故提出应对的防范措施

2) 应急预案内容组成

郴州北湖机场油库(油罐)泄漏事故、火灾爆炸事故的应急预案包括的内容如表 8-11 所示。

表 8-11　郴州北湖机场油库(油罐)泄漏事故、火灾爆炸事故应急预案内容

油库(油罐)泄漏事故	(1) 应急预案应将泄漏事故的类型分为罐体和管线泄漏，并对事故可能带来的直接影响进行估算； (2) 应急预案应对各职能部门的分工进行细化，明确事故发生时各部门的配合工作； (3) 应急预案应对事故进行等级明确； (4) 明确泄漏物料的处理方式； (5) 明确事故后处理的清洗污水收集方式、处理方式及回用方式； (6) 明确事故报告总结编写
火灾爆炸事故	(1) 明确信号报警方式； (2) 明确救援队伍组成，明确列出相关部门及其任务； (3) 应急预案应根据本次风险评价的预测结果，对下风向部分敏感区域进行人员撤离，并同时进行信息通告，减小事故影响； (4) 明确事故处理后的清洗污水收集方式、处理方式及回用方式； (5) 明确事故报告总结编写； (6) 应急预案应对本次事故进行总结，并对风险预案进行必要的修改

2. 应急预案执行

(1) 应急预案开始、终止：由应急预案总指挥宣布应急预案的开始和终止。

(2) 应急预案执行原则：各职能部门进行明确分工，严格按照应急预案要求，各行其责并相互配合，人员进行适当调整，以保证事故能够得到最有效控制。各部门人员执行应急预案时应服从本组指挥，并听从总指挥调遣。

(3) 应急预案执行过程：应以控制事故影响为主，以环境和区域敏感目标的保护为主旨。

(4) 在事故得到整体控制后，宣布应急预案中止，各部门应继续严守自己的岗位，直到事故救援完成。

3. 培训与应急演练

(1) 定期对员工进行应急能力培训，使员工清楚实施应急救援时的岗位工作内容与责任，掌握实现救援任务的方法和资源，如报警、信息传递、避险、避灾、自救、互救的常识等。

(2) 针对应急预案，小组提出演练计划、演练方案、演练记录，主管领导分工指挥，应急预案相关部门参与配合，定期组织演练。使员工熟知应急预案具体工作分工、如何防护逃生等，并结合演练情况，对应急预案中的薄弱环节进行修订补充。

(3) 定期组织应急演练，并连同消防组织进行联合应急演练。

4. 区域应急预案联动

(1) 建设单位应落实地方政府应急预案执行部门的指示，并及时联系，确保发生事故时能够第一时间将事故信息进行反馈。

(2) 进行定期演练，配合地方政府应急预案的执行，确定和完成自己在预案中的任务，避免在本工程发生事故时出现救援冲突和无救援现象。

(3) 确定地方政府应急预案各部门到达事故现场的最近路线。

(4) 确定己方配合地区政府应急预案执行部门的人员及其责任、任务。

(5) 将本单位与地区政府应急预案各执行部门的联系方式、人员名单明确列入本单位应急预案。

(6) 将地方政府应急预案纳入内部员工学习的安排中，并将其列入风险事故演练执行过程。

思 考 题

8-1　机场环境风险有哪几类？各有什么特点？

8-2　机场风险防范措施有哪些？

参 考 文 献

北京国环建邦环保科技有限公司, 2017. 郴州民用机场工程环境影响报告书[EB/OL]. http://www.czbeihu.gov. cn/uploadfiles/ 201707/20170718151614826.pdf[2018.12.30].

北京国寰天地环境技术发展中心有限公司, 2005. 昆明新机场项目环境影响报告书[EB/OL]. http://www.doc88. com/ p-5425887917823.html[2018.12.30].

陈长虹, 刘梅华, 孙志良, 1992. 任意风向时的线源扩散模式研究[J]. 上海环境科学, (11): 32-34.

陈朝东, 2006. 水环境监测技术问答[M]. 北京: 化学工业出版社.

陈冠宇, 2010. 机场对城市布局环境影响评估研究[D]. 桂林: 桂林理工大学.

陈光, 2015. 节能设计在绿色机场航站楼中的分析[J]. 城市建设理论研究(电子版), (19): 5494.

陈剑平, 蔡登高, 胡月, 等, 2012. 绿色机场建设深度思考[J]. 中国民用航空, (12): 47-49.

陈雪蕊, 2016. 面向降低机场噪声影响的飞行程序优化研究[D]. 天津: 中国民航大学.

程凯, 2010. 建筑绿色度评价指标体系及评价方法研究[D]. 重庆: 重庆大学.

程伦, 2014. 基于全生命周期的绿色机场评价指标体系研究[D]. 天津: 中国民航大学.

崔树彬, 2002. 河流水环境承载力及其定量化研究[C]. 水资源及水环境承载能力学术研讨会论文集. 威海: 47-52.

戴琦, 2013. 武汉天河国际机场鸟类群落多样性与鸟害防治研究[D]. 武汉: 华中师范大学.

邓毅凌, 罗昭俊, 陈太林, 等, 2002. 全面评价机场建设对生态和环境的影响[C]. 国际道路和机场路面技术大会. 昆明: 663-666.

杜芳, 虞阳, 2014. 首都机场航空垃圾两种处置模式的对比研究[J]. 环境工程, 32(增刊): 711-714.

杜继涛, 2012. 机场噪声预测模型及应用研究[D]. 南京: 南京航空航天大学.

段俊峰, 黄书颖, 2005. 军用机场对周围生态环境的影响及对策[J]. 工程设计与研究, (3): 4-7.

范方超, 2014. 我国航空运输业绿色发展研究[D]. 大连: 大连海事大学.

范松川, 2015. 国内外机场大气污染影响研究现状综述[J]. 化工管理, (14): 197.

方保明, 2002. 学校噪声污染的危害[J]. 职业与健康, 18(8): 72-74.

方振平, 2005. 飞机飞行动力学[M]. 北京: 北京航空航天大学出版社.

高晓龙, 戴铁军, 2013. 城市固体废弃物管理(MSWM)国内外研究综述——基于生命周期评价方法[J]. 再生资源与循环经济, 6(5): 7-10.

高晓龙, 李瑞卿, 2013. 城市固体废弃物处理方式的生命周期评价——以北京市为例[J]. 环境卫生工程, 21(6): 23-26, 32.

葛晓光, 2010. 以“绿色生态”理念打造“绿色生态机场”[J]. 中国民用航空, (11): 42.

谷飞, 2014. 机场噪声多监测点噪声值关联分析[D]. 南京: 南京航空航天大学.

广州市环境保护科学研究院, 2015. 广州白云国际机场控制性详细规划环境影响篇章[EB/OL]. https://www.doc88.com/p-3857471084093.html[2018.12.30].

郭道华, 2013. 成都双流机场绿色运营管理策略研究[D]. 成都: 电子科技大学.

郭广寨, 陆正明, 石峰, 2001. 城市生活垃圾综合处置系统的选择[J]. 上海环境科学, 20(1): 37-41.

郭怀成, 徐云麟, 洪志明, 等, 1994. 我国新经济开发区水环境规划研究[J]. 环境科学进展, 2(6): 14-22.

国家环境保护总局, 2002a. 城镇污水处理厂污染物排放标准(GB 18918—2002)[S]. 北京: 中国环境科学出版社.

国家环境保护总局, 2002b. 水污染物排放总量监测技术规范(HJ/T 92—2002)[S]. 北京: 中国环境科学出版社.

国家环境保护总局, 中国民用航空总局, 2002. 环境影响评价技术导则 民用机场建设工程(HJ/T 87—2002)[S]. 北京: 中国环境科学出版社.

韩冰, 魏华, 王新冀, 2014. 机场飞机噪声防治措施的研究[C]. 全国声学设计与演艺建筑工程学术会议. 南京: 61-63.

何强, 井文涌, 王翊亭, 1994. 环境学导论[M]. 北京: 清华大学出版社.

何少苓, 彭静, 2001. 论提高水域纳污与自净能力的水动力潜力[C]. 提高水环境承载能力、促进国民经济可持续发展研讨会论文集. 北京: 49-54.

侯晓春, 2002. 高性能航空燃气轮机燃烧技术[M]. 北京: 国防工业出版社.

黄菊文, 李光明, 王华, 等, 2007. 层次分析法评价固体废弃物的资源化利用[J]. 同济大学学报(自然科学版), 35(8): 1090-1094.

黄菊文, 李光明, 王华, 等, 2007. 固体废弃物资源化利用评价体系及研究方法[J]. 环境污染与防治, 29(1): 74-78.

黄中华, 王俊德, 2002. 傅里叶变换红外光谱在大气遥感监测中的应用[J]. 光谱学与光谱分析, 22(2): 235-238.

纪丹凤, 2011. 城市生活垃圾处理处置的生命周期与环境经济评价: 以北京市为例[D]. 北京: 北京化工大学.

金宜斌, 2007. 飞机积冰与冬季飞行[J]. 中国民用航空, 83(11): 41-43.

昆明新机场建设指挥部, 2010. 建设绿色昆明新机场[J]. 云南科技管理, 23(2): 63-68.

李广才, 1990. 飞机噪声对学龄儿童的神经行为效应[J]. 环境与健康杂志, 7(6): 256.

李好祥, 2014. 水污染的危害与防治措施[J]. 应用化工, 43(4): 729-731, 742.

李强, 孙施曼, 张雯, 2017. 中国绿色机场建设现状与发展趋势[J]. 建设科技, (8): 38-41.

李清龙, 张焕祯, 王路光, 等, 2004. 水环境承载力及其影响因素[J]. 河北工业科技, 21(6): 30-32.

李冉, 2008. 机场航空噪声预测及其影响因素研究[D]. 天津: 中国民航大学.

李益得, 2010. 湖南常德桃花源机场鸟类活动节律及其防范[D]. 长沙: 中南林业科技大学.

李玉文, 张海军, 王英伟, 等, 2008. 机场航空噪声预测及方法改进[J]. 环境科学与管理, 33(4): 167-169.

梁鹏, 孙捷, 杜蕴力, 等, 2013. 机场建设项目环评要点分析[J]. 环境保护, 41(10): 57-59.

廖文根, 彭静, 何少苓, 2002. 水环境承载能力及其评价体系探讨[C]. 水资源及水环境承载能力学术研讨会论文集. 威海: 14-22.

林长欣, 邹海滨, 朱业平, 等, 2007. 广州白云国际机场固体和液体废弃物处理技术报告[J]. 中国国境卫生检疫杂志, 30(s1): 52-55.

刘超, 2015. 城市水污染的危害及其防治[D]. 大连: 辽宁师范大学.

刘静, 王慧婷, 李莉, 等, 2012. 广州白云国际机场航空垃圾焚烧处理方案探讨[J]. 环境工程, 30(增刊): 293-295.

刘明, 2009. 节约 环保 科技 人性——建设绿色机场之我见[J]. 创造, (6): 80-85.

刘绮, 潘伟斌, 2014. 环境监测教程[M]. 2 版. 广州: 华南理工大学出版社.

刘振江, 2012. 基于鸟害防治的机场生态环境管理[J]. 中国媒介生物学及控制杂志, 23(3): 275-276.

陆雍森, 1999. 环境影响评价[M]. 2 版. 上海: 同济大学出版社.

罗清海, 陈晓明, 王衍金, 等, 2009. 工程建筑垃圾处置的调查和分析[J]. 中国资源综合利用, 27(6): 29-31.

吕永生, 孙建明, 杨志高, 2005. 南京禄口国际机场固体和液体废弃物处理技术报告[J]. 江苏航空, 4: 11-12.

马金生, 孟祥海, 张建生, 等, 2012. 飞机场植被与鸟击防范的研究[J]. 齐鲁师范学院学报, 27(5): 56-63.

马良, 2015. 福州机场草坪植物月动态特征及与鸟情关系研究[D]. 福州: 福建农林大学.

马文敏, 李淑霞, 康金虎, 2002. 西北干旱区域城市水环境承载力分析方法研究进展[J]. 宁夏农学院学报, 23(4): 68-70, 86.

孟庆芬, 李琦, 2007. 欧盟航空排放政策的发展及其影响[J]. 中国民用航空, (2): 68-70.

潘玮, 刘娟, 余文斌, 等, 2017. 机场航空噪声分布特点[C]. 全国声学设计与噪声振动控制工程学术会议. 长沙: 53-56.

彭剑, 2012. 稻城机场建设对生态环境影响研究[D]. 雅安: 四川农业大学.

钱炳华, 张玉芬, 2000. 机场规划设计与环境保护[M]. 北京: 中国建筑工业出版社.

冉祥来, 申瑞娜, 刘武君, 等, 2013. 机场可持续发展评价指标体系研究与设计[J]. 交通与运输(学术版), (H12): 126-129.

任飞, 王佳佳, 2015. 固体废物环境影响评价方法探讨[J]. 城市建设理论研究(电子版), 5(31): 1360-1361.

任远武, 韩涛, 雷建伟, 等, 2008. 成都双流国际机场固体和液体废弃物处理技术报告[J]. 中国国境卫生检疫杂志, 31(b08): 46-51.

上海机场建设指挥部, 2010. 绿色机场: 上海机场可持续发展探险索[M]. 上海: 上海科学技术出版社.

申基强, 2015. 绿色机场雨水资源化利用[J]. 建筑工程技术与设计, (14): 1658.

申瑞娜, 樊重俊, 张青磊, 等, 2013. 机场可持续发展理念下环境评价指标体系研究与设计[J]. 金融经济, (20): 118-120.

申献辰, 2001. 水环境承载能力及其定量描述方法[C]. 提高水环境承载能力、促进国民经济可持续发展研讨会论文集. 北京: 85-88.

沈颖, 2000. 机场周围飞机噪声评价与控制方法研究[D]. 南京: 东南大学.

沈颖, 陈荣生, 2000. 飞机噪声评价体系研究[J]. 公路交通科技, 16(4): 73-76.

生态环境部, 2018a. 环境影响评价技术导则 大气环境(HJ 2.2—2018)[S]. 北京: 中国环境科学出版社.

生态环境部, 2018b. 建设项目环境风险评价技术导则(HJ 169—2018)[S]. 北京: 中国环境科学出版社.

史超礼, 等, 1986. 航空概论[M]. 北京: 北京航空学院出版社.

税永红, 吴国旭, 2009. 环境监测技术[M]. 北京: 科学出版社.

宋鹍, 崔抒音, 2015. 论绿色机场的建设与发展[J]. 空运商务, (11): 28-32.

宋文倩, 2015. 大型客机噪声水平评估[D]. 天津: 中国民航大学.

宋晓博, 吕磊, 韩东磊, 等, 2013. 基于环境意识的绿色机场建设[J]. 科技致富向导, (21): 73.

宋晓惠, 刘韵凤, 张景成, 2003. 城市生活垃圾处理及综合利用的措施[J]. 长春师范学院学报(自然科学版), 22(2): 85-86.

孙保东, 2015. 首都机场: 为绿色机场保驾护航[J]. 质量与认证, (10): 68-69.

孙广华, 1991. 飞机发动机排放的污染[J]. 航空发动机, (6): 44-58.

孙俊飞, 2001. 机场污水的处理[J]. 江苏航空, 3: 19-20.

孙立志, 2002. 城市固体废弃物处理系统优化决策方法研究[J]. 环境卫生工程, 10(1): 33-38.

孙施曼, 2015. 浅谈我国绿色机场建设与发展中的关键问题[J]. 机场建设, (4): 19.

谈至明, 赵鸿铎, 张兰芳, 2010. 机场规划与设计[M]. 北京: 人民交通出版社.

汤大友, 2016. 机场噪声污染防治对策研究[M]. 北京: 中国电力出版社.

唐向阳, 高国涛, 2008. 航空垃圾处理现状及规范化运作[J]. 中国资源综合利用, 26(12): 22-24.

唐向阳, 高国涛, 2008. 绿色机场垃圾资源化处理流程设计[J]. 环境科学与管理, 33(12): 161-164.
田婴, 2005. 民用机场航空噪声控制及其标准研究[D]. 天津: 中国民航大学.
涂美珍, 2016. 基于 GIS 的南方林区公路建设对生态环境影响的综合评价[D]. 福州: 福建农林大学.
汪恕诚, 2002. 水环境承载能力分析与调控[J]. 水利发展研究, (1): 2-6.
王红磊, 余恒, 厚灿, 等, 1998. 航空垃圾的特性研究及其处理处置探讨[J]. 四川环境, 17(4): 29-31.
王健, 魏显威, 2007. 高寒地区机场建设生态环境的影响与恢复[J]. 公路交通科技(应用技术版), (1): 152-155.
王磊, 唐思贤, 褚福印, 等, 2010. 上海虹桥国际机场飞行区植被与鸟类的关系[J]. 四川动物, 29(4): 536-542.
王利亚, 1998. ICAO 航空器发动机排放物的治理工作[J]. 中国民用航空, (11): 50-52.
王敏权, 贾治勇, 2003. 试论绿色化机场建设[J]. 机场工程, (3): 26-30.
王诺, 闫冰, 2018. 面向斑海豹生存环境的大连海上机场平面位置优化[J]. 大连海事大学学报, 44(2): 61-66.
王维, 2013. 绿色机场的内涵与特征[J]. 中国民用航空, (5): 14-15.
王维, 马腾飞, 2007. 某民用机场航空噪声影响计算分析[J]. 中国民航大学学报, 25(3): 56-60.
王文良, 王晓谋, 2016. 机场建设对周边环境的影响研究——以安康机场工程为例[J]. 西北大学学报(自然科学版), 46(5): 746-750.
王武, 华红艳, 2011. 我国水污染的危害与治理[J]. 管理工程师, (6): 4-7.
王霞, 孙石磊, 2014. 绿色机场评价指标体系研究[J]. 中国民航大学学报, (1): 83-87.
吴聪, 2013. 基于可持续发展的绿色机场评价体系研究[D]. 北京: 北京林业大学.
吴聪, 郭雪芳, 2013. 以白塔机场为例谈机场生态文明建设[J]. 北京林业大学学报(社会科学版), 12(3): 69-74.
吴铭权, 2006. 室内噪声的危害与控制[J]. 环境与健康杂志, 23(2): 189-193.
吴跃, 2014. WSN 中机场噪声压缩感知算法研究[D]. 南京: 南京航空航天大学.
武喜萍, 2010. 飞行程序噪声评价及减噪措施研究[D]. 南京: 南京航空航天大学.
肖慧慧, 王超, 徐肖豪, 2011. 机场飞机噪声评价量及其限值的探讨[J]. 噪声与振动控制, 31(2): 134-137.
解刚, 王向东, 殷小琳, 等, 2017. 北方平原区大型机场生态恢复及雨水利用研究——以北京新机场为例[J]. 环境工程, 35(3): 5-9.
徐成, 杨建新, 王如松, 1999. 广汉市生活垃圾生命周期评价[J]. 环境科学学报, 19(6): 631-635.
徐军库, 2007. 关于绿色机场建设的对策[J]. 空运商务, (16): 18-20.
薛冬霞, 周信凤, 卜凡杰, 2005. 机场污水处理与回用技术[J]. 机场建设, (4): 33-34.
颜华锟, 2015. 珍稀动物保护视角下海上机场选址优化研究——以大连新建海上机场为例[D]. 大连: 大连海事大学.
杨建新, 王如松, 刘晶茹, 2001. 中国产品生命周期影响评价方法研究[J]. 环境科学学报, 21(2): 234-237.
杨尚文, 2008. 机场航空噪声影响评价及控制研究[D]. 天津: 中国民航大学.
杨新照, 2009. 浅谈绿色昆明新机场建设综合指标体系研究思路[J]. 机场建设, (3): 34-35.
尹建坤, 赵仁兴, 田瑞丽, 等, 2015. 国外控制机场飞机噪声影响的措施[J]. 噪声与振动控制, 35(2): 126-130.
尤庆伟, 宋秀丽, 毛洁, 2006. 不同类型的噪声对作业工人听力损害的调查分析[J]. 医学论坛杂志, 27(18): 77-78.
犹爽, 2013. 大连海上机场工程对金州湾海域水环境影响数值研究[D]. 大连: 大连理工大学.
于红艳, 2003. 在固体废弃物资源化中引入生命周期评价(LCA)方法[J]. 中国资源综合利用, (9): 35-36.

余路, 张青磊, 申瑞娜, 等, 2013. 上海机场关于绿色机场与可持续发展的战略与实践[J]. 中国产经, (8): 46-47.

俞悟周, 王佐民, 2008. 飞机噪声对办公楼室内的影响评价和降低[J]. 环境工程, (s1): 279-282.

曾萍, 彭华乔, 吴海涛, 等, 2016. 飞机除冰废水处理研究进展[J]. 四川环境, 35(4): 123-127.

张海军, 2008. 机场噪声预测与评价研究[D]. 哈尔滨: 东北林业大学.

张乾飞, 王艳明, 2008. 固体废弃物生态处理系统可拓模糊综合评价模型[J]. 河海大学学报(自然科学版), 36(5): 707-712.

张青, 闫国华, 武耀罡, 等, 2013. 噪声适航标准严格化趋势探究[J]. 噪声振动与控制, 29(3): 70-71.

张青磊, 樊重俊, 冉祥来, 等, 2013. 绿色机场与可持续发展理念探讨[J]. 中国集体经济, (23): 75-78.

张仁武, 2011. 机场绿色建筑的设计理念与设计原则探析[J]. 机场建设, (4): 3-5.

张韦倩, 杨天翔, 陈雅敏, 等, 2013. 基于生命周期评价的城市固体废弃物处理模式研究进展[J]. 环境科学与技术, 36(1): 69-73.

张彦仲, 2001. 航空环境工程与科学[J]. 中国工程科学, (7): 1-6.

张玉芬, 2001. 道路交通环境工程[M]. 北京: 人民交通出版社.

张玉芬, 钱炳华, 戴明新, 等, 2003. 交通运输与环境保护[M]. 北京: 人民交通出版社.

张志强, 杨道德, 胡毛旺, 等, 2007. 长沙黄花国际机场鸟类群落物种多样性分析[J]. 动物学杂志, 42(1): 112-120.

赵坚行, 王锁芳, 刘勇, 2009. 热动力装置的排气污染与噪声[M]. 北京: 科学出版社.

赵仁兴, 沈洪艳, 刘劲松, 等, 2000. 机场噪声预测与计算[J]. 河北工业科技, 17(1): 24-27.

赵文德, 谷洪彪, 葛方龙, 等, 2018. 浅谈大型枢纽机场建设对地下水环境的影响——以北京新机场为例[J]. 环境与可持续发展, 43(6): 51-53.

赵媛, 2017. 基于生态系统的机场鸟撞防治研究[J]. 服务科学和管理, 6(6): 204-208.

中国环境监测总站, 2014. 水环境监测技术[M]. 北京: 中国环境科学出版社.

中国民航科学技术研究院机场研究所, 2016. 2015 年度中国民航鸟击航空器信息分析报告[EB/OL]. https://wenku.baidu.com/view/ba356932fd4ffe4733687e21af45b307e871f9dd.html[2018-12-30].

中国民航学院航空港工程系课题组, 2001. 民用机场航空噪声影响控制研究报告[R]. 我国机场噪声影响控制研究及相关参考资料汇编.

中国民用航空局, 2011. 中国民用航空发展第十二个五年规划[J]. 综合运输, (8): 73-84.

中国民用航空局航空安全技术中心, 2010. 民用机场常见鸟类防范指南[S]. 中国民用航空局机场司.

中华人民共和国环境保护部, 2011. 环境影响评价技术导则 生态影响(HJ 19—2011)[S]. 北京: 中国环境科学出版社.

中华人民共和国环境保护部, 2012. 环境空气质量标准(GB 3095—2012)[S]. 北京: 中国环境科学出版社.

中华人民共和国环境保护部, 2015. 生态环境状况评价技术规范(HJ 192—2015)[S]. 北京: 中国环境科学出版社.

中华人民共和国环境保护部, 2016. 建设项目环境影响评价技术导则 总纲(HJ 2.1—2016)[S]. 北京: 中国环境科学出版社.

中设设计集团股份有限公司, 2016. 江苏新沂通用机场建设工程环境影响报告书[EB/OL]. http://sthj.xz.gov.cn/ govxxgk/01405165st/2018-01-22/c2c1d351-7a25-45c6-b9af-3113999845a7.html[2018-1-30].

种小雷, 蔡良才, 2003. 地理信息系统在机场飞机噪声预测中的应用[J]. 测绘通报, (3): 51-53.

周怀东, 彭文启, 2005. 水污染与水环境修复[M]. 北京: 化学工业出版社.

周宁, 2002. 机场噪声预测与控制技术研究[D]. 杭州: 浙江大学.

周文娟，陈家珑，路宏波，2010. 我国建筑废物处理利用问题与任务研究[J]. 中国资源综合利用，28(3): 37-40.

朱蓓丽，程秀莲，黄修长, 2018. 环境工程概论[M]. 4 版. 北京：科学出版社.

朱峻，张根, 2014. 营口机场建设对生态环境的影响研究[J]. 中国工程咨询, (10): 50-52.

朱伟东, 2014. 支线机场污水处理工艺的探讨[J]. 机场建设, (3): 39-41.

庄坤玉，李芳，邹立海, 2000. 飞机噪声对人体健康的影响[J]. 中国工业医学杂志, 13(6): 371.

宗志芳，邱奎东，黄国华，等, 2017. 城市建筑垃圾回收与利用项目的调查分析与研究[J]. 项目管理技术, 15(5): 42-45.

左玉辉, 2010. 环境学[M]. 2 版. 北京：高等教育出版社.

ADELMAN H, MENEES G, CAMBIER J, 1993. NO(x) reduction additives for aircraft gas turbine engines[C]. AIAA/SAE/ASME/ASEE 29th Joint Propulsion Conference and Exhibit. Monterey.

BAUMGARTNER M, 2007. The organization and operation of European airspace[M]. England: Ashgabat Publishing Limited: 1-34.

CARVALHO I D C, CALIJURI M L, ASSEMANY P P, et al. , 2013. Sustainable airport environments: a review of water conservation practices in airports[J]. Resources conservation & recycling, 74(5): 27-36.

ECAC, 2005. ECAC. CEAC Doc 29, 3rd edition, report on standard method of computing noise contours around civil airports, volume1: applications guide[C]. European Civil Aviation Conference, Neuilly-sur-Seine.

International Civil Aviation Organization(ICAO), 2003. International standards and recommended practices annex 16[C]. Montreal.

KERREBROCK J, 1977. Aircraft engines and gas turbines[M]. Cambridge: The MIT Press.

LI Y, QI S. Ecological rehabilitation measures in civil airport construction projects in different ecologically vulnerable regions in China[J]. 资源与生态学报(英文版), 8(4): 405-412.

National Academies of Sciences, Engineerings, and Medicine, 2008. Aircraft and airport-related hazardous air pollutants: research needs and analysis[M]. Washington: The National Academies Press.

WULFF A, HOURMOUZIADIS J, 1997. Technology review of aeroengine pollutant emissions[J]. Aerospace science & technology, 1(8): 557-572.